矿井提升系统数值仿真技术

刘 义 李济顺 杨芳 邹声勇 著

机 械 工 业 出 版 社

本书着眼于国内外关于矿井提升机设计理论和方法的最新研究成果，系统地阐述了数值计算方法，尤其是有限元分析技术和虚拟样机技术在矿井提升机设计过程中的应用情况。内容包括国内外矿井提升机的发展与现状，矿井提升机钢丝绳的动力学建模方法，钢丝绳动力学建模方法在矿井提升机设计中的应用，矿井提升机的振动特性、建模及仿真实例，有限元法和虚拟样机技术，有限元法在矿井提升机设计中的应用，虚拟样机技术在矿井提升机设计中的应用，数值仿真技术在矿井提升机分析中的应用。书中针对每个专题均给出了实例。本书丰富和完善了矿井提升机的设计理论和方法，并使数值计算方法在矿井提升机的设计应用方面有了进一步发展。

本书可供矿井提升机工程设计人员、生产应用人员、维修检测人员参考，还可供相关领域的教师和研究生参考。

图书在版编目（CIP）数据

矿井提升系统数值仿真技术/刘义等著 . —北京：机械工业出版社，2021.1

ISBN 978-7-111-67280-7

Ⅰ.①矿… Ⅱ.①刘… Ⅲ.①矿井提升－计算机仿真 Ⅳ.①TD53－39

中国版本图书馆 CIP 数据核字（2021）第 015125 号

机械工业出版社（北京市百万庄大街 22 号 邮政编码 100037）
策划编辑：贺 怡 责任编辑：贺 怡
责任校对：潘 蕊 封面设计：马精明
责任印制：常天培
固安县铭成印刷有限公司印刷
2021 年 4 月第 1 版第 1 次印刷
169mm×239mm · 21 印张 · 3 插页 · 412 千字
0 001—1 000 册
标准书号：ISBN 978-7-111-67280-7
定价：118.00 元

电话服务 网络服务
客服电话：010－88361066 机 工 官 网：www.cmpbook.com
          010－88379833 机 工 官 博：weibo.com/cmp1952
          010－68326294 金 书 网：www.golden-book.com
封底无防伪标均为盗版 机工教育服务网：www.cmpedu.com

前　　言

　　矿井提升机作为当前我国大型矿山工程急需的重大装备，在矿业生产中担负着升降人员，提升重物，运送材料、设备和工具的任务，是沟通矿井地面与井下的重要运输设备，有"矿井咽喉"之称。在矿井提升机设计中采用的传统的类比、经验方法存在的不足成为提高我国矿井提升机设计水平、培养自主研发能力的一个障碍。实现矿井提升机的设计从静态到动态的转变是提升我国矿井提升机设计水平的必经之路。

　　基于数值仿真技术发展的计算机辅助工程（Computer Aided Engineering，CAE），依托有限元、多体动力学、有限差分、有限体积、计算机技术等，在有效降低产品成本、提高产品性能等方面发挥着越来越重要的作用。其中有限元法（Finite Element Method，FEM）及虚拟样机技术（Virtual Prototyping，VP）是工程上应用最多的两种计算手段。

　　有限元法是一种求解偏微分方程边值问题近似解的数值技术。随着计算机技术和计算方法的发展，有限元法在工程设计和科研领域得到了越来越广泛的重视和应用，已经成为解决复杂工程分析计算问题的有效手段，在现代制造业中大量的设计制造都已离不开有限元分析，其在各个领域的广泛使用已使设计水平发生了质的飞跃。虚拟样机技术是当今产品设计制造领域的一项新技术，又称为机械系统动态仿真（Mechanical System Simulation）技术，是在20世纪80年代随着计算机技术的发展而迅速发展起来的一项计算机辅助工程新技术。利用虚拟样机技术可以在计算机上建立样机模型，对模型进行各种动态性能分析，并根据分析结果改进样机设计方案，用数字化形式代替传统的物理样机，从而大大提高了设计效率，降低了生产制造的成本。

　　本书系统介绍了多种数值计算方法在矿井提升机设计中的应用情况，并给出了多个设计实例。利用有限元方法研究了矿井提升机制动过程的摩擦生热现象及主轴结构的强度设计等问题；在矿井提升机动力学特性的研究过程中，结合柔性多体动力学、结构动力学等领域的最新研究成果，解决了构建刚柔耦合系统模型的矿井提升机动力学问题的多个难点，使建立矿井提升机的刚柔耦合多体动力学计算模型成为可能，从而可以动态模拟矿井提升机系统在各种参数与条件下的动力学行为，预估矿井提升机系统运动的平稳性、获得矿井提升机关键零部件的动应力随时间变化的数据，从而实现在设计阶段预测控制机械的动态特性，进而最终达到取代样机的中间试验的目的。

　　全书共9章，其中第1~4章、第6章由刘义（常州机电职业技术学院）撰写，第5、7章由李济顺（河南科技大学）撰写，第8章由杨芳（河南科技大学）撰写，第9章由邹声勇（中信重工机械股份有限公司）与杨芳撰写。第1章介绍了矿井提升机的应用背景、现代设计方法和数值计算方法在矿井提升机设计中的应用等；第2章介绍了矿井提升机钢丝绳的动力学建模方法；第3章介绍了钢丝绳动力学建模方法在矿井提升机设计中的应用；第4章介绍了矿井提升机振动特性的建模及仿真实例；第5章介绍了有限元法和虚拟样机技术；第6章介绍了有限元法在矿井提升机设计中的应用；第7章介绍了虚拟样机技术在矿井提升机设计中的应用；第8章介绍了数值仿真技术在矿井提升机分析中的应用；第9章介绍了矿井提升机的试验与动力学模型验证。

　　本书的相关研究工作得到了国家重点基础研究发展计划（973计划）项目（2014CB049400）和江苏省"333工程"科研项目（BRA 2020311）的资助。本书在写作的过程中得到了中国矿业大学曹国华教授，重庆大学龚宪生教授，中南大学谭建平教授，973计划项目组重庆大学、中信重工机械股份有限公司和中南大学的大力支持，特此一并表示衷心的感谢！

　　由于水平有限，书中难免有不妥和疏漏之处，欢迎广大读者批评指正。

作　者

目　　录

第1章 绪 论

1.1 矿井提升机

1.1.1 背景

矿井提升机作为当前我国大型矿山工程急需的重大装备,在矿业生产中担负着升降人员,提升重物,运送材料、设备和工具的任务,是沟通矿井地面与井下的重要运输设备,有"矿井咽喉"之称。矿井提升机可以分为斜井提升机和立井提升机,立井提升机又可按照钢丝绳的工作方式分为多绳摩擦式提升机、单绳缠绕式提升机和多绳缠绕式提升机。对于斜井提升机,由于其提升能力小,钢丝绳磨损快,提升效率低,因此不适用于超深井提升。我国对煤矿资源的长期开采使得地表以及浅层煤矿日益减少。当前,一些矿业强国的矿山开采深度已经达到了 2000～4000m,比如南非的计划开采深度已达 6000m。而我国矿山的平均开采深度在 500m 左右,随着浅层资源的消耗殆尽,我国未来的开采工作必定会向更深层资源发展,接下来的开采深度将达到 1000～2000m,甚至更深。未来我国将出现 1200～2000m 的超千米深井,超深井提升的需求对我国提升装备制造业水平提出了新的挑战。

我国现有提升机械的种类有:单绳缠绕式单筒提升机、单绳缠绕式双筒提升机及多绳摩擦式提升机。单绳缠绕式提升机由于有钢丝绳自重的影响,极限提升高度随钢丝绳安全系数的不同而变化,当应用于千米深井提升时有明显的缺点,即有效载荷较小,难以保证矿井的年产量。而多绳摩擦式提升机在应用于超千米深井提升时,由于提升钢丝绳中的张力变化过大,使得钢丝绳的寿命严重缩短,制约了其在超千米深井中的应用。另外,多绳摩擦式提升机由于受到了防滑条件的限制,其最大提升高度也受到了限制。而且在用于斜井提升和凿井提升时,还必须使用钢丝绳尾绳和钢丝绳张紧平衡装置,这样就会使提升机的结构更加复杂,实现难度增大,这也正是多绳摩擦式提升机未能在斜井提升中得到广泛应用的原因。再者,多绳摩擦式提升机由于摩擦衬垫比压的要求,其最大提升高度也受到限制。

我国现有矿井提升装备的设计制造基础理论和应用技术不适用于超深矿井提升系统。传统的矿井提升机(多绳摩擦式提升机和单绳缠绕式提升机)随着井深增加，钢丝绳自重增加，有效荷载率降低、提升效率和安全性下降，不适用于超深矿井提升。为实现深部资源的有效开发和利用，必须打破现有矿井提升装备理论和技术的制约，直面超深矿井、高效率、高安全性要求等带来的挑战，深入研究超深矿井大型提升装备设计制造和安全运行的基础理论，对其原理进行创新，形成系统的设计制造理论，取得超深矿井提升装备设计制造能力。鉴于此，高提升能力的超深矿井提升装备创新结构设计及其关键基础技术研究亟待开展。

1.1.2　摩擦式提升机

　　摩擦式提升机又称为"多绳摩擦式提升机"，是在单绳摩擦式提升机的基础上，为了适应矿井向深处发展、产量日益增大的需要而逐渐发展起来的。相对于同样提升能力的单绳缠绕式提升机，摩擦式提升机具有卷筒直径小、设备尺寸小、设备重量轻、提升运行的安全性高等优点，使得多绳摩擦式提升机在近几年的矿业生产中得到了越来越广泛的应用。

　　摩擦式提升机提升钢丝绳的两端各连接一个容器，或者一端连接容器，另一端连接平衡重锤。当提升机工作时，承受着拉力的钢丝绳必然以一定的正压力紧压在摩擦衬垫上，并产生一定的摩擦力。这样，当电动机带动主导轮转动时，主导轮上的摩擦衬垫与钢丝绳之间的摩擦力带动钢丝绳随着主导轮一起转动，从而实现容器的提升和下放运动。

　　摩擦式提升机根据布置方式的不同，又可以分为塔式摩擦式提升机（机房设在井筒顶部塔架上）和落地摩擦式提升机（机房直接设在地面上）两种，如图 1-1 和图 1-2 所示。

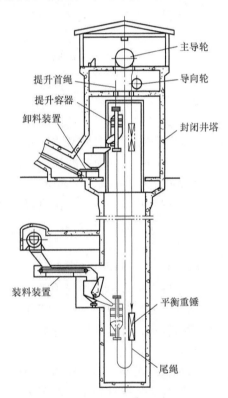

图 1-1　塔式摩擦式提升机

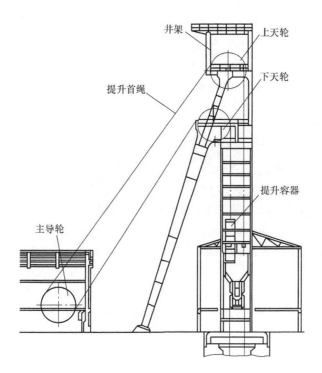

图 1-2　落地摩擦式提升机

1.1.3　缠绕式提升机

缠绕式提升机主要分为单绳缠绕式
提升机和多绳缠绕式提升机两种。单绳
缠绕式提升机根据滚筒数目的不同分为
单滚筒（卷筒）和双滚筒（卷筒）两
种，其工作原理如图 1-3 所示。它是通
过卷筒的正反转使得钢丝绳在卷筒上结
合和分离，从而实现重物的提升和下
放。但是随着开采深度、提升载荷和提
升速度的增加，需要的钢丝绳抗拉强度
也成倍增加，表现为钢丝绳的几何直径
成倍增加。对于单绳缠绕式提升机，当
开采深度达到 2000m 时，钢丝绳的直径
将达到 120mm，而对于直径在 70mm 以

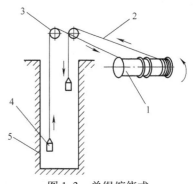

图 1-3　单绳缠绕式
矿井提升机的工作原理
1—提升机　2—提升钢丝绳　3—天轮
4—提升容器　5—井筒

上的钢丝绳，其制造、缠绕和安装都非常的困难，相应的运行和制造成本也会成

倍增加，不具有工程适用性。因此，由于钢丝绳直径过大带来的种种问题，单绳缠绕式提升机也不适用于超深井提升。

多绳缠绕式提升机是为了解决单绳缠绕式提升中钢丝绳直径过大带来的制造、安装、成本等问题，采用多钢丝绳的多点提升就成为实现超深井提升的有效形式，如图1-4所示。由于采用多钢丝绳的提升形式，可有效减小钢丝绳的直径，从而有效减小天轮和卷筒的体积，使得提升系统不仅在理论上适用于超深井提升，同时也具有工程适用性。因此，采用多钢丝绳的多点提升是超深井提升可行且有效的提升形式。

图 1-4　　多绳缠绕式提升机

多绳缠绕式提升机拥有单绳缠绕式提升机的特点，在用于斜井提升和凿井提升时，不需使用钢丝绳尾绳及钢丝绳张紧平衡装置，这使得提升系统简单化，多绳缠绕式提升机也可用在双端多水平提升中。与单绳缠绕式提升机相比，多绳缠绕式提升机载荷比单绳缠绕式提升机增加一倍；多绳缠绕式提升机的结构也有所不同，该提升机有两个互呈 5°～10° 布置的主轴装置，两主轴间采用了超大扭矩的万向联轴器联接，如图1-4所示。该结构平衡了提升容器的张力，有效减小了电动机功率，还减小了绳偏角和井筒直径。

1.2　我国矿井提升机的现状

摩擦式提升机是我国煤炭生产中重要的矿山机械。我国是一个矿业采掘大国，同时也是一个能源消耗大国，其中近 80% 的能源直接或间接来源于煤炭。随着我国经济的快速发展，矿业生产越来越需要提升重量大、提升速度快的矿井提升机。近年来，为了满足我国煤炭重点工程建设的需要，我国花巨资从瑞典、德国等国家引进了十余套大型矿井提升机及其电控成套设备或部分设备。我国在"十一五"期间把设计制造年生产能力 400 万～600 万吨的大型矿井提升机列入了"国家高技术研究发展计划"（863 计划），以提升我国矿井提升机设计制造的水平。

我国的矿井提升机最早由苏联引入仿制，矿井提升设备的发展已经有近五十年的历史，其总体技术水平有了长足的进步。但和德国、瑞典这些矿井提升机主要的生产国相比仍有很大的差距，主要表现在电动机拖动技术、恒扭矩恒减速制动技术、高比压高摩擦系数摩擦衬垫技术、主轴装置设计技术及矿井提升机系统动力学等多个方面。

国际上矿井提升机正朝着安全可靠、高效益、高自动化的大型、特大型方向发展，出现了适用于年产 750 万 ~ 1000 万吨的特大型矿井提升机，开采深度已达 1900 余米，单次提升量达 50 余吨，最大提升速度超过 25m/s。目前，多数国产矿井提升机的年生产能力只有 200 万吨，当前矿业生产的发展要求我国矿井提升机的年产量达到 400 万 ~ 600 万吨。为此，必须解决两方面的问题：一是提高主提升系统的提升速度，二是加大提升机箕斗的容量。对矿井提升机的动力学特性进行充分研究，对于达到上述目标具有重要的工程和理论意义。

矿井提升机的关键部件为主轴装置，主轴装置的性能决定了矿井提升机的整体性能。主轴装置的结构强度分析技术、设计理论，以及与主轴装置相联系的钢丝绳的传动动力学特性成为制约我国矿井提升机设计水平的瓶颈。

通过对现有装备进行理论和试验分析，提出矿井提升机动力学特性设计理论和试验验证方法，解决矿井提升机设计动力学的关键技术问题，成为当前我国矿井提升装备设计制造业亟须解决的一个问题。

1.3 现代设计方法在矿井提升机设计中的应用

企业为了提高产品的市场竞争力，必然要缩短产品研制、开发周期来抢占市场，并优先使用先进的技术和努力寻求新的产品开发思想。传统设计存在着反复设计过程多、周期长、精确度差、人员劳动强度大、产品质量不容易得到保证、产品更新换代速度慢等缺点，已不能适应当前经济周期短、竞争激烈的市场需要。

随着计算机技术和数值计算方法的发展，许多复杂的工程问题都可以在先进的计算机技术的基础上利用合适的数值计算方法得到初步的答案。特别是发展成熟后的有限元法广泛应用于工程分析领域，使得快速便捷地解决复杂工程问题成为可能，数值计算方法也转化为直接推动科技进步和社会发展的生产力。

目前，发达国家普遍采用 CAE 技术对传统的设计方法和流程进行优化，产品的三维建模和性能分析可以利用有限元软件自动完成。国内对于在矿井提升机的设计中系统使用 CAE 进行分析的很少，设计计算方法多用在提升机的单个零部件的研究上，矿井提升机的设计往往需要依靠设计者的经验来完成。将矿井提升机的设计分析与现代化设计方法相结合，通过动力学设计方法结合 CAE 软件，可以极大地促进矿井提升机在现代设计方向的发展。

CAE 综合了若干学科与工程技术方面的知识，是一项覆盖领域比较广、集成性比较高的技术。CAE 主要是用计算机对工程和产品进行性能和可靠性分析，对其将来的工作状况和运行行为进行模拟，及早发现设计缺陷，并证实未来工程、产品功能和性能的可用性与可靠性。其中有限元法和虚拟样机技术在 CAE 中占有尤其重要的地位。

　　有限元法是 CAE 技术的代表，是分析解决各种结构问题的强有力工具，它是伴随着计算机技术的突破而发展起来的一种数值分析方法，在对复杂的结构进行动力学性能的研究和优化方面，有限元法是一种最为成功、同时也是应用最为广泛的近似分析法；虚拟样机技术是当今产品设计制造领域的一项新技术，又称为机械系统动态仿真技术，是在 20 世纪 80 年代随着计算机技术的发展而迅速发展起来的一项计算机辅助工程新技术。

1.4　数值计算方法在矿井提升机设计中的应用

　　矿井提升机作为矿山提升运输中的关键设备，确保提升机运转正常、安全可靠和具有一定的使用寿命就显得十分重要。设计时只考虑静态载荷和静态特征已经不能满足需要，必须在设计时考虑动力学问题进行动态设计，能够在设备成型之前完成机械系统在实际工作状态下的受力变化、运动及其动态特性的研究。矿井由静态设计阶段到动态设计阶段的转变是提高矿井提升机设计水平的必然选择。

　　长期以来，我国矿井提升机的设计生产部门在产品设计时往往忽略矿井提升机机械本身的动力特性，而主要是采用对比设计的方法。由于对其动力学分析研究不够深入，在缺乏动力学设计方法的情况下，我国矿井提升机的设计开发仍然没有摆脱传统的"试制—试验—改进—设计—再试制—试验"的静态设计模式，不但开发周期长而且投入成本高，使用方面也具有很大的局限性，这使得我国的矿井提升机产品在国际市场上缺乏竞争力。

　　工程领域对机械系统的研究主要有两大问题。一个问题涉及系统的结构强度分析。由于计算结构力学的理论与计算方法的研究不断深入，加之有限元应用软件系统的成功开发和应用，这方面的问题已经基本得到了解决。另一个问题是要解决系统的运动学、动力学与控制的性态问题，也就是研究机械系统在载荷作用下各部件的动力学响应。作为大多数的机械系统，系统部件相互连接方式的拓扑与约束形式多种多样，受力的情况除了外力与系统各部件的相互作用外，还可能存在复杂的控制环节，故称为多体系统。与之相适应的多体动力学的研究已经成为工程领域研究的热点和难点。

　　国外在机械设计中大量使用了动态设计手段。而大多数对于机械系统动力学的研究，通常还是采用多刚体系统模型来预测和评估机械系统的运动稳定性、运行平稳性和安全性，利用静强度计算和周期性疲劳载荷等方法进行模拟疲劳试验来检验安全性。这些方法对矿井提升系统来说，难以准确评价或者预估在提升过程中矿井提升机结构弹性振动的动应力水平和对关键机械零部件疲劳强度及寿命的影响。

随着计算机在我国的普及和发展，CAD（计算机辅助设计）技术在我国得到了飞速发展，国内许多生产厂家开始重视参数化设计和运用现代设计理论进行研究，例如中信重工机械股份有限公司（以下简称中信重工）拥有 I - DEAS、机械 CAD/CAM（计算机辅助制造）、ANSYS 热力学分析等大型工程分析与设计软件，利用这些软件完成矿井提升机产品的三维仿真、有限元分析、寿命分析与预估计设计绘图工作，实现了设计、工艺与生产管理系统之间的产品数据传输。参数化设计和有限元方法不但受到企业的欢迎，一些高校也开始投入大量的精力对其进行深入的研究。徐州矿务集团胡兴伟利用计算机辅助设计完成了矿井提升机的选型及提升机不同提升方式的验算。用户输入自己需要的参数后，系统可自动输出例如提升速度图、力图、耗电量等结果。太原科技大学晋民杰通过计算机程序对矿井提升机的常用标准件进行计算及辅助选型结构设计，通过主程序和 4 个选型计算子模块分别对电动机、钢丝绳、联轴器、减速器进行结构设计，自动化程度高，并有高度的灵活性。辽宁工程技术大学机械工程学院郭宏等人运用大型有限元分析软件 ANSYS 对缠绕式提升机筒壳结构进行有限元分析，通过分析得出了卷筒的支轮位置和支轮厚度对卷筒产生的影响，从而为筒壳的结构设计提供参考。洛阳矿山机械工程设计研究院孔自安利用疲劳损伤累积理论通过计算机程序来计算 ZJK 型矿井提升机主轴在整个工作过程中的挠度和应力变化情况，为矿井提升机的可靠性设计打下基础。电子科技大学徐尚龙利用有限元分析软件 ANSYS 对矿井提升机主轴进行数值分析，得出主轴关键点的应力大小及主轴的应力分布规律。东北大学严世榕教授对在矿井提升机运行状态下钢丝绳的张力大小及时变规律，以及钢丝绳的变形规律，速度、加速度的变化规律进行了研究，为缠绕式提升机的设计、改进及合理使用给出了自己的见解，具有重要的参考价值。杨淑贞开发了基于 Web（网络）的副井提升设备选型设计系统，实现了矿井提升机的选型，最终为用户提供符合需求的详细的矿井提升机系统选型报告。黑龙江科技学院何凤梅运用 ANSYS 软件优化设计功能对缠绕式提升机卷筒进行了优化设计，可以保证在安全可靠的基础上，使卷筒重量最轻。南京工业大学张在梅基于 Pro/E 对龙门架物料提升机进行了设计。中国矿业大学王久凤基于 Pro/E 对矿井提升机主轴进行参数化设计及 ANSYS 有限元分析，基于 Pro/E 软件平台创建了矿井提升机主轴的三维参数化模型，并利用 Pro/E 与 ANSYS 接口技术和 ANSYS 软件对矿井提升机主轴在一定载荷作用下的应力、应变状态进行有限元分析。燕山大学刘福林对斗式提升机进行了参数化 CAD/CAM 系统研究，以矿井提升机作为研究对象，选用参数化设计方法，开发了矿井提升机参数化计算机辅助设计和制造系统，成功地实现了矿井提升机设备零部件图和总装配图的参数化设计，以及矿井提升机主要部件的实体建模、装卸模拟、NC（数字控制）代码的生成等。

对主轴和卷筒的疲劳寿命进行预测也成为当今矿井提升机设计要解决的问题之一。矿井提升机主轴的失效往往会导致重大的事故发生，目前采用的矿井提升机主轴的安全系数校核法是在假定结构无缺陷的基础上使用的。然而大量的实践证明，在我国现有技术条件下，不同程度的类裂纹缺陷大量以原始缺陷的形式存在于矿井提升机主轴中。在随机载荷形式下的提升过程中，主轴的疲劳断裂表现为裂纹形成、裂纹扩展、瞬间断裂 3 个阶段。提升机卷筒是一个典型的焊接结构，在生产之初就不可避免地存在着焊接生产带来的各种缺陷。大量的卷筒失效的事件表明，卷筒主要的失效形式也是结构在随机载荷下的疲劳破坏。随着计算机技术和计算方法的发展，提出一种利用计算机仿真方法进行矿井提升机主要部件疲劳寿命的预测以及裂纹扩展研究，无疑对矿井提升机的设计具有重要的理论指导意义。

针对以上问题，本书系统阐述了对矿井提升机系统应用柔性多体动力学、结构动力学等领域的最新研究成果，开展基于刚柔耦合系统模型的矿井提升机动力学问题的研究，建立矿井提升机的柔性多体动力学计算模型，动态模拟矿井提升机系统在各种参数与条件下的动态性能，获得矿井提升机关键零部件的动应力随时间变化的数据，预估矿井提升机系统运动的平稳性及机构的弹性振动对于机械零部件疲劳寿命的影响。从而实现在设计阶段预测控制机械的动态特性，进而最终达到取代实物样机的中间试验的目的。

随着科技的进步和矿井生产现代化要求的日益提高，我国对矿井提升机技术革新和矿井提升机提升特性的认识也日益深入。特别是计算机技术的发展，使很多先进的新兴技术开始应用于矿井提升机的设计研发当中。研究数值仿真在矿井提升机设计中的应用，对于促进我国矿井提升机由静态设计向动态设计的转变具有重要的理论探索意义。这不但有望把我国的矿井提升机设计理论水平提高到一个更高的层次，缩短与国际先进技术的差距，还可以达到减小产品开发初期的盲目性、降低设计开发成本、缩短开发周期、提高产品可靠性目的。

本书主要研究矿井提升机动力学的建模方法及现代数值仿真技术有限元计算方法、虚拟样机技术在矿井提升机设计中的应用，包括钢丝绳动力学建模方法、钢丝绳和卷筒间结合与分离、钢丝绳和钢丝绳间结合与分离过程的空间运动轨迹；研究提升速度和加速度变化的影响因素、产生机理、作用方式及其对钢丝绳运动轨迹的影响规律；研究在柔性罐道等多元约束耦合作用下钢丝绳高速缠绕加速度和冲击行为；研究过渡曲线形貌和钢丝绳加速度矢量的依存关系；研究钢丝绳单层与多层缠绕运动过程和耦合行为特征；矿井提升机制动分析以及相关的试验、数据采集等情况，为矿井提升机的设计提供参考。

第2章 矿井提升机钢丝绳的动力学建模方法

在先前进行矿井提升机（以下简称提升机）动力学计算时，通常把提升机的钢丝绳、主轴假想为刚性结构，忽略尾绳影响从而建立摩擦提升系统的三自由度数学模型或者二自由度数学模型。这种简化在大多数情况下比较合理，既简化了系统，其分析结果的误差又能够满足设计要求。但是钢丝绳本身是一个弹性体，在提升加速、减速或紧急制动的时候钢丝绳本身会储存或者释放能量，产生很大的动应力波动，造成提升容器剧烈的振荡，所以在提升机的动力学分析时，需要考虑钢丝绳的弹性特性；另外，作为提升机构的重要部件，主轴的体积、质量和安装轴承的间距也在不断变大，同时提升机的提升速度越来越高、提升质量越来越大，在对提升机结构进行分析的时候，其主轴本身就是一个弹性结构，此时主轴的振动对提升机整体振动的影响也应该引起设计者的重视。但是以往的研究中并没有考虑这些影响，没有对此进行过专项的研究。

在本章中把提升钢丝绳和主轴视为弹性结构，利用拉格朗日方程建立摩擦提升系统的多自由度动力学数学模型，求解该系统的动力响应，从而得到弹性结构的提升机系统动态特性精确解。并与三自由度系统模型的仿真结果加以比较，以获得提升机主轴对结构动力学简化系统的影响关系。

摩擦式提升机通过柔性的钢丝绳来传递动力，所以摩擦式提升机本质上是一种柔性结构，其动力学特性表现为典型的柔性系统动力学特征。在研究摩擦式提升机的动力学特征时，钢丝绳力学模型的处理是一个难点和重点，是分析摩擦式提升机力学特征的基础。钢丝绳力学模型的合理与否直接影响着分析结论的准确性和实用性，建立合理的钢丝绳力学模型对研究摩擦式提升机及其类似机构具有重要的理论价值和实际工程意义。

钢丝绳是介于刚体和柔性体之间的介质，属于难以模拟的问题。利用一个力学模型来描述钢丝绳全部的力学特性是非常困难的。在提升机工作过程中，钢丝绳不同的力学特性对摩擦式提升机不同力学特征的贡献也有所不同。因此，根据研究目的的不同，构建钢丝绳合理的计算模型，是保证研究工作对摩擦式提升机的设计制造具有实用价值的关键。

本章结合摩擦式提升机的结构特点和研究的目的，首先介绍了采用基于集中参数离散模型、分布参数连续模型构建钢丝绳振动方程的原理和方法；其次在介绍了绝对节点坐标方程基本理论的基础上，给出了利用基于绝对节点坐标法构建钢丝绳动力学方程的方法和思路；最后介绍了利用基于相对节点方程的钢丝绳建模方法。

2.1　基于集中参数离散模型的钢丝绳纵向振动力学方程

工程实践表明，摩擦式提升机沿着罐道方向上的纵向振动是影响摩擦式提升机运行平稳性最主要的原因。研究摩擦式提升机的纵向振动时，可将提升钢丝绳处理为沿着罐道方向做纵向振动的变刚度弹簧。

本节主要介绍采用基于集中参数离散模型来模拟钢丝绳纵向振动力学行为的方法，为后文中研究摩擦式提升机的纵向振动问题提供理论基础。

如图 2-1a 所示，将沿着 x 方向运动、长度为 l 的钢丝绳视为由 n 个等长度的具有时变参数的质量 – 弹簧 – 阻尼器组成的一个运动系统。每个子段绳体的长度为 l/n，绳体的线密度为 ρ。假定绳体运动时，每个子段绳体内的速度变化是均匀的，对第 i 个子段绳体进行微分，获得如图 2-1b 所示的微分模型。

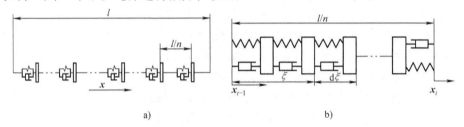

a)　　　　　　　　　　　　　b)

图 2-1　钢丝绳的离散化

第 i 个子段绳体微分段 $\mathrm{d}\xi$ 的位置为

$$x = x_{i-1} + \frac{x_i - x_{i-1}}{l/n}\xi \tag{2-1}$$

微分段绳体的速度和加速度分别为

$$\dot{x} = \dot{x}_{i-1} + \frac{\dot{x}_i - \dot{x}_{i-1}}{l/n}\xi \tag{2-2}$$

$$\ddot{x} = \ddot{x}_{i-1} + \frac{\ddot{x}_i - \ddot{x}_{i-1}}{l/n}\xi \tag{2-3}$$

第 i 个子段绳体的动能、耗散能和弹性势能分别为

$$\begin{aligned}
T_i &= \int_0^{\frac{l}{n}} \frac{1}{2}\rho\, \dot{x}^2 \mathrm{d}\xi = \frac{1}{2}\rho\int_0^{\frac{l}{n}}\left(\dot{x}_{i-1} + \frac{\dot{x}_i - \dot{x}_{i-1}}{l/n}\xi\right)^2 \mathrm{d}\xi \\
&= \frac{1}{2}\rho\,\frac{l}{n}\,\frac{\dot{x}_i^2 + \dot{x}_i\dot{x}_{i-1} + \dot{x}_{i-1}^2}{3} \\
&= \frac{1}{6}\rho\,\frac{l}{n}\left(\dot{x}_i^2 + \dot{x}_i\dot{x}_{i-1} + \dot{x}_{i-1}^2\right)
\end{aligned} \tag{2-4}$$

$$D_i = \frac{1}{2}c_i(\dot{\boldsymbol{x}}_i - \dot{\boldsymbol{x}}_{i-1})^2 \tag{2-5}$$

$$U_i = \frac{1}{2}k_i(\boldsymbol{x}_i - \boldsymbol{x}_{i-1})^2 \tag{2-6}$$

式中，c_i 为第 i 个子段绳体的阻尼系数；k_i 为第 i 个子段绳体的弹性系数，$k_i = EA/(l/n)$，E 为钢丝绳的弹性模量，A 为钢丝绳横截面面积。

将每个子段绳体的动能、耗散能和弹性势能进行叠加，可以获得钢丝绳系统的总动能、总耗散能和弹性势能分别为

$$T = \frac{1}{6}\rho\frac{l}{n}\sum_{i=1}^{n}(\dot{\boldsymbol{x}}_i^2 + \dot{\boldsymbol{x}}_i\dot{\boldsymbol{x}}_{i-1} + \dot{\boldsymbol{x}}_{i-1}^2) \tag{2-7}$$

$$D = \frac{1}{2}\sum_{i=1}^{n}c_i(\dot{\boldsymbol{x}}_i - \dot{\boldsymbol{x}}_{i-1})^2 \tag{2-8}$$

$$U_i = \frac{1}{2}\sum_{i=1}^{n}k_i(\boldsymbol{x}_i - \boldsymbol{x}_{i-1})^2 \tag{2-9}$$

将式（2-7）~ 式（2-9）代入第二类拉格朗日方程

$$\frac{\mathrm{d}}{\mathrm{d}t}\left[\frac{\partial T}{\partial \dot{\boldsymbol{x}}_i}\right] - \frac{\partial T}{\partial \boldsymbol{x}_i} + \frac{\partial U}{\partial \boldsymbol{x}_i} + \frac{\partial D}{\partial \dot{\boldsymbol{x}}_i} = \boldsymbol{Q}_i \quad (i = 1, 2, \cdots, n) \tag{2-10}$$

式中，$\boldsymbol{Q}_i$ 为系统广义坐标对应的广义力。

得到钢丝绳纵向振动力学方程组，写成矩阵的形式表示为

$$\boldsymbol{M}\ddot{\boldsymbol{x}} + \boldsymbol{C}\dot{\boldsymbol{x}} + \boldsymbol{K}\boldsymbol{x} = \boldsymbol{Q} \tag{2-11}$$

式中，$\boldsymbol{M}$ 为系统质量矩阵；$\boldsymbol{C}$ 为系统阻尼矩阵；$\boldsymbol{K}$ 为系统刚度矩阵；$\boldsymbol{x}$ 为系统广义位移矢量；$\boldsymbol{Q}$ 为广义激振力矢量。

2.2　基于分布参数连续模型的钢丝绳横向振动力学方程

除罐道位置误差及变形外，钢丝绳的柔性特性也是提升机产生横向振动的主要原因之一。因此，分析提升系统的横向振动，有必要建立钢丝绳的横向振动分析模型。本文将提升容器（包含提升质量）处理为一个集中质量，将钢丝绳作为连续柔性体考虑，形成基于分布参数连续模型的钢丝绳横向振动分析模型。

钢丝绳是一个柔性体，其抗弯刚度同轴向刚度相比较小，故研究中可将其视为抗弯刚度为零的梁进行研究。当忽略钢丝绳的抗弯刚度时，钢丝绳可以处理为在二维平面做变长度运动的一条弦线。若忽略提升容器的结构细节，将提升容器（包含提升质量）处理为一个受约束的连接于弦线末端的集中质量，整个钢丝绳系统的力学模型如图 2-2 所示。图中，钢丝绳长度为 $l(t)$，钢丝绳上 $x(t)$ 处的横向位移为 $y(x,t)$，提升容器等（集中质量）的质量为 m_e，转动惯量为 I_e。

图 2-2 中，在任意时刻 t，钢丝绳的运动速度为

$$\boldsymbol{v} = i(t) \tag{2-12}$$

钢丝绳系统的动能是集中质量的振动动能和钢丝绳的振动能量之和，表示为

$$T = \frac{1}{2}(\rho L + m_e)v^2 + \frac{1}{2}\rho\int_0^{l(t)}\left(\frac{\mathrm{D}y}{\mathrm{D}t}\right)^2 \mathrm{d}x + \frac{1}{2}m_e\left[\frac{\mathrm{D}y(l(t),t)}{\mathrm{D}t}\right]^2 + \frac{1}{2}I_e\left[\frac{\mathrm{D}y_x(l(t),t)}{\mathrm{D}t}\right]^2$$

$$\tag{2-13}$$

式中，D 为微分算子，表示为

$$\frac{\mathrm{D}}{\mathrm{D}t} = \frac{\partial}{\partial t} + v\frac{\partial}{\partial x} \tag{2-14}$$

钢丝绳系统的势能由弹性势能和变形能组成，表示为

$$V = \frac{1}{2}\int_0^{l(t)}\left[P(\boldsymbol{x},t)y_x^2 + EIy_{xx}^2\right]\mathrm{d}x \tag{2-15}$$

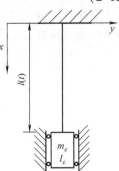

式中，EI 为钢丝绳的抗弯刚度，若忽略钢丝绳的抗弯刚度，则 $EI = 0$；$P(\boldsymbol{x},t)$ 为钢丝绳上 $x(t)$ 处的张力，表示为

图 2-2　钢丝绳系统的
力学模型

$$P(\boldsymbol{x},t) = \left[m_e + \rho(l(t) - x)\right](g - \dot{\boldsymbol{v}}) \tag{2-16}$$

式中，$\dot{\boldsymbol{v}}$ 为钢丝绳在 x 方向的加速度。

利用虚功原理得到

$$\delta W = -\int_0^{l(t)} c\frac{\mathrm{D}y}{\mathrm{D}t}\delta y \mathrm{d}x \tag{2-17}$$

式中，c 为钢丝绳的阻尼系数。

对式 (2-13) 和式 (2-15) 取变分，得到

$$\delta T = \rho\int_0^{l(t)}\left[\frac{\mathrm{D}y}{\mathrm{D}t}(\delta y_t + v\delta y_x)\right]\mathrm{d}x + m_e\frac{\mathrm{D}y(l(t),t)}{\mathrm{D}t}\left[\delta y_x(l(t),t) + v\delta y_x(l(t),t)\right]$$

$$+ I_e\frac{\mathrm{D}y(l(t),t)}{\mathrm{D}t}\delta y_x(l(t),t) \tag{2-18}$$

$$\delta V = \int_0^{l(t)}\left[P(x,t)y_x\delta y_x + EIy_{xx}^3\delta y_x\right]\mathrm{d}x \tag{2-19}$$

钢丝绳上阻尼力做的虚功为

$$\delta W = -\int_0^{l(t)} c\frac{\mathrm{D}y}{\mathrm{D}t}\delta y \mathrm{d}x \tag{2-20}$$

将式 (2-17) ~ 式 (2-19) 代入哈密顿原理表达式

$$\int_{t_1}^{t_2}(\delta T - \delta V + \delta W)\mathrm{d}t = 0 \tag{2-21}$$

对式 (2-21) 在进行变分和积分运算的时候，由于钢丝绳的长度 $l(t)$ 是随时间变化的，所以式中关于 x 积分的上限是时变的，因此，必须使用针对变积分

范围的莱布尼茨定理以及相应的分部积分方法。这样，对式（2-21）中的 δW 进行积分时可以表示为

$$\int_0^{l(t)} c \frac{\mathrm{D}y}{\mathrm{D}t} \delta y_t \mathrm{d}x = \frac{\partial}{\partial t} \int_0^{l(t)} c \frac{\mathrm{D}y}{\mathrm{D}t} \delta y \mathrm{d}x - v \left[c(y_t + vy_x) \delta y \right] \Big|_{x=l(t)} - \int_0^{l(t)} c \frac{\partial}{\partial t} \left(\frac{\mathrm{D}y}{\mathrm{D}t} \right) \delta y \mathrm{d}x$$

（2-22）

对式（2-22）由时间 $t_1 \sim t_2$ 取积分得到

$$\int_t^{t_2} \int_0^{l(t)} c \frac{\mathrm{D}y}{\mathrm{D}t} \delta y_t \mathrm{d}x \mathrm{d}t = - \int_{t_1}^{t_2} cv \left(\frac{\mathrm{D}y}{\mathrm{D}t} \delta y \right)_{x=l(t)} \mathrm{d}t - \int_{t_1}^{t_2} \int_0^{l(t)} c \frac{\partial}{\partial t} \left(\frac{\mathrm{D}y}{\mathrm{D}t} \right) \delta y \mathrm{d}x \mathrm{d}t$$

（2-23）

同理，对式（2-21）中的 δT 和 δV 项应用同样的方法，整理得到

$$\int_{t_2}^{t_1} \int_0^{l(t)} \left[\rho \frac{\mathrm{D}y}{\mathrm{D}t^2} + c \frac{\mathrm{D}y}{\mathrm{D}t} - (P(x,t)y_x)_x + EIy_{xxxx} \right] \delta y \mathrm{d}x \mathrm{d}t$$

$$+ \int_{t_1}^{t_2} \left[\left(\rho v \frac{\mathrm{D}y}{\mathrm{D}t} + EIy_{xxx} \right) \delta y \right] \Big|_{x=0} \mathrm{d}t - \int_{t_1}^{t_2} \left[EIy_{xx} \delta y_x \right]_{x=0} \mathrm{d}t$$

$$- \int_{t_1}^{t_2} \left[\left(EIy_{xxx} - P(x,t)y_x - m_e \frac{\mathrm{D}^2 y}{\mathrm{D}t^2} \right) \delta y \right]_{x=l(t)} \mathrm{d}t$$

$$+ \int_{t_1}^{t_2} \left[(EIy_{xx} + I_e y_{xtt}) \delta y_x \right]_{x=l(t)} \mathrm{d}t = 0$$

（2-24）

其中

$$\frac{\mathrm{D}^2 y}{\mathrm{D}t^2} = y_{tt} + 2vy_{xt} + \dot{v}y_x + v^2 y_{xx}$$

（2-25）

令式（2-24）的系数 δy 为零，得到钢丝绳横向振动方程为

$$\rho(y_{tt} + 2vy_{xt} + v^2 y_{xx} + \dot{v}y_x) + c(y_t + vy_x) - [P(x,t)y_x]_x + EIy_{xxx} = 0, 0 < x < l(t)$$

（2-26）

振动方程的边界条件为

$$y(0,t) = y_x(0,t) = 0, x = 0$$

（2-27a）

$$EIy_{xxx}(l,t) = P(l)y_x(l,t) + m_e \frac{\mathrm{D}^2 y(l(t),t)}{\mathrm{D}t^2}, \ x = l$$

（2-27b）

2.3　基于绝对节点坐标法的钢丝绳动力学模型

对摩擦式提升机的摩擦传动特性研究时，可将钢丝绳视为由多个柔性梁单元组成的柔性多体系统，通过引入梁单元的绝对节点坐标方程，利用单元节点的绝对坐标变形描述钢丝绳的柔性变形，通过引入钢丝绳与摩擦轮的线 - 线接触，建立摩擦式提升机钢丝绳与摩擦轮之间的多点接触动力学方程，对摩擦式提升机的

摩擦传动特性进行研究。

在一般有限元法分析中，梁单元和板壳单元采用节点微小转动作为节点坐标，因而不能精确描述柔性体的大变形运动。绝对节点坐标方程基于连续结构几何非线性理论，采用节点位移和节点斜率作为节点坐标，由于保留了单元的纵向应变和弹性力的高阶项，单元型函数不仅可以描述结构的弹性变形，还能够描述结构的大变形位移。所以，绝对节点坐标方程适宜分析发生大变形的钢丝绳（柔性体）的运动和动力学问题。

2.3.1　绝对节点坐标方程

连续介质力学理论是绝对节点坐标方程的理论基础，可以说绝对节点坐标法是柔性多体力学发展的一个重要进展，是近年来最具代表性的多体动力学研究成果，它同时也是对有限元技术的较大拓展和创新。最早的绝对节点坐标方程是Shabana 在 1996 年基于平面一维梁单元提出的，梁单元如图 2-3 所示。

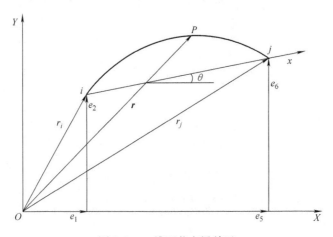

图 2-3　一维两节点梁单元

图 2-3 中，x 为一维梁单元沿着轴线的局部坐标系，$x \in (0, l)$，l 为梁单元的初始长度；XOY 为总体坐标系。

梁单元中任意一点 P 在总体坐标系的位置矢量 $\boldsymbol{r}$ 可以表示为

$$\boldsymbol{r} = \begin{pmatrix} \boldsymbol{r}_1 \\ \boldsymbol{r}_2 \end{pmatrix} = \begin{pmatrix} a_0 + a_1 x + a_2 x^2 + a_3 x^3 \\ b_0 + b_1 x + b_2 x^2 + b_3 x^3 \end{pmatrix} = \boldsymbol{S}\boldsymbol{e} \qquad (2\text{-}28)$$

式中，$\boldsymbol{r}_1$、$\boldsymbol{r}_2$ 分别表示梁单元两节点在总体坐标系中的绝对位移；$\boldsymbol{S}$ 为梁单元的型函数；$\boldsymbol{e}$ 为梁单元节点的广义坐标矢量，定义为

$$\boldsymbol{e} = (e_i^{\mathrm{T}} e_j^{\mathrm{T}}) = (e_1 \quad e_2 \quad e_3 \quad e_4 \quad e_5 \quad e_6 \quad e_7 \quad e_8)^{\mathrm{T}} \qquad (2\text{-}29)$$

其中

$$e_i = \left(r_i^{\mathrm{T}} \quad \frac{\partial r_i^{\mathrm{T}}}{\partial x} \right)^{\mathrm{T}} \tag{2-30}$$

梁单元节点的绝对位移为

$$e_1 = r_1 \mid_{x=0}, \ e_2 = r_2 \mid_{x=0},$$
$$e_5 = r_1 \mid_{x=l}, \ e_6 = r_2 \mid_{x=l} \tag{2-31}$$

梁单元节点斜率为

$$e_3 = \frac{\partial r_1}{\partial x} \mid_{x=0}, \ e_4 = \frac{\partial r_2}{\partial x} \mid_{x=0},$$

$$e_7 = \frac{\partial r_1}{\partial x} \mid_{x=l}, \ e_8 = \frac{\partial r_2}{\partial x} \mid_{x=l} \tag{2-32}$$

采用梁单元等参单元的型函数时，S 可以写为

$$S = \begin{pmatrix} S_1 & 0 & S_2 l & 0 & S_3 & 0 & S_4 l & 0 \\ 0 & S_1 & 0 & S_2 l & 0 & S_3 & 0 & S_4 l \end{pmatrix} \tag{2-33}$$

其中

$$S_1 = 1 - 3\xi^2 + 2\xi^3, \ S_2 = \xi - 2\xi^2 + \xi^3$$
$$S_3 = 3\xi^2 - 2\xi^3, \ S_4 = \xi^3 - \xi^2 \tag{2-34}$$

其中
$$\xi = x/l$$

节点坐标列阵的表达式没有描述单元两个节点的转角位移，所以此方程没有考虑梁单元的剪切变形，即认为在变形过程中，两个节点的位置矢量与梁单元的轴线相切，且其方向与梁截面的法向垂直，也就是说满足欧拉 – 伯努利假设。

当梁单元发生刚性位移时，在未变形的参考坐标系中定义 r_1、r_2，同时假定刚性运动的转角为 θ，则在发生刚性位移后，梁单元任意一点 P 在总体坐标中的位置矢量可以表示为

$$r = \begin{pmatrix} r_1 + x\cos\theta \\ r_2 + x\sin\theta \end{pmatrix} = Se \tag{2-35}$$

需注意的是，这时在梁单元节点的广义坐标矢量列阵中

$$e_3 = e_7 = \cos\theta, \ e_4 = e_8 = \sin\theta \tag{2-36}$$

式（2-35）表明，利用绝对节点坐标方程能够精确地描述系统的刚性运动；由于采用的单元型函数的斜率以及位移的变化是连续的，所以将绝对节点坐标方程用于钢丝绳这类柔性结构的动力学分析是合适的。

单元运动过程中，单元中任意一点的速度矢量可以表示为

$$\dot{r} = S(x)\dot{e} \tag{2-37}$$

单元的动能可以表示为

$$T = \frac{1}{2} \int_V \rho \dot{r}^{\mathrm{T}} \dot{r} \mathrm{d}V = \frac{1}{2} \dot{e}^{\mathrm{T}} \left(\int_V \rho S^{\mathrm{T}} S \mathrm{d}V \right) \dot{e} = \frac{1}{2} \dot{e}^{\mathrm{T}} M_a \dot{e} \tag{2-38}$$

式中，$\boldsymbol{M}_a$ 为梁单元质量矩阵；ρ 为线密度。

$$\boldsymbol{M}_a = \int_V \rho \boldsymbol{S}^{\mathrm{T}} \boldsymbol{S} \mathrm{d}V \tag{2-39}$$

利用型函数不难得到梁单元的质量矩阵为

$$\boldsymbol{M}_a = \rho l \begin{pmatrix} \dfrac{13}{35} & 0 & \dfrac{11l}{210} & 0 & \dfrac{9}{70} & 0 & -\dfrac{13l}{420} & 0 \\[2mm] & \dfrac{13}{35} & 0 & \dfrac{11l}{210} & 0 & \dfrac{9}{70} & 0 & -\dfrac{13l}{420} \\[2mm] & & \dfrac{l^2}{105} & 0 & \dfrac{13l}{420} & 0 & -\dfrac{l^2}{140} & 0 \\[2mm] & & & \dfrac{l^2}{105} & 0 & \dfrac{13l}{420} & 0 & -\dfrac{l^2}{140} \\[2mm] & & & & \dfrac{13}{35} & 0 & \dfrac{11l}{210} & 0 \\[2mm] & 对 \quad 称 & & & & \dfrac{13}{35} & 0 & -\dfrac{11l}{210} \\[2mm] & & & & & & \dfrac{l^2}{105} & 0 \\[2mm] & & & & & & & \dfrac{l^2}{105} \end{pmatrix} \tag{2-40}$$

由式（2-38）可知，在绝对节点坐标方程中，梁单元的质量矩阵为常量对称矩阵。

根据格林应变张量，梁单元轴向应变可以表示为

$$\boldsymbol{\varepsilon}_{xx}^a = \frac{1}{2} \left[\left(\frac{\partial \boldsymbol{r}}{\partial x} \right)^{\mathrm{T}} \frac{\partial \boldsymbol{r}}{\partial x} - 1 \right] \tag{2-41}$$

梁单元轴向变形能可以表示为

$$U_1 = \frac{1}{2} \int_0^l EA(\boldsymbol{\varepsilon}_{xx}^a) \mathrm{d}x \tag{2-42}$$

变形后梁中轴线曲线的曲率 k 可以表示为

$$k = \frac{|r_x r_{xx}|}{|r_x|^3} \tag{2-43}$$

得到梁单元的弯曲应变能为

$$U_2 = \frac{1}{2} \int_0^l EIk^2 \mathrm{d}x \tag{2-44}$$

单元总的应变能可以表示为

$$U = \frac{1}{2} \int_0^l (EA(\boldsymbol{\varepsilon}_{xx}^a) + EIk^2) \mathrm{d}x \tag{2-45}$$

根据应变能可以得到单元弹性力的矢量矩阵为

$$Q_e = -\left(\frac{\partial U}{\partial e}\right)^{\mathrm{T}} \tag{2-46}$$

根据相关动力学虚功原理、牛顿 – 欧拉公式、拉格朗日方程和哈密顿原理得到单元的无约束动力学方程

$$M_a \ddot{e} = Q \tag{2-47}$$

式中，Q 为包括弹性力的广义外力矢量矩阵。

在梁单元的绝对节点坐标方程中，由于单元的质量矩阵为定常矩阵，所以单元的离心力以及科氏加速度为 0。这样联立运动体所有单元的运动方程，利用标准的有限元方法就可以得到整个变形（柔性）体的运动学方程。

随后 Shabana 与 Omar 在一维梁单元绝对节点坐标方程的基础上又提出了考虑剪切变形的二维两节点梁单元（见图 2-4）绝对节点坐标方程。本文第 4 章的研究，就是基于二维两节点梁单元绝对节点坐标方程展开的，故对其做重点说明。

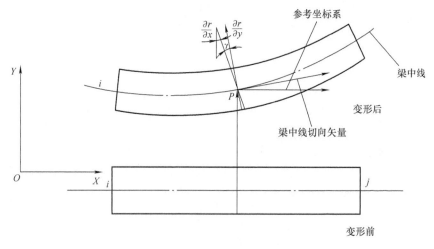

图 2-4　二维两节点梁单元

如图 2-4 所示，XOY 为总体坐标系，xoy 为梁单元的局部参考坐标系，梁单元的节点 i、j 分别有定义在总体坐标系下的 6 个节点坐标，则整个梁单元共 12 个节点坐标。假设梁单元中任意一点 P 在总体坐标系下的位置函数为

$$r = \begin{pmatrix} r_1 \\ r_2 \end{pmatrix} = \begin{pmatrix} a_0 + a_1 x + a_2 y + a_3 xy + a_4 x^2 + a_5 x^3 \\ b_0 + b_1 x + b_2 y + b_3 xy + b_4 x^2 + b_5 x^3 \end{pmatrix} = S(x,y)\,e \tag{2-48}$$

式中，r_1，r_2 为 P 关于总体坐标系 XOY 的绝对位移；S 为梁单元的型函数矩阵；x、y 为单元在局部参考坐标系中的位置；e 为单元节点坐标列阵。

由式（2-48）可知，方程共有 12 个待定的系数。

　　梁单元每个节点 (i, j) 有 6 个自由度，节点 i、j 的节点坐标可以分别表示为

$$e_i = \left(r_i^{\mathrm{T}} \quad \frac{\partial r_i^{\mathrm{T}}}{\partial x} \quad \frac{\partial r_i^{\mathrm{T}}}{\partial y} \right)^{\mathrm{T}}$$

$$e_j = \left(r_j^{\mathrm{T}} \quad \frac{\partial r_j^{\mathrm{T}}}{\partial x} \quad \frac{\partial r_j^{\mathrm{T}}}{\partial y} \right)^{\mathrm{T}} \tag{2-49}$$

式中，r_i，r_j 分别表示节点 i、j 在总体坐标系中的位置矢量；$\partial r_i^{\mathrm{T}}/\partial x$ 和 $\partial r_i^{\mathrm{T}}/\partial y$ 表示节点 i 的斜率；$\partial r_i^{\mathrm{T}}/\partial x$ 和 $\partial r_i^{\mathrm{T}}/\partial y$ 表示节点 j 的斜率。

　　整个梁单元的单元节点坐标方向矢量定义为

$$\begin{aligned} e^n &= (e_1\ e_2\ e_3\ e_4\ e_5\ e_6\ e_7\ e_8\ e_9\ e_{10}\ e_{11}\ e_{12}) \\ &= \left(r_i^{\mathrm{T}} \quad \frac{\partial r_i^{\mathrm{T}}}{\partial x} \quad \frac{\partial r_i^{\mathrm{T}}}{\partial y} \quad r_j^{\mathrm{T}} \quad \frac{\partial r_j^{\mathrm{T}}}{\partial x} \quad \frac{\partial r_j^{\mathrm{T}}}{\partial y} \right)^{\mathrm{T}} \end{aligned} \tag{2-50}$$

节点位移为

$$e_1 = r_1 \big|_{x=0}, \quad e_2 = r_2 \big|_{x=0},$$
$$e_7 = r_1 \big|_{x=l}, \quad e_8 = r_2 \big|_{x=l} \tag{2-51}$$

节点斜率为

$$e_3 = \frac{\partial r_1}{\partial x} \bigg|_{x=0}, \ e_4 = \frac{\partial r_2}{\partial x} \bigg|_{x=0}, \ e_5 = \frac{\partial r_1}{\partial y} \bigg|_{x=0}, \ e_6 = \frac{\partial r_2}{\partial y} \bigg|_{x=0},$$

$$e_9 = \frac{\partial r_1}{\partial x} \bigg|_{x=l}, \ e_{10} = \frac{\partial r_2}{\partial x} \bigg|_{x=l}, \ e_{11} = \frac{\partial r_1}{\partial y} \bigg|_{x=l}, e_{12} = \frac{\partial r_2}{\partial y} \bigg|_{x=l} \tag{2-52}$$

梁单元坐标系中的方向矢量可以表示为

$$e = (e_A^{\mathrm{T}} \quad e_R^{\mathrm{T}}) \tag{2-53}$$

式中，A、B 分别表示单元的第一个和第二个节点。

　　在梁单元的局部坐标系中，节点 i、j 的位置矢量为

$$r_i = \binom{0}{0}, \ r_j = \binom{l}{0} \tag{2-54}$$

该单元的绝对节点坐标方程的等参单元型函数可以表示为

$$S = \begin{pmatrix} S_1 & 0 & S_2 l & 0 & S_3 l & 0 & S_4 & 0 & S_5 l & 0 & S_6 l & 0 \\ 0 & S_1 & 0 & S_2 l & 0 & S_3 l & 0 & S_4 & 0 & S_5 l & 0 & S_6 l \end{pmatrix} \tag{2-55}$$

其中

$$S_1 = 1 - 3\xi^2 + 2\xi^3$$
$$S_2 = \xi - 2\eta^2 + \xi^3$$
$$S_3 = \eta - \xi\eta$$
$$S_4 = 3\xi^2 - 2\xi^3$$

$$S_5 = -\xi^2 + l\xi^3$$
$$S_6 = \xi\eta$$
$$\xi = x/l$$
$$\eta = y/l$$

式中，l 为梁单元的长度。

单元的动能可以表示为

$$T = \frac{1}{2}\int_V \rho\dot{\boldsymbol{r}}^{\mathrm{T}}\dot{\boldsymbol{r}}\mathrm{d}V = \frac{1}{2}\dot{\boldsymbol{e}}^{\mathrm{T}}\left(\int_V \rho S^{\mathrm{T}}S\mathrm{d}V\right)\dot{\boldsymbol{e}} = \frac{1}{2}\dot{\boldsymbol{e}}^{\mathrm{T}}\boldsymbol{M}_a\dot{\boldsymbol{e}} \tag{2-56}$$

式中，$\boldsymbol{M}_a$ 为梁单元质量矩阵；ρ 为线密度。

$$\boldsymbol{M}_a = \int_V \rho S^{\mathrm{T}}S\mathrm{d}V \tag{2-57}$$

单元的变形梯度为

$$J = \frac{\partial r}{\partial X} = \frac{\partial r}{\partial x}\frac{\partial x}{\partial X} = \begin{pmatrix} \dfrac{\partial \boldsymbol{r}_1}{\partial x} & \dfrac{\partial \boldsymbol{r}_1}{\partial y} \\ \dfrac{\partial \boldsymbol{r}_2}{\partial x} & \dfrac{\partial \boldsymbol{r}_2}{\partial y} \end{pmatrix} J_0^{-1} \tag{2-58}$$

式中，$J_0 = \partial \boldsymbol{X}/\partial x = \partial(S\boldsymbol{e}_0)/\partial x$，$\boldsymbol{e}_0$ 为单元的初始矢量。

应用右柯西 – 格林（right Cauchy – Green）变形张量，则格林 – 拉格朗日应力张量 $\boldsymbol{\varepsilon}^m$ 可以写成

$$\boldsymbol{\varepsilon}^m = \frac{1}{2}(\boldsymbol{J}^{\mathrm{T}}\boldsymbol{J} - \boldsymbol{I}) \tag{2-59}$$

应力张量 $\boldsymbol{\varepsilon}^m$ 是对称的，可以写成矢量矩阵的形式

$$\boldsymbol{\varepsilon} = \begin{pmatrix} \boldsymbol{\varepsilon}_{xx}^m & \boldsymbol{\varepsilon}_{yy}^m & 2\boldsymbol{\varepsilon}_{xy}^m \end{pmatrix}^{\mathrm{T}} \tag{2-60}$$

则梁单元的势能为

$$U = \frac{1}{2}\int_V \boldsymbol{\varepsilon}^{\mathrm{T}}E\boldsymbol{\varepsilon}\mathrm{d}V \tag{2-61}$$

根据应变能可以得到单元弹性力矢量为

$$\boldsymbol{Q}_e = -\left(\frac{\partial U}{\partial e}\right)^{\mathrm{T}} \tag{2-62}$$

同一维梁单元的绝对节点坐标方程类似，利用虚功原理可以得到系统的无约束运动方程。

在随后的研究中，Shabana 等又提出了三维梁单元的绝对节点坐标方程模型。其他学者在绝对坐标体系下，还得到了很多其他含高阶斜率坐标的梁单元、板、壳单元、三维实体单元的绝对节点坐标方程。节点坐标的定义、型函数的推导，以及运动方程的建立过程与上述过程类似。

2.3.2　绝对节点坐标方程约束的添加

2.3.1 节得到的方程（2-47）为系统在无约束条件下的运动方程，在利用绝对节点坐标方程建立多体系统运动方程的过程中，需要考虑各种约束，才能建立多体系统在真正意义上的运动方程。由于提升机传动分析使用的绝对节点坐标方程涉及的运动约束主要有旋转副约束、滑动副约束和固结约束等，所以下面讨论这几种约束的特性。

图 2-5 中的两个梁单元 i、m 分别由节点 $j-1$、j 和节点 $n-1$、n 构成，两个单元在节点 j、n 处用旋转副连接，旋转副约束处的约束方程为

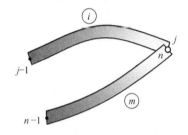

图 2-5　柔性梁单元旋转副

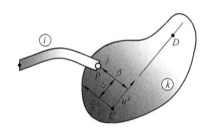

图 2-6　柔性体与刚体的旋转副

$$r^{ij} = r^{mn} \tag{2-63}$$

式中，上角标的第 1 项表示单元号，第 2 项表示节点号。

由式（2-63）可知

$$(e_{i7}\quad e_{i8})^{\mathrm{T}} = (e_{m1}\quad e_{i2})^{\mathrm{T}} \tag{2-64}$$

式（2-63）只是约束了铰接处节点的位置坐标，其余描述转动的斜率矢量坐标没有约束。

式（2-63）写成关于节点坐标的形式为

$$e^{mn} = T_f^{mn,ij} e^{ij} + T_f^{mn,mn} \widetilde{e}^{mn} \tag{2-65}$$

式中，$\widetilde{e}$ 为仅含有节点斜率的坐标矢量；T 为转换矩阵，定义为

$$T_f^{mn,ij} = \begin{pmatrix} I_2 & 0_{2\times 4} \\ 0_{2\times 4} & 0_{4\times 4} \end{pmatrix}, \quad T_f^{mn,mn} = \begin{pmatrix} 0_{2\times 4} \\ I_4 \end{pmatrix} \tag{2-66}$$

图 2-6 为柔性梁单元 i 在节点 j 处与刚体 k 用旋转副连接，设旋转副旋转轴向在刚体坐标系下的局部坐标系为 $\bar{r}_P^k = (\alpha\beta)^{\mathrm{T}}$，可以得到旋转副的约束方程为

$$r^{ij} = (r_C^k + A^k \bar{r}_P^k) \tag{2-67}$$

式中，$\bar{r}_P^k$ 为刚体上 P 点在局部坐标系中的位置矢量；A 为刚体转动矩阵。

式（2-67）写成节点坐标矢量的形式为

$$e^{ij} = T_f^{ijk} d^k + T_{ff}^{ij,ij} \hat{e}^{ij} \tag{2-68}$$

图 2-7 为柔性梁单元与刚体、刚体与刚体的滑动副约束。

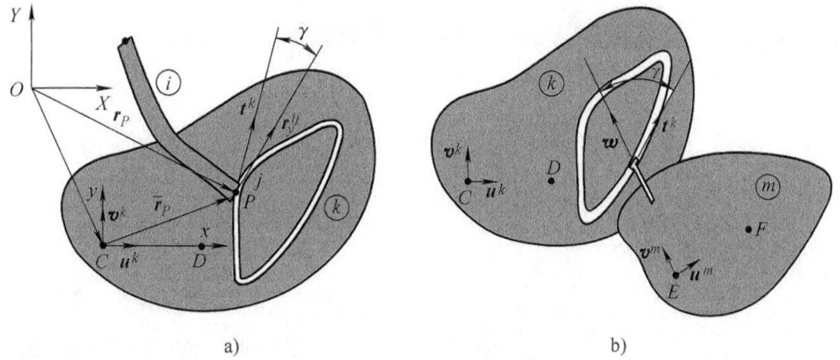

图 2-7　滑动副约束
a）柔性梁单元与刚体　b）刚体与刚体

假定柔性体 i 的节点 j 沿着刚体 k 的一个曲线滑动，刚体曲线任意一点在刚体局部坐标系中的位置矢量可以表示为

$$\boldsymbol{r}_P^k = \boldsymbol{f}(\alpha) \tag{2-69}$$

式中，$f(\alpha)$ 为一个已知且关于参数 α 的函数。

如果梁单元上被约束点能够绕其自由转动，根据滑动副的定义可知节点 j 在曲线滑动的约束方程为

$$\boldsymbol{r}^{ij} = (\boldsymbol{r}_C^k + A^k \bar{\boldsymbol{r}}_P^k(\alpha_P)) \tag{2-70}$$

式中，α_P 为梁单元与曲线接触点 P 的参数。

对于梁单元上被约束点不能够绕其自由转动的情况，还需要添加下面的约束方程

$$\boldsymbol{r}_y^{ij\mathrm{T}} \boldsymbol{t}_P^k = |\boldsymbol{r}_y^{ij}|\,|\boldsymbol{t}_P^k|\cos\gamma \tag{2-71}$$

式中，γ 为梁单元在接触点与曲线的夹角；$\boldsymbol{r}_y^{ij}$ 为梁截面的方向；$\boldsymbol{t}_P^k$ 为曲线在点 P 处的切矢量，表示为

$$\boldsymbol{t}_P^k = A^k \bar{\boldsymbol{t}}_P^k \tag{2-72}$$

其中

$$\bar{\boldsymbol{t}}_P^k = \frac{\partial f}{\partial \alpha}\bigg|_{\alpha P} \tag{2-73}$$

对于图 2-7b 所示的情况，刚体 m 在刚体 k 的曲线上滑动，在两个刚体中分别引入局部坐标系 $\bar{\boldsymbol{r}}_P^k = (\alpha\beta)^{\mathrm{T}}$ 和 $\bar{\boldsymbol{r}}_P^l = (\delta\varepsilon)^{\mathrm{T}}$，则两个刚体之间的约束方程写成

$$\boldsymbol{r}_C^k + A^k \overline{\boldsymbol{r}}_P^k (\alpha P) = \boldsymbol{r}_E^l + A^l \overline{\boldsymbol{r}}_P^l (\alpha P) \tag{2-74}$$

柔性梁单元 i 与刚体在节点 j 处的固结约束如图 2-8 所示。

图 2-8 所示情况的约束方程为

$$\boldsymbol{r}_y^{ij} = (a\boldsymbol{u}^k + b\boldsymbol{v}^k) \tag{2-75}$$

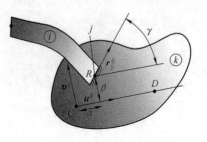

式中，$\boldsymbol{u}^k$、$\boldsymbol{v}^k$ 分别表示梁截面的矢量和刚体 k 的局部坐标系下的单位矢量。

$$a = \cos\gamma, \quad b = \sin\gamma \tag{2-76}$$

图 2-8　柔性梁单元与刚体在
节点 j 处的固结约束

2.3.3　基于绝对节点坐标法的钢丝绳多体动力学方程

如图 2-9 所示，将一段长度为 L 的钢丝绳简化为横截面为正方形的梁，图中，钢丝绳的横截面宽度为 a，钢丝绳的线密度为 ρ，钢丝绳材料的弹性模量为 E，惯性矩为 I。将钢丝绳划分为等长的 n 个梁单元，则钢丝绳的单元长度 $l = L/n$。

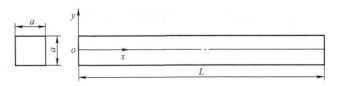

图 2-9　钢丝绳简化模型

钢丝绳上任意一点 P 的位置和剪切变形矢量分别表示为

$$\boldsymbol{r} = \begin{pmatrix} \boldsymbol{r}_1 \\ \boldsymbol{r}_2 \end{pmatrix} = \boldsymbol{S}\boldsymbol{e} \tag{2-77}$$

$$\Delta \boldsymbol{r} = \boldsymbol{r} - \boldsymbol{r}_{y=0} = y\frac{\partial \boldsymbol{r}}{\partial y} \tag{2-78}$$

式中，$\boldsymbol{S}$ 为单元型函数，见式（2-55）；$\boldsymbol{e}$ 为单元的绝对节点坐标，见式（2-50）；$\boldsymbol{r}_{y=0}$ 为点 P 在坐标 $(x, 0)$ 处的初始位置矢量。

设单元的质量 $m = \rho l$，由式（2-57）得到钢丝绳单元的质量矩阵为

$$M_a = \int_V \rho S^T S \mathrm{d}V =$$

$$
\begin{pmatrix}
\frac{13}{35}m & 0 & \frac{11}{210}ml & 0 & \frac{7}{20}J_1 & 0 & \frac{9}{70}m & 0 & \frac{-13}{420}ml & 0 & \frac{3}{20}J_1 & 0 \\
0 & \frac{13}{35}m & 0 & \frac{11}{210}ml & 0 & \frac{7}{20}J_1 & 0 & \frac{9}{70}m & 0 & \frac{-13}{420}ml & 0 & \frac{3}{20}J_1 \\
\frac{11}{210}ml & 0 & \frac{1}{105}ml^2 & 0 & \frac{1}{20}J_1 l & 0 & \frac{13}{420}ml & 0 & \frac{-1}{140}ml^2 & 0 & \frac{1}{30}J_1 l & 0 \\
0 & \frac{11}{210}ml & 0 & \frac{1}{105}ml^2 & 0 & \frac{1}{20}J_1 l & 0 & \frac{13}{420}ml & 0 & \frac{-1}{140}ml^2 & 0 & \frac{1}{30}J_1 l \\
\frac{7}{20}J_1 & 0 & \frac{1}{20}J_1 l & 0 & \frac{1}{3}J_2 & 0 & \frac{3}{20}J_1 & 0 & \frac{-1}{30}J_1 l & 0 & \frac{1}{6}J_1 & 0 \\
0 & \frac{7}{20}J_1 & 0 & \frac{1}{20}J_1 l & 0 & \frac{1}{3}J_2 & 0 & \frac{3}{20}J_1 & 0 & \frac{-1}{30}J_1 l & 0 & \frac{1}{6}J_1 \\
\frac{9}{70}m & 0 & \frac{13}{420}ml & 0 & \frac{3}{20}J_1 & 0 & \frac{13}{35}m & 0 & \frac{-11}{210}ml & 0 & \frac{7}{20}J_1 & 0 \\
0 & \frac{9}{70}m & 0 & \frac{13}{420}ml & 0 & \frac{3}{20}J_1 & 0 & \frac{13}{35}m & 0 & \frac{-11}{210}ml & 0 & \frac{7}{20}J_1 \\
\frac{-13}{420}ml & 0 & \frac{-1}{140}ml^2 & 0 & \frac{-1}{30}J_1 l & 0 & \frac{-11}{210}ml & 0 & \frac{1}{105}ml^2 & 0 & \frac{-1}{20}J_1 l & 0 \\
0 & \frac{-13}{420}ml & 0 & \frac{-1}{140}ml^2 & 0 & \frac{-1}{30}J_1 l & 0 & \frac{-11}{210}ml & 0 & \frac{1}{105}ml^2 & 0 & \frac{-1}{20}J_1 l \\
\frac{3}{20}J_1 & 0 & \frac{1}{30}J_1 l & 0 & \frac{1}{6}J_2 & 0 & \frac{7}{20}J_1 & 0 & \frac{-1}{20}J_1 l & 0 & \frac{1}{3}J_2 & 0 \\
0 & \frac{3}{20}J_1 & 0 & \frac{1}{30}J_1 l & 0 & \frac{1}{6}J_2 & 0 & \frac{7}{20}J_1 & 0 & \frac{-1}{20}J_1 l & 0 & \frac{1}{3}J_1
\end{pmatrix}
$$

$$(2\text{-}79)$$

其中　　　　　　　　$J_1 = \int_V \rho y \mathrm{d}V, J_2 = \int_V \rho y^2 \mathrm{d}V$

设 B_e 为单元节点坐标和总体节点坐标的转换矩阵，钢丝绳系统的总体质量矩阵表示为

$$M = \sum_e B_e^T M_a B_e \qquad (2\text{-}80)$$

设单位体积的重力为 $F_g = (0 \ -\rho g)^T$，得到钢丝绳单元的重力矩阵为

$$Q_e = \int_V S^T F_g \mathrm{d}V = \int_0^l A S^T F_g \mathrm{d}x =$$

$$-mg\left(0 \quad \frac{1}{2} \quad 0 \quad \frac{l}{12} \quad 0 \quad 0 \quad 0 \quad \frac{1}{2} \quad 0 \quad \frac{-l}{12} \quad 0 \quad 0\right)^T \qquad (2\text{-}81)$$

钢丝绳系统在没有受到其他外力的情况下，系统总的外力矩阵为

$$Q = \sum_e B_e^T Q_e \qquad (2\text{-}82)$$

设钢丝绳单元节点坐标列阵为 q_e，则钢丝绳系统总体节点坐标列阵 q 为

$$q = B_e q_e \tag{2-83}$$

钢丝绳单元的梯度可以表示为

$$J = \frac{\partial \boldsymbol{r}}{\partial \boldsymbol{X}} = \frac{\partial \boldsymbol{r}}{\partial x} \frac{\partial x}{\partial \boldsymbol{X}} = \begin{pmatrix} \dfrac{\partial \boldsymbol{r}_1}{\partial x} & \dfrac{\partial \boldsymbol{r}_1}{\partial y} \\ \dfrac{\partial \boldsymbol{r}_2}{\partial x} & \dfrac{\partial \boldsymbol{r}_2}{\partial y} \end{pmatrix} J_0^{-1} = \begin{pmatrix} S_1 xe & S_{1y} e \\ S_{2x} e & S_{2y} e \end{pmatrix} J_0^{-1} \tag{2-84}$$

其中

$$S_{ix} = \frac{\partial \boldsymbol{S}_i}{\partial x}, S_{iy} = \frac{\partial \boldsymbol{S}_i}{\partial y},$$

$$J_0 = \frac{\partial \boldsymbol{X}}{\partial x},$$

$$\boldsymbol{X} = \boldsymbol{S} e_0 \tag{2-85}$$

式（2-85）中，S_i 的下标表示单元型函数的行数；e_0 表示单元的初始位置的绝对节点坐标矢量。

钢丝绳单元的格林–拉格朗日应变（Green Lagrange Strain）张量可以表示为

$$\boldsymbol{\varepsilon}_m = \frac{1}{2} (\boldsymbol{J}^{\mathrm{T}} - \boldsymbol{J} - \boldsymbol{I}) = \frac{1}{2} \begin{pmatrix} e^{\mathrm{T}} S_a e - 1 & e^{\mathrm{T}} S_c e \\ e^{\mathrm{T}} S_c e & e^{\mathrm{T}} S_h e - 1 \end{pmatrix} \tag{2-86}$$

式中，I 为单位矩阵。

$$S_a = S_{1x}^{\mathrm{T}} S_{1x} + S_{2x}^{\mathrm{T}} S_{2x}, \quad S_b = S_{1y}^{\mathrm{T}} S_{1y} + S_{2y}^{\mathrm{T}} S_{2y}, \quad S_c = S_{1x}^{\mathrm{T}} S_{1y} + S_{2x}^{\mathrm{T}} S_{2y} \tag{2-87}$$

应变张量是个对称阵，写成矩阵的形式为

$$\boldsymbol{\varepsilon} = \begin{pmatrix} \varepsilon_1 & \varepsilon_2 & \varepsilon_3 \end{pmatrix}^{\mathrm{T}} \tag{2-88}$$

其中

$$\boldsymbol{\varepsilon}_1 = \boldsymbol{\varepsilon}_{xx} = \frac{1}{2}(e^{\mathrm{T}} S_a e - 1), \boldsymbol{\varepsilon}_2 = \boldsymbol{\varepsilon}_{yy} = \frac{1}{2}(e^{\mathrm{T}} S_b e - 1), \boldsymbol{\varepsilon}_3 = \boldsymbol{\varepsilon}_{yy} = \frac{1}{2} e^{\mathrm{T}} S_c e$$

钢丝绳单元的应变能可以表示为

$$U = \frac{1}{2} \int_V \boldsymbol{\varepsilon}^{\mathrm{T}} \boldsymbol{E} \boldsymbol{\varepsilon} \mathrm{d}V \tag{2-89}$$

式中，E 为关于材料的弹性常数矩阵，表示为

$$\boldsymbol{E} = \begin{pmatrix} \lambda + 2\mu & \lambda & 0 \\ \lambda & \lambda + 2\mu & 0 \\ 0 & 0 & 2\mu \end{pmatrix} \tag{2-90}$$

其中，$\lambda = \dfrac{E\nu}{(1 + \nu)(1 - 2\nu)}, \mu = \dfrac{E}{2(1 + \nu)}$，$E$ 为材料的弹性模量，ν 为材料的泊松比。

钢丝绳单元的节点弹性力矩阵可表示为

$$\boldsymbol{Q}_e = \left(\frac{\partial U}{\partial e} \right)^{\mathrm{T}} = e^{\mathrm{T}} \boldsymbol{K}_a \tag{2-91}$$

式中，K_a 表示钢丝绳单元的刚度矩阵，可以表示为

$$K_a = (1 + 2\mu)K_1 + \lambda K_2 + 2\mu K_3 \qquad (2\text{-}92)$$

其中

$$K_1 = \frac{1}{4}\int_V \left[S_{a1}(e^{\mathrm{T}}S_a e - 1) + S_{b1}(e^{\mathrm{T}}S_b e - 1) \right] \mathrm{d}V \qquad (2\text{-}93)$$

$$K_2 = \frac{1}{4}\int_V \left[S_{a1}(e^{\mathrm{T}}S_a e - 1) + S_{b1}(e^{\mathrm{T}}S_a e - 1) \right] \mathrm{d}V \qquad (2\text{-}94)$$

$$K_3 = \frac{1}{4}\int_V S_{c1}(e^{\mathrm{T}}S_a e) \mathrm{d}V \qquad (2\text{-}95)$$

其中

$$S_{a1} = S_a + S_a^{\mathrm{T}}, \quad S_{b1} = S_b + S_b^{\mathrm{T}}, \quad S_{c1} = S_c + S_c^{\mathrm{T}}$$

钢丝绳系统的总体刚度矩阵可以表示为

$$K = \sum_e B_e^{\mathrm{T}} K_a B_e \qquad (2\text{-}96)$$

得到钢丝绳系统无约束的动力学方程为

$$M\ddot{q} + Kq = Q \qquad (2\text{-}97)$$

设钢丝绳在初始时刻处于水平位置，则对于第 i 个单元的初始条件为

$$e_1(0) = 0, e_1(0) = (i-1)l, e_3(0) = 0, e_4(0) = 1, e_5(0) = 0, e_6(0) = 0$$
$$e_7(0) = 0, e_8(0) = il, e_9(0) = 0, e_{10}(0) = 1, e_{11}(0) = 0, e_{12}(0) = 0$$

需要说明的是，本节的内容是采用绝对节点坐标方程推导钢丝绳运动方程的过程和方法，但是在大多数的情况下，直接利用上面的方法建立的钢丝绳的运动方程所描述的钢丝绳的动力学行为同真实状态下的钢丝绳（刚度等）还存在比较大的差异。所以有必要对其运动方程做进一步的修正，以满足设计计算的需要。

2.4　基于相对节点方程的钢丝绳建模方法

2.4.1　单元的划分

对摩擦式提升系统建模最关键的是建立钢丝绳的动力学方程。本节把钢丝绳看作由一系列连续三维梁单元组成的多柔性体系统，利用相对节点坐标方程，通过节点的相对节点位移建立钢丝绳的大变形结构的动力学平衡方程。同绝对节点法相似的是，相对节点坐标方程的节点位移变形也是沿着一定的路径累加得到的，并且在形成系统的运动方程之前，必须定义系统连续单元的信息。因此，同绝对节点坐标方程一样，首先把系统离散为有限单元组成的系统。本节利用欧

拉－伯努力三维梁单元对钢丝绳的空间路径进行单元划分，得到一系列按照顺序分布的节点，如图2-10所示。

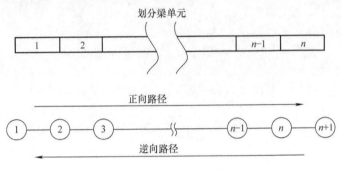

图 2-10　单元划分及节点

显然，当考虑摩擦式提升机系统的尾绳时，划分单元后的钢丝绳路径形成一个闭环系统（即按照正向或者逆向路径形成的单元的节点首尾相连），当不考虑尾绳的影响时，形成一个开环系统。由于应用欧拉－伯努力三维梁所建立的动力学方程不考虑横截面剪切变形，扭转时认为横截面不发生翘曲。

2.4.2　相对节点方程

从空间结构中已经离散化的连续的一系列梁单元中任意取出两个单元 $i-1$ 和 i 用图2-11所示的坐标体系来说明做空间运动的柔性梁的相对节点的变形。单元 $i-1$ 由节点 $i-1$ 和 i 组成，单元 i 由节点 i 和节点 $i+1$ 组成。在空间结构中，在每个梁单元的节点上有6个自由度：沿着 X、Y、Z 3个方向的线位移和绕 X、Y、Z 3个轴的角位移。节点坐标的 X 轴方向为沿着梁单元的纵向的方向，Z 轴方向为沿着梁单元的横向方向，Y 轴方向由右手定则确定。变形前后的两个梁

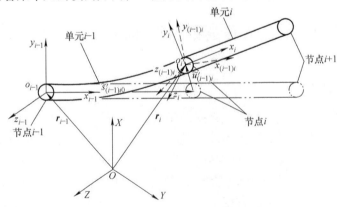

图 2-11　两个梁单元的变形示意图

单元如图 2-11 所示。引入梁单元的节点参考坐标系，来描述节点的位置和方向矢量。图中的坐标系 XYZ 为总体惯性坐标系；$x_k y_k z_k$（k 为梁单元的节点编号 $i-1$，i）为节点 k 的节点参考坐标系；r_k 表示节点 k 在总体惯性坐标系的位置矢量。$x_{(i-1)i} y_{(i-1)i} z_{(i-1)i}$ 为固结在节点 i 上的关于节点 $i-1$ 的随体坐标系。随体坐标系与结构力学中有限元单元坐标系相同，是与节点上邻域的微元相固连的，而不是浮动的，即随体坐标系随着柔性体的变化而变化。在单元 $i-1$ 没有变形的情况下，节点随体参考坐标系 $x_{(i-1)i} y_{(i-1)i} z_{(i-1)i}$ 和节点参考坐标系 $x_{i-1} y_{i-1} z_{i-1}$ 的方向是一致的。

柔性体在运动时，尤其是在发生小位移时，其空间的运动可以分解为刚性移动和刚性转动的组合运动来描述柔性体的变形。即在柔性体上任意选择一个基点，在这个基点上建立动参考系（或称为物体坐标系），这样就可以将柔性体的运动分解为随体坐标系的刚性运动和相对于动参考系的变形运动两部分来研究。然后将相对变形运动的各变量，通过空间旋转变换矩阵，转换到总体惯性参考坐标系下，从而建立柔性体系统的运动方程。

对于柔性体任意一点 p 的位置变化可以表示为

$$r = r_o + A(s_p + u_p) \tag{2-98}$$

式中，r 为点 p 在总体惯性坐标系中关于 X、Y、Z 的位置矢量；r_o 为浮动坐标系原点在总体惯性坐标系中的位置矢量；A 为关于空间坐标变换的方向余弦矩阵；s_p 为柔性体在没变形时，点 p 在随体坐标系中的位置矢量；u_p 为相对变形矢量，包括位置变形及方向的变化。

基于以上的原理，对于柔性体单元 $i-1$，节点 i 在总体惯性坐标中的位置矢量可以利用节点 $i-1$ 的位置矢量以及与节点 i 的相对节点变形来表示。在这里，节点 $i-1$ 相当于浮动参考坐标系的原点；相应的坐标系 $x_{(i-1)} y_{(i-1)} z_{(i-1)}$ 为柔性体（单元 $i-1$）的浮动参考坐标系；分别用 $u'_{(i-1)i}$ 和 $\Theta'_{(i-1)i}$ 表示节点 $i-1$ 和 i 的位置和方位相对变化矢量。系统任意一节点在惯性坐标系的速度和虚位移分别定义为

$$\begin{pmatrix} \dot{r} \\ \omega \end{pmatrix} \tag{2-99}$$

$$\begin{pmatrix} \delta r \\ \delta \pi \end{pmatrix} \tag{2-100}$$

相应的节点相对的速度和虚位移定义为

$$Y = \begin{pmatrix} \dot{r}' \\ \omega' \end{pmatrix} = \begin{pmatrix} A^{\mathrm{T}} \dot{r} \\ A^{\mathrm{T}} \omega \end{pmatrix} \tag{2-101}$$

$$\delta Z = \begin{pmatrix} \delta r' \\ \delta \pi' \end{pmatrix} = \begin{pmatrix} A^{\mathrm{T}} \delta r \\ A^{\mathrm{T}} \delta \pi \end{pmatrix} \tag{2-102}$$

式中，A 为到惯性坐标系的方位转换矩阵。

则节点 i 在惯性坐标系 XYZ 的中的位置和方位分别用节点 i 的位置矢量以及与节点 $i-1$ 的相对变形表示为

$$r_i = r_{(i-1)} + A_{(i-1)}(s'_{(i-1)i0} + u'_{(i-1)i}) \tag{2-103}$$

A 为旋转转换矩阵。当单元 $i-1$ 发生变形时，关于节点 i 的参考坐标系 $x_{(i-1)i}y_{(i-1)i}z_{(i-1)i}$ 必然会产生一个相对于参考坐标系 $x_{i-1}y_{i-1}z_{i-1}$ 的转动角度。节点 i 在任一时刻的方位 A_i 可表示为相对于总体惯性坐标系的 3 个欧拉变换矩阵的乘积，即

$$A_i = A_{i-1}D_{(i-1)i}C_{(i-1)i} \tag{2-104}$$

式中，A_{i-1} 表示节点坐标系 $x_iy_iz_i$ 到总体惯性坐标系的变换矩阵；矩阵 $D_{(i-1)i}$ 为节点 i 的变形造成的方位变化形成的变换矩阵；$C_{(i-1)i}$ 表示由于随体坐标系置于柔性体上，而定义的由 $x_iy_iz_i$ 到 $x_{(i-1)i}y_{(i-1)i}z_{(i-1)i}$ 转换的常矩阵。

相对角速度的关系为

$$\omega'_i = A^{\mathrm{T}}_{(i-1)i}\omega'_{i-1} + A^{\mathrm{T}}_{(i-1)i}H_{(i-1)i}\dot{q}_{(i-1)i} \tag{2-105}$$

节点 i 的参考坐标系 $x_{(i-1)i}y_{(i-1)i}z_{(i-1)i}$ 可通过 3 次旋转达到节点 $i-1$ 的节点坐标系 $x_{i-1}y_{i-1}z_{i-1}$ 的坐标轴位置。旋转顺序具有多种形式，但不能绕一个轴连续旋转两次，因为连续旋转两次等同于绕这个轴的一次旋转。在工程中经常使用经典欧拉转动顺序的主要是"3-1-3"旋转和"1-2-3"旋转。本文采用"1-2-3"旋转顺序。将依次旋转的 3 个角坐标分别记为 $\psi'_{(i-1)i1}$、$\psi'_{(i-1)i2}$ 和 $\psi'_{(i-1)i3}$，方位相对变化矢量写成矩阵的形式

$$\Theta'_{(i-1)i} = (\psi'_{(i-1)i1} \quad \psi'_{(i-1)i2} \quad \psi'_{(i-1)i3})^{\mathrm{T}} \tag{2-106}$$

参考坐标系 $x_{(i-1)i}y_{(i-1)i}z_{(i-1)i}$ 3 次转动后的位置矢量相对于转动前的位置矢量相当于 3 个方向余弦矩阵的乘积，相应的方位变化形成的变换矩阵 $D_{(i-1)i}$ 为 3 个转换矩阵的乘积，即

$$D_{(i-1)i} = D_1(\psi'_{(i-1)i1})D_2(\psi'_{(i-1)i2})D_3(\psi'_{(i-1)i3}) \tag{2-107}$$

式中，$D_\tau(\psi'_{(i-1)i\tau})$ 表示参考坐标系 $x_{(i-1)i}y_{(i-1)i}z_{(i-1)i}$ 做 $\psi'_{(i-1)i\tau}(\tau=1,2,3)$ 角度旋转时的变换矩阵。

根据三维刚体系统动力学可知

$$D_1(\psi'_{(i-1)i1}) = \begin{pmatrix} 1 & 0 & 0 \\ 0 & \cos(\psi'_{(i-1)i1}) & \sin(\psi'_{(i-1)i1}) \\ 0 & -\sin(\psi'_{(i-1)i1}) & \cos(\psi'_{(i-1)i1}) \end{pmatrix} \tag{2-108}$$

$$D_2(\psi'_{(i-1)i2}) = \begin{pmatrix} \cos(\psi'_{(i-1)i2}) & 0 & -\sin(\psi'_{(i-1)i2}) \\ 0 & 1 & 0 \\ \sin(\psi'_{(i-1)i2}) & 0 & \cos(\psi'_{(i-1)i2}) \end{pmatrix} \tag{2-109}$$

$$D_3(\psi'_{(i-1)i3}) = \begin{pmatrix} \cos(\psi'_{(i-1)i2}) & \sin(\psi'_{(i-1)i2}) & 0 \\ -\sin(\psi'_{(i-1)i2}) & \cos(\psi'_{(i-1)i2}) & 0 \\ 0 & 0 & 1 \end{pmatrix} \quad (2\text{-}110)$$

从而得到：

$$D_{(i-1)i} = D_1(\psi'_{(i-1)i1})D_2(\psi'_{(i-1)i2})D_3(\psi'_{(i-1)i3}) =$$

$$\left(\begin{array}{cc} \cos(\psi'_{(i-1)i2})\cos(\psi'_{(i-1)i3}) & \sin(\psi'_{(i-1)i1})\sin(\psi'_{(i-1)i2})\cos(\psi'_{(i-1)i3}) + \cos(\psi'_{(i-1)i1})\sin(\psi'_{(i-1)i3}) \\ -\cos(\psi'_{(i-1)i2})\sin(\psi'_{(i-1)i3}) & -\sin(\psi'_{(i-1)i1})\sin(\psi'_{(i-1)i2})\sin(\psi'_{(i-1)i3}) + \cos(\psi'_{(i-1)i1})\cos(\psi'_{(i-1)i3}) \\ \sin(\psi'_{(i-1)i2}) & -\sin(\psi'_{(i-1)i1})\cos(\psi'_{(i-1)i2}) \end{array}\right.$$

$$\left.\begin{array}{c} -\cos(\psi'_{(i-1)i1})\cos(\psi'_{(i-1)i3})\sin(\psi'_{(i-1)i2}) + \sin(\psi'_{(i-1)i1})\sin(\psi'_{(i-1)i3}) \\ \cos(\psi'_{(i-1)i1})\sin(\psi'_{(i-1)i2})\sin(\psi'_{(i-1)i3}) + \sin(\psi'_{(i-1)i1})\cos(\psi'_{(i-1)i3}) \\ \cos(\psi'_{(i-1)i1})\cos(\psi'_{(i-1)i2}) \end{array}\right) \quad (2\text{-}111)$$

定义 $r_k(k=i,i-1)$ 对应的虚位移为 δr_k，对应的旋转虚位移为 $\delta\boldsymbol{\pi}$，利用虚位移原理，则式（2-103）存在如下的相应变分形式为

$$\delta r'_i = A^{\mathrm{T}}_{(i-1)i}\delta r'_{(i-1)} - A^{\mathrm{T}}_{(i-1)i}(\widetilde{s}'_{(i-1)i0} + \widetilde{u}'_{(i-1)i})\delta\boldsymbol{\pi}'_{(i-1)} + A^{\mathrm{T}}_{(i-1)i}\delta u'_{(i-1)i}$$

$$(2\text{-}112)$$

式（2-112）给出了 $\delta r'_i$ 与虚位移 $\delta r'_{i-1}$ 的变换关系，式中的 $\widetilde{s}'_{(i-1)i0}$ 和 $\widetilde{u}'_{(i-1)i}$ 分别表示由矢量分量组成相应的矩阵 $s'_{(i-1)i0}$ 和 $u'_{(i-1)i}$ 的斜对称矩阵（或者称为反对称方阵）。

定义 3 个变换矩阵 $A_{(i-1)i}$、$A_{(i-1)}$、A_i 的相互关系为

$$A_{(i-1)i} = A^{\mathrm{T}}_{(i-1)}A_i \quad (2\text{-}113)$$

则

$$A_i = (A^{\mathrm{T}}_{(i-1)})^{-1}A_{(i-1)i} \quad (2\text{-}114)$$

将式（2-114）代入式（2-104）得到

$$(A^{\mathrm{T}}_{(i-1)})^{-1}A_{(i-1)i} = A_{i-1}[D_1(\psi'_{(i-1)i1})D_2(\psi'_{(i-1)i2})D_3(\psi'_{(i-1)i3})]C_{(i-1)i}$$

$$(2\text{-}115)$$

节点 $i-1$ 和节点 i 的相对旋转虚位移用 $\delta\boldsymbol{\pi}'_i$ 表示，式（2-103）相应变分形式经整理得到

$$\delta \boldsymbol{\pi}'_i = A^{\mathrm{T}}_{(i-1)i}\delta \boldsymbol{\pi}'_{(i-1)} + A^{\mathrm{T}}_{(i-1)i}H_{(i-1)i}\delta s'_{(i-1)i} \tag{2-116}$$

式（2-116）表明了旋转虚位移 $\delta \boldsymbol{\pi}'_i$ 和 $\delta \boldsymbol{\pi}'_{i-1}$ 之间的变换关系，其中

$$H_{(i-1)i} = \begin{pmatrix} 1 & 0 & \sin(\psi'_{(i-1)i2}) \\ 0 & \cos(\psi'_{(i-1)i1}) & -\sin(\psi'_{(i-1)i1})\cos(\psi'_{(i-1)i2}) \\ 0 & \sin(\psi'_{(i-1)i1}) & \cos(\psi'_{(i-1)i1})\cos(\psi'_{(i-1)i2}) \end{pmatrix} \tag{2-117}$$

式（2-116）和式（2-115）联立，整理后写成矩阵的形式

$$\delta \boldsymbol{Z}_i = B_{(i-1)i1}\delta \boldsymbol{Z}_{(i-1)} + B_{(i-1)i2}\delta \boldsymbol{q}_{(i-1)i} \tag{2-118}$$

式（2-118）体现了两个相邻单元节点的虚位移的关系。

这样沿着设定的路径顺序，反复利用式（2-118）就可以得到由 n 个单元组成的整个划分系统在绝对节点坐标下和相对节点坐标系下相对虚位移的关系

$$\delta \boldsymbol{Z} = B\delta \boldsymbol{q} \tag{2-119}$$

式（2-119）显示了虚位移在笛卡儿坐标系和相对节点坐标系的关系。

其中

$$\delta Z = (\delta Z_1^{\mathrm{T}} \quad \delta Z_2^{\mathrm{T}} \quad \cdots \quad \delta Z_{n-1}^{\mathrm{T}} \quad \delta Z_n^{\mathrm{T}})^{\mathrm{T}} \tag{2-120}$$

$$\delta q = (\delta q_{12}^{\mathrm{T}} \quad \delta q_{23}^{\mathrm{T}} \quad \cdots \quad \delta q_{(n-1)n}^{\mathrm{T}} \quad \delta q_{n(n+1)}^{\mathrm{T}})^{\mathrm{T}} \tag{2-121}$$

$$B = \begin{pmatrix} B_{122} & 0 & 0 & \cdots & 0 \\ B_{231}B_{122} & B_{232} & 0 & \cdots & 0 \\ B_{341}B_{231}B_{122} & B_{231}B_{232} & B_{342} & \cdots & 0 \\ \vdots & \vdots & \vdots & \vdots & \vdots \\ B_{n(n+1)1}\cdots B_{122} & B_{n(n+1)1}\cdots B_{232} & B_{n(n+1)1}\cdots B_{342} & & B_{(n+1)2} \end{pmatrix} \tag{2-122}$$

其中

$$\delta \boldsymbol{Z}_k = (\delta \boldsymbol{r}'^{\mathrm{T}}_k \quad \delta \boldsymbol{\pi}'^{\mathrm{T}}_k)^{\mathrm{T}} (k = i-1, i) \tag{2-123}$$

$$\delta \boldsymbol{q}_{(i-1)i} = (\delta \boldsymbol{u}'^{\mathrm{T}}_{(i-1)i} \quad \delta \boldsymbol{\Theta}'^{\mathrm{T}}_{(i-1)i})^{\mathrm{T}} \tag{2-124}$$

$$B_{(i-1)i1} = \begin{pmatrix} A^{\mathrm{T}}_{(i-1)i} & 0 \\ 0 & A^{\mathrm{T}}_{(i-1)i} \end{pmatrix}\begin{pmatrix} I & -(\widetilde{\boldsymbol{s}}'_{(i-1)i0} + \widetilde{\boldsymbol{u}}'_{(i-1)i}) \\ 0 & I \end{pmatrix} \tag{2-125}$$

$$B_{(i-1)i2} = \begin{pmatrix} A^{\mathrm{T}}_{(i-1)i} & 0 \\ 0 & A^{\mathrm{T}}_{(i-1)i} \end{pmatrix}\begin{pmatrix} I \\ H_{(i-1)i} \end{pmatrix} \tag{2-126}$$

同样对式（2-101）和式（2-102）求导联立得到

$$\boldsymbol{Y}_i = [\dot{\boldsymbol{r}}_i^{\mathrm{T}} \quad \boldsymbol{\omega}_i^{\mathrm{T}}]^{\mathrm{T}} = B_{(i-1)i1}\boldsymbol{Y}_{i-1} + B_{(i-1)i2}\dot{\boldsymbol{q}}_{(i-1)i} \tag{2-127}$$

可知矩阵 $B_{(i-1)i1}$、$B_{(i-1)i2}$ 就是关于相对速度 $\dot{\boldsymbol{q}}_{(i-1)i}$ 到笛卡儿坐标系的转换矩阵。

得到系统在笛卡儿坐标系下的速度同相对速度的关系

$$Y = B \dot{\boldsymbol{q}} \tag{2-128}$$

式中

$$Y = (Y_0^T, Y_1^T, Y_2^T, \cdots, Y_n^T)_{nc \times 1}^T \tag{2-129}$$

$$\dot{\boldsymbol{q}} = (Y_0^T, \dot{\boldsymbol{q}}_{01}^T, \dot{\boldsymbol{q}}_{12}^T, \cdots, \dot{\boldsymbol{q}}_{(n-1)n}^T)_{nr \times 1}^T \tag{2-130}$$

式中，nc 和 nr 分别表示笛卡儿坐标系和相对坐标系的个数。

对式（2-128）求微分得到节点的加速度

$$\dot{Y}_i = (\ddot{\boldsymbol{r}}_i^T \quad \dot{\boldsymbol{\omega}}_i^T)^T = B_{(i-1)i1} \dot{Y}_{i-1} + \dot{B}_{(i-1)i1} Y_{i-1} + \dot{B}_{(i-1)i2} \dot{\boldsymbol{q}}_{(i-1)i} + B_{(i-1)i2} \ddot{\boldsymbol{q}}_{(i-1)i}$$

$$\tag{2-131}$$

2.4.3　节点弹性力的计算

钢丝绳作为一个研究对象，从系统上讲，是一个典型柔性体的大变形，即几何非线性问题（不考虑材料的非线性）。这时结构的位移变化产生的二次内力不能够被忽略，这样结构的荷载、变形关系表现为非线性。对于这样的结构应该按照变形以后的位置来建立平衡方程。处理几何大变形的方法主要有总体拉格朗日法（T. L 法）或者修正的拉格朗日法（U. L 法）。U. L 法不仅适用于小应变情况，由于在计算大应变时引入了分段线性化的几何关系以及非线性本构关系，使得它能够用于非弹性大应变分析，所以在工程中修正的拉格朗日法的适用范围更广，应用也更多一些。下面简单地说明应用修正的拉格朗日法建立空间梁单元的刚度矩阵的过程。对于本文的研究对象空间梁单元，根据 Kirchhoff（克希霍夫）假定，等截面的梁单元应变能是由两部分组成的，即线性应变能和非线性应变能。同时注意到，对由大量节点组成的一个有限元计算模型，单元的应变能仅仅同单元内部节点的相对位移有关，而与结构的刚性运动无关。计算中应该注意的是，大部分缆索结构往往需要考虑初始预应力对刚度的影响。因此，在计算单元的应变能求结构的刚度矩阵时，必须考虑结构的几何非线性。

设系统中任意的一个空间梁单元 $i-1$ 上任一点在 t 时刻和 $t + \Delta t$ 时刻相对于节点参考坐标系 $x_{i-1}y_{i-1}z_{i-1}$ 的 x_{i-1}、y_{i-1}、z_{i-1} 轴的变位增量和应变增量分别为 Δu 和 $\Delta \varepsilon$。由于钢丝绳缆索类的结构仅端部受力，仅需考虑一个正应变和两个剪应变，由 Green 应变定义得

$$\Delta \varepsilon = \frac{\partial \Delta u_x}{\partial x} + \frac{1}{2} \left[\left(\frac{\partial \Delta u_x}{\partial x} \right)^2 + \left(\frac{\partial \Delta u_y}{\partial x} \right)^2 + \left(\frac{\partial \Delta u_z}{\partial x} \right)^2 \right] = \Delta \varepsilon_L + \Delta \varepsilon_{nL} \tag{2-132}$$

式（2-132）中的第 1 项是位移增量的线性函数，其他 3 项为位移增量的非线性函数。引入梁位移的型函数，则位移增量 Δu 与梁端的位移增量 $\{\Delta u^e\}$（三个线位移和三个角位移）的关系可以用式（2-133）表示

$$\Delta u = \begin{pmatrix} \Delta u_x \\ \Delta u_y \\ \Delta u_z \end{pmatrix} = \begin{pmatrix} N_1 \\ N_2 \\ N_3 \end{pmatrix} \{ \Delta u^e \} = (N) \{ \Delta u^e \} \qquad (2\text{-}133)$$

则可以得到

$$\Delta\varepsilon_{\mathrm{L}} = \frac{\partial \Delta u_x}{\partial x} = \frac{\partial (N_1)}{\partial x} \{ \Delta u^e \} = (B_{\mathrm{L}}) \{ \Delta u^e \} \qquad (2\text{-}134)$$

$$\Delta\varepsilon_{\mathrm{nL}} = \frac{1}{2} \left(\frac{\partial \Delta u_x}{\partial x} \right) \frac{\partial (N_1)}{\partial x} \{ \Delta u^e \} + \frac{1}{2} \left(\frac{\partial \Delta u_y}{\partial x} \right) \frac{\partial (N_2)}{\partial x} \{ \Delta u^e \} + \frac{1}{2} \left(\frac{\partial \Delta u_z}{\partial x} \right) \frac{\partial (N_3)}{\partial x} \{ \Delta u^e \}$$

$$= \frac{1}{2} (B_{\mathrm{nL}}) \{ \Delta u^e \} \qquad (2\text{-}135)$$

即

$$(B_{\mathrm{nL}}) = \left(\frac{\partial \Delta u_x}{\partial x} \right) \frac{\partial (N_1)}{\partial x} + \left(\frac{\partial \Delta u_y}{\partial x} \right) \frac{\partial (N_2)}{\partial x} + \left(\frac{\partial \Delta u_z}{\partial x} \right) \frac{\partial (N_3)}{\partial x} \qquad (2\text{-}136)$$

令

$$\Delta A = (\Delta A_x \quad \Delta A_y \quad \Delta A_z) = \left(\frac{\partial \Delta u_x}{\partial x} \quad \frac{\partial \Delta u_y}{\partial y} \quad \frac{\partial \Delta u_z}{\partial z} \right) \qquad (2\text{-}137)$$

$$G = (G_x \quad G_y \quad G_z) = \left(\frac{\partial (N_1)}{\partial x} \quad \frac{\partial (N_1)}{\partial x} \quad \frac{\partial (N_3)}{\partial z} \right) \qquad (2\text{-}138)$$

则得到

$$(B_{\mathrm{nL}}) = \Delta A G \qquad (2\text{-}139)$$

在 U. L. 法的坐标系中，Kirchhoff 应力 S 即为此时刻 t 的欧拉应力 σ 与应力增量 Δs 的和，即

$$S = \sigma_t + \Delta s \qquad (2\text{-}140)$$

不考虑材料的非线性，设材料的增量本构关系满足增量形式

$$\Delta\sigma = (D) \Delta\varepsilon \qquad (2\text{-}141)$$

式中，(D) 为材料的弹性矩阵。

根据 Kirchhoff 假定，在 $t + \Delta t$ 时刻梁单元的虚功方程可以写作

$$\int_V \delta \Delta\varepsilon^{\mathrm{T}} (\sigma + \Delta s) \mathrm{d}V = \int_V \delta (\Delta u)^{\mathrm{T}} p \mathrm{d}V + \int_A \delta (\Delta u)^{\mathrm{T}} q \mathrm{d}A \qquad (2\text{-}142)$$

式中，Δs 表示 Kirchhoff 应力增量；p、q 分别表示作用于梁单元上的体力、面力。

得到

$$\int_V ((B_{\mathrm{L}}) + (B_{\mathrm{nL}}))^{\mathrm{T}} \{ \Delta u^e \} (\sigma + \Delta s) \mathrm{d}V = \int_V (N)^{\mathrm{T}} \{ \Delta u^e \} p \mathrm{d}A + \int_V (N)^{\mathrm{T}} \{ \Delta u^e \} q \mathrm{d}A$$

$$(2\text{-}143)$$

注意到式 (2-143) 中的 $\{ \Delta u^e \}$ 为任意值，所以

$$\int_V ((B_{\mathrm L}) + (B_{\mathrm{nL}}))^{\mathrm T}(\sigma + \Delta s)\mathrm dV = \int_V (N)^{\mathrm T}p\mathrm dA + \int_V (N)^{\mathrm T}q\mathrm dA \quad (2\text{-}144)$$

式（2-144）的右侧表示单元上体力和面力的等效节点力。

把式（2-144）代入式（2-143）的左侧进行变换，得

$$\int_V ((B_{\mathrm L}) + (B_{\mathrm{nL}}))^{\mathrm T}(\sigma + \Delta s)\mathrm dV = \int_V ((B_{\mathrm L}) + (B_{\mathrm{nL}}))^{\mathrm T}\Delta s\mathrm dV + \int_V (B_{\mathrm L})^{\mathrm T}\sigma\mathrm dV + \int_V (B_{\mathrm{nL}})^{\mathrm T}\sigma\mathrm dV$$

$$= \int_V ((B_{\mathrm L}) + (B_{\mathrm{nL}}))^{\mathrm T}(D)\Big((B_{\mathrm L}) + \frac{1}{2}(B_{\mathrm{nL}})\Big)\mathrm dV\{\Delta u^e\} + \int_V G^{\mathrm T}\sigma G\mathrm dV\{\Delta u^e\} + \int_V (B_{\mathrm{nL}})^{\mathrm T}\sigma\mathrm dV$$

$$(2\text{-}145)$$

对式（2-145）右侧第 1 项做进一步的变换得

$$\int_V ((B_{\mathrm L}) + (B_{\mathrm{nL}}))^{\mathrm T}(D)\Big((B_{\mathrm L}) + \frac{1}{2}(B_{\mathrm{nL}})\Big)\mathrm dV\{\Delta u^e\}$$

$$= \int_V (B_{\mathrm L})^{\mathrm T}(D)(B_{\mathrm L})\mathrm dV\{\Delta u^e\} + \int_V \Big(\frac{1}{2}(B_{\mathrm L})^{\mathrm T}(D)(B_{\mathrm{nL}}) + \quad (2\text{-}146)$$

$$(B_{\mathrm{nL}})^{\mathrm T}(D)\Big((B_{\mathrm L}) + \frac{1}{2}(B_{\mathrm{nL}})\Big)\Big)\mathrm dV\{\Delta u^e\}$$

令

$$\int_V (N)^{\mathrm T}p\mathrm dA + \int_V (N)^{\mathrm T}q\mathrm dA = F_t \quad (2\text{-}147)$$

$$\int_V (B_{\mathrm{nL}})^{\mathrm T}\sigma\mathrm dV = f_t \quad (2\text{-}148)$$

把方程用矩阵的形式表示

$$(K_{\mathrm T})\{\Delta u^e\} = [(K_{\mathrm L}) + (K_{\mathrm{nL}}) + (K_\sigma)]\{\Delta u^e\} = F_t - f_t \quad (2\text{-}149)$$

其中，

$$(K_{\mathrm L}) = \int_V (B_{\mathrm L})^{\mathrm T}(D)(B_{\mathrm L})\mathrm dV \quad (2\text{-}150)$$

$$(K_{\mathrm{nL}}) = \int_V \Big\{\frac{1}{2}(B_{\mathrm L})^{\mathrm T}(D)(B_{\mathrm{nL}}) + (B_{\mathrm{nL}})^{\mathrm T}(D)\Big[(B_{\mathrm L}) + \frac{1}{2}(B_{\mathrm{nL}})\Big]\Big\}\mathrm dV \quad (2\text{-}151)$$

$$(K_\sigma) = \int_V G^{\mathrm T}\sigma G\mathrm dV \quad (2\text{-}152)$$

式中，$(K_{\mathrm T})$ 为单元的切线刚度矩阵；$(K_{\mathrm L})$ 为单元小位移的线性刚度矩阵；(K_σ) 为单元关于应力 $\{\sigma\}$ 的对称矩阵，称为初应力矩阵或几何刚度；(K_{nL}) 为大位移刚度矩阵。

对于非线性刚度矩阵，$[K_{\mathrm{nL}}]$ 的求解分析在现有计算条件下十分困难，当结构划分的单元足够多时，单元的非线性刚度矩阵可以忽略不计，这对于大多数的工程问题是允许的。这样单元的刚度矩阵 $(K_{\mathrm T})$ 就是由两部分组成：线性刚度矩阵和几何刚度矩阵。

即

$$(K_{\mathrm T}) = (K_{\mathrm L}) + (K_\sigma) \quad (2\text{-}153)$$

在求得单元的刚度矩阵以后，单元 $i-1$ 在相对节点坐标下的应变能写成虚功的形式为

$$\delta W_{(k-1)k} = \delta q_{(k-1)k}^{\mathrm{T}} K_{T(k-1)k} q_{(k-1)k} \qquad (2\text{-}154)$$

式中，$q_{(k-1)k}$ 为节点 $k-1$ 与 k 的相对位移；$K_{T(k-1)k}$ 表示由节点 $k-1$ 与 k 组成的梁单元 $k-1$ 的切线刚度矩阵。

单元在 $i-1$ 节点位置的矢量定义为

$$e^{i-1} = (\boldsymbol{u'}_{(i-1)i}^{\mathrm{T}} \quad \boldsymbol{\Theta'}_{(i-1)i}^{\mathrm{T}})^{\mathrm{T}} \qquad (2\text{-}155)$$

单元 $i-1$ 整个的位置矢量在相对节点坐标系中可以写作

$$e = (e^{(i-1)^{\mathrm{T}}} \quad e^{i^{\mathrm{T}}})^{\mathrm{T}} \qquad (2\text{-}156)$$

单元的弹性力可以由式（2-157）得到

$$Q_k = \left(\frac{\partial W}{\partial q}\right)^{\mathrm{T}} \qquad (2\text{-}157)$$

系统的应变能可以写成单元应变能和虚功的形式

$$\delta W = \sum_{k=1}^{n} \delta q_{(k-1)k}^{\mathrm{T}} K_{T(k-1)k} q_{(k-1)k} = \delta q^{\mathrm{T}} K_{\mathrm{T}} q \qquad (2\text{-}158)$$

2.4.4　钢丝绳接触模型

钢丝绳的三维接触模型如图 2-12 所示。

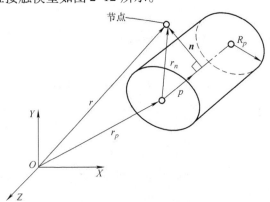

图 2-12　三维接触模型

设接触单元与摩擦轮的接触面的侵入值为 d，相应地产生一个沿着矢量 $\boldsymbol{n}$ 与摩擦轮表面垂直的反力，此反力与侵入值 d 和 $\dot{d}_t$ 成比例变化。根据前面梁单元的型函数可以知道，侵入值是一个沿单元长度方向上关于 x 的函数，同样在摩擦轮上产生的沿着切向与法向的接触力也是关于 x 的函数。其中法向的接触力可以写作

$$f_{\mathrm{n}} = \begin{cases} (k_p d + c_p \dot{d})\, \boldsymbol{n}, & d \geqslant 0 \\ 0, & d < 0 \end{cases} \tag{2-159}$$

式中，$\boldsymbol{n}$ 为摩擦轮接触面的单位法向力；d 为允许侵入的最大值；k_p、c_p 分别表示弹性系数和阻尼系数。

侵入值定义为

$$d = R - \sqrt{(\boldsymbol{r} - \boldsymbol{r}_0)^{\mathrm{T}}(\boldsymbol{r} - \boldsymbol{r}_0)} \tag{2-160}$$

式中，R 为摩擦轮的半径；$\boldsymbol{r}$ 为接触节点在总体坐标系中的矢量；$\boldsymbol{r}_0$ 为摩擦轮圆心在总体坐标系中的矢量。

法向矢量 $\boldsymbol{n}$ 可以定义为

$$\boldsymbol{n} = \frac{\boldsymbol{r} - \boldsymbol{r}_0}{\sqrt{(\boldsymbol{r} - \boldsymbol{r}_0)^{\mathrm{T}}(\boldsymbol{r} - \boldsymbol{r}_0)}} \tag{2-161}$$

根据三线蠕变速率摩擦模型，摩擦轮的切向摩擦力可以表示为

$$f_{\mathrm{t}} = -\mu(v(t))\,\|f_{\mathrm{n}}\|\,\boldsymbol{t} \tag{2-162}$$

式中，$\mu(v(t))$ 为取决于相对速度 $v(t)$ 的摩擦系数；$\boldsymbol{t}$ 表示垂直于法矢量 $\boldsymbol{n}$ 的单位矢量。

$$\boldsymbol{t} = \widetilde{\boldsymbol{I}} \boldsymbol{n} = \frac{v_{\mathrm{t}}}{\|v_{\mathrm{t}}\|} \tag{2-163}$$

可以得到

$$\begin{cases} f_{\mathrm{t}} = -\mu(v(t))\,\|f_{\mathrm{n}}\|\,\boldsymbol{t}, & \|v_{\mathrm{t}}\| > v_0 \\ f_{\mathrm{t}} = -\|v_{\mathrm{t}}\| v_{\mathrm{s}}\boldsymbol{t}, & \|v_{\mathrm{t}}\| < v_0 \end{cases} \tag{2-164}$$

接触力可以表示为

$$f_{\mathrm{c}} = f_{\mathrm{n}} + f_{\mathrm{t}} \tag{2-165}$$

对于摩擦式提升机来说，假定摩擦轮的角速度为 ω，在单元中线任意一点的相对切向速度为

$$v_{\mathrm{t}} = \boldsymbol{t}^{\mathrm{T}}(\dot{\boldsymbol{r}} - \omega R \boldsymbol{t}) \tag{2-166}$$

摩擦轮的平衡方程为

$$\ddot{\theta} I = \sum_{i=1}^{n} \int_0^{L_i} \left[(R - d)\,n\,(-f_{\mathrm{t}})_i \right] \mathrm{d}x + T \tag{2-167}$$

式中，I 为摩擦轮的惯性矩；$\ddot{\theta}$ 为摩擦轮的角加速度；I_i 为单元 i 的单元长度；T 为摩擦轮的阻力矩。

对于二维平面梁单元，其接触力的虚功为

$$\delta W = \int_0^l \delta \boldsymbol{r}^{\mathrm{T}}(f_{\mathrm{n}} + f_{\mathrm{t}})\,\mathrm{d}x = \delta \boldsymbol{e}^{\mathrm{T}} \int_0^l S_0^{\mathrm{T}}(f_{\mathrm{n}} + f_{\mathrm{t}})\,\mathrm{d}x = \delta \boldsymbol{e}^{\mathrm{T}} \boldsymbol{Q}_{\mathrm{c}} \tag{2-168}$$

式中，S_0 表示单元的型函数；$\boldsymbol{Q}_{\mathrm{c}}$ 表示总接触力。

在系统中分散的接触力转化为总的接触力为

$$Q_c = \int_0^l S_0^T (f_n + f_t) \, dx \tag{2-169}$$

可知接触力为单元在长度方向上的积分。需要注意的是在接触情况下，对于同一个单元上不同的节点上的速度和受力是不同的。因为高斯积分方法用较少的积分点就能够达到较高的精度，从而大大节省了计算的时间，所以采用高斯求积法计算接触力，节点的接触力可以作为高斯积分点进行求解。由于接触力是非光滑曲线，因此必须保证足够多的积分点。由于采用了绝对节点坐标方程，在计算接触的过程中，相对很容易设定钢丝绳单元与摩擦轮发生接触的条件。钢丝绳单元除了搭载在摩擦轮上面的位置以外，都不需要考虑计算接触力。

2.4.5 系统运动方程求解

在相对独立的坐标系下，研究的对象为受约束的多柔性体系统，系统运动方程在总体惯性坐标系下的基本方程，又称欧拉－拉格朗日方程，可以写成下面微分代数方程的形式

$$\delta Z^T (M\dot{Y} + \Phi_Z^T \lambda - Q) = 0 \tag{2-170}$$

把 $\delta Z = B\delta q$ 代入得

$$\delta q^T \{ B^T (M\dot{Y} + \Phi_z^T \lambda - Q) \} = 0 \tag{2-171}$$

式中，M 为质量矩阵。

$$M = \text{diag}(M_1, M_2, \cdots, M_{n+1}) \tag{2-172}$$

$$M_i = \begin{pmatrix} m_i I & 0 \\ 0 & J'_i \end{pmatrix} \tag{2-173}$$

$$Q = (Q_1^T, Q_2^T, Q_3^T, \cdots, Q_{nbd}^T) \tag{2-174}$$

$$Q_i = \begin{pmatrix} f' - m\,\widetilde{\omega}' r' \\ n' - \widetilde{\omega}' J' \omega' \end{pmatrix} \tag{2-175}$$

式中，n 表示节点的个数；I 表示单位矩阵；J' 表示惯性矩；f' 表示外力；n' 表示外扭矩。对于梁单元的节点，其惯性矩为

$$I_{xx} = I_{yy} + I_{zz} \tag{2-176}$$

$$I_{yy} = \frac{WT^3}{12} \tag{2-177}$$

$$I_{zz} = \frac{TW^3}{12} \tag{2-178}$$

式（2-171）中，Φ 为系统的运动学约束和驱动约束矩阵；$\lambda \in R^m$ 为拉格朗日乘子矢量；Q 为包含外力、接触力、应变引起的弹性力，以及由于速度变化引起的力的矢量矩阵

由于 δq 是任意的，所以可以得到

$$F = B^{\mathrm{T}}(M\dot{Y} + \boldsymbol{\Phi}_z^{\mathrm{T}}\boldsymbol{\lambda} - Q) = 0 \tag{2-179}$$

则受约束的运动动力方程可以用隐式的形式

$$v - q = 0 \tag{2-180a}$$

$$F(q, v, a, \lambda) = 0 \tag{2-180b}$$

$$\boldsymbol{\Phi}(q) = 0 \tag{2-180c}$$

式中，$q \in R^{n+1}$ 为广义坐标矢量；$\boldsymbol{\lambda} \in R^m$ 为约束拉格朗日乘子矢量；$\boldsymbol{\Phi}(q) \in R^m$ 为位置约束方程，$\boldsymbol{\Phi}(q)$ 的雅克比矩阵 $\boldsymbol{\Phi}_q(q, t) = \partial\boldsymbol{\Phi}/\partial q \in R^{m(n+1)}$ 为约束雅可比矩阵，$t \in R$ 是时间。

引入速度矢量 v 和加速度矢量 a

$$v = \dot{q}, a = \dot{v} \tag{2-181a}$$

对式（2-181a）逐次取微分得到速度和加速度的约束矩阵

$$\dot{\boldsymbol{\Phi}}(q, v) = \Phi_q v - v = \mathbf{0} \tag{2-181b}$$

$$\ddot{\boldsymbol{\Phi}}(q, v, a) = \Phi_q a - \boldsymbol{\gamma} = \mathbf{0} \tag{2-181c}$$

式（2-179）构成的方程组增广广义坐标 x 的维数为 $3(n+1)+m$，方程组维数为 $3(n+1)+3m$，这是一个超定问题，即所谓超定微分 - 代数方程组（ODAEs - overdetermined differential algebraic equations）。根据解的存在性定理中的假设，对式（2-181a）采用微分流形"投影"技术以消除超定性

$$R_1^{\mathrm{T}}(\dot{v} - a) = 0 \tag{2-182}$$

$$R_2^{\mathrm{T}}(\dot{q} - v) = 0 \tag{2-183}$$

式中，R_1、$R_2 \in R^{(n+1)(n+1-m)}$。如果取得有效的 R_1 和 R_2，那么式（2-180c）从 $n+1$ 维降到 $(n+1-m)$ 维，消除了系统冗余性。

做如上处理后，求解方程构成的方程组转化为求解方程组

$$H_1(x) = \begin{pmatrix} F(x) \\ \ddot{\boldsymbol{\Phi}} \\ \dot{\boldsymbol{\Phi}} \\ \boldsymbol{\Phi} \\ U_1^{\mathrm{T}}(R_1) \\ U_2^{\mathrm{T}}(R_2) \end{pmatrix} = \begin{pmatrix} F(q, v, a, \lambda) \\ \Phi_q a - \boldsymbol{\gamma} \\ \Phi_q v - v \\ \boldsymbol{\Phi}(q) \\ U_1^{\mathrm{T}}(\dot{v} - a) \\ U_2^{\mathrm{T}}(\dot{q} - v) \end{pmatrix} = 0 \tag{2-184}$$

式中，x 为增广广义坐标，$x = (q^{\mathrm{T}}, v^{\mathrm{T}}, a^{\mathrm{T}}, \boldsymbol{\lambda}^{\mathrm{T}})^{\mathrm{T}}$，此时，$x \in R^{3(n+1)+m}$，$H_1 \in R^{3(n+1)+m}$，消除了系统超定性。$U_i \in R^{(n+1)(n+1-m)}$（$i=1,2$），构成了速度和位移约束的基础。$U_i$ 的选择必须使得矩阵 $\begin{pmatrix} \boldsymbol{\Phi}_q \\ U_i^{\mathrm{T}} \end{pmatrix}$ 非奇异阵。因此 U_i 和 $\boldsymbol{\Phi}_q^{\mathrm{T}}$ 的空间参数构成了整个空间 R^{n+1}。

采用线性多步法

$$y_n = \sum_{i=1}^{r} b_i y_{n-i} + h \sum_{i=0}^{r} \beta_i \dot{y}_{n-i} \qquad (2\text{-}185)$$

令

$$\boldsymbol{\xi}_1 = \frac{1}{b_0} \sum_{i=1}^{r} b_i \boldsymbol{v}_{n-i} \qquad (2\text{-}186)$$

$$\boldsymbol{\xi}_2 = \frac{1}{b_0} \sum_{i=1}^{r} b_i \boldsymbol{q}_{n-i} \qquad (2\text{-}187)$$

则 $H_1(x,\ t)$ 可化为

$$H(x) = \begin{pmatrix} F(x) \\ \ddot{\boldsymbol{\Phi}} \\ \dot{\boldsymbol{\Phi}} \\ \boldsymbol{\Phi} \\ U_1^{\mathrm{T}}\left(\dfrac{h}{b_0}R_1\right) \\ U_2^{\mathrm{T}}\left(\dfrac{h}{b_0}R_2\right) \end{pmatrix} = \begin{pmatrix} F(\boldsymbol{q},\boldsymbol{v},\boldsymbol{a},\boldsymbol{\lambda}) \\ \boldsymbol{\Phi}_q \boldsymbol{a} - \boldsymbol{\gamma} \\ \boldsymbol{\Phi}_q \boldsymbol{v} - \boldsymbol{v} \\ \boldsymbol{\Phi}(\boldsymbol{q}) \\ U_1^{\mathrm{T}}\left(\dfrac{h}{b_0}\boldsymbol{a} - \boldsymbol{v} - \boldsymbol{\zeta}_1\right) \\ U_2^{\mathrm{T}}\left(\dfrac{h}{b_0}\boldsymbol{v} - \boldsymbol{q} - \boldsymbol{\zeta}_2\right) \end{pmatrix} = 0 \qquad (2\text{-}188)$$

经过处理的方程的方程数和未知数相同，是可解的。用牛顿法进行求解 $\boldsymbol{x}$

$$H_x^i \Delta x^i = -H^i \qquad (2\text{-}189\text{a})$$

$$x^{i+1} = x^i + \Delta x^i \qquad (2\text{-}189\text{b})$$

为了避免方程的病态解，式（2-188）可以分成几部分进行求解从而得到 $\Delta \boldsymbol{q}$、$\Delta \boldsymbol{v}$、$\Delta \boldsymbol{a}$ 及 $\Delta \boldsymbol{\lambda}$。

可以写为

$$F_q \Delta \boldsymbol{q} + F_v \Delta \boldsymbol{v} + F_a \Delta \boldsymbol{a} + F_\lambda \Delta \boldsymbol{\lambda} + F(\boldsymbol{x}) = 0 \qquad (2\text{-}190\text{a})$$

$$\boldsymbol{\Phi}_q \Delta \boldsymbol{a} + \ddot{\boldsymbol{\Phi}}_v \Delta \boldsymbol{v} + \ddot{\boldsymbol{\Phi}}_q \Delta \boldsymbol{q} + \ddot{\boldsymbol{\Phi}}(\boldsymbol{x}) = 0 \qquad (2\text{-}190\text{b})$$

$$\boldsymbol{\Phi}_q \Delta \boldsymbol{q} + \boldsymbol{\Phi}(\boldsymbol{x}) = 0 \qquad (2\text{-}190\text{c})$$

$$\boldsymbol{\Phi}_q \Delta \boldsymbol{v} + \dot{\boldsymbol{\Phi}}_q \Delta \boldsymbol{q} + \dot{\boldsymbol{\Phi}}(\boldsymbol{x}) = 0 \qquad (2\text{-}190\text{d})$$

$$U_1^{\mathrm{T}}(h' \Delta \boldsymbol{a} - \Delta \boldsymbol{v} + h' R_1(\boldsymbol{x})) = 0 \qquad (2\text{-}190\text{e})$$

$$U_2^{\mathrm{T}}(h' \Delta \boldsymbol{v} - \Delta \boldsymbol{q} + h' R_2(\boldsymbol{x})) = 0 \qquad (2\text{-}190\text{f})$$

$$h' = \frac{h}{b_0} \qquad (2\text{-}190\text{g})$$

取 U_1 为

$$U_1^{\mathrm{T}} F_a^{-1} \boldsymbol{\Phi}_q^{\mathrm{T}} = 0 \qquad (2\text{-}191)$$

引入新的未知因子 $\tau_1 \in R^m$，可有

$$h'\Delta a - \Delta v + h'R_i(x) + h'U_1^T F_a^{-1} \Phi_q^T \tau_1 = 0 \tag{2-192}$$

则

$$\Delta a = \frac{1}{h'}\Delta v - R_1(x) - F_a^{-1}\Phi_q^T\tau_1 \tag{2-193}$$

式 (2-193) 代入式 (2-190a)

$$F_q\Delta q + \left(F_v + \frac{F_a}{h'}\right)\Delta v + \Phi_q^T(\Delta\lambda - \tau_1) = -F(x) + F_a R_1(x) \tag{2-194}$$

取 U_2 为

$$U_2^T\left(F_v + \frac{F_a}{h'}\right)^{-1}\Phi_q^T = 0 \tag{2-195}$$

引入新的未知因子 $\tau_2 \in R^m$ 得到

$$h'\Delta v - \Delta q + h'R_2(x) + h'\left(F_v + \frac{F_a}{h'}\right)^{-1}\Phi_q^T\tau_2 = 0 \tag{2-196}$$

得

$$\Delta v = \frac{1}{h'}\Delta q - R_2(x) - \left(F_v + \frac{F_a}{h'}\right)^{-1}\Phi_q^T\tau_2 \tag{2-197}$$

得

$$K^*\Delta q + h'^2\Phi_q^T\beta = R_3 \tag{2-198}$$

其中

$$K^* \equiv h'^2 F_q + h'F_v + F_a \tag{2-199a}$$

$$\beta \equiv \Delta\lambda - \tau_1 - \tau_2 \tag{2-199b}$$

$$R_3 \equiv -h'^2 F(x) + h'^2 F_a R_1(x) + h'(h'F_v + F_a)R_2(x) \tag{2-199c}$$

联合得到

$$\begin{pmatrix} K^* & \Phi_q^T \\ \Phi_q & 0 \end{pmatrix}\begin{pmatrix} \Delta q \\ h'^2\beta \end{pmatrix} = \begin{pmatrix} R_3 \\ -\Phi(x) \end{pmatrix} \tag{2-200}$$

式 (2-196) 两边同乘以 $F_v + \dfrac{F_a}{h'}$ 得到

$$\left(F_v + \frac{F_a}{h}\right)\Delta v + \Phi_q^T\tau_2 = \frac{1}{h}\left(F_v + \frac{F_a}{h}\right)\Delta q - R_2(x) \tag{2-201}$$

式 (2-200) 和式 (2-201) 联立得到

$$\begin{pmatrix} F_v + \dfrac{F_a}{h'} & \Phi_q^T \\ \Phi_q & 0 \end{pmatrix}\begin{pmatrix} \Delta v \\ \tau_2 \end{pmatrix} = \begin{pmatrix} \dfrac{1}{h'}\left(F_v + \dfrac{F_a}{h'}\right)\Delta q - R_2(x) \\ -\Phi(x) - \Phi_q\Delta q \end{pmatrix} \tag{2-202}$$

$$F_a\Delta a + \Phi_q^T\tau_1 = -F_a\left(R_1(x) - \frac{1}{h'}\Delta v\right) \tag{2-203}$$

最终可得到

$$
\begin{pmatrix} \boldsymbol{F}_a & \boldsymbol{\Phi}_q^{\mathrm{T}} \\ \boldsymbol{\Phi}_q & 0 \end{pmatrix} \begin{pmatrix} \Delta \boldsymbol{a} \\ \boldsymbol{\tau}_1 \end{pmatrix} = \begin{pmatrix} -\boldsymbol{F}_a \left(\boldsymbol{R}_1(\boldsymbol{x}) - \dfrac{1}{h'} \Delta \boldsymbol{v} \right) \\ -\ddot{\boldsymbol{\Phi}}(\boldsymbol{x}) - \ddot{\boldsymbol{\Phi}}_v \Delta \boldsymbol{v} - \ddot{\boldsymbol{\Phi}}_q \Delta \boldsymbol{q} \end{pmatrix} \qquad (2\text{-}204)
$$

系统动力学方程的求解程序如图 2-13 所示。

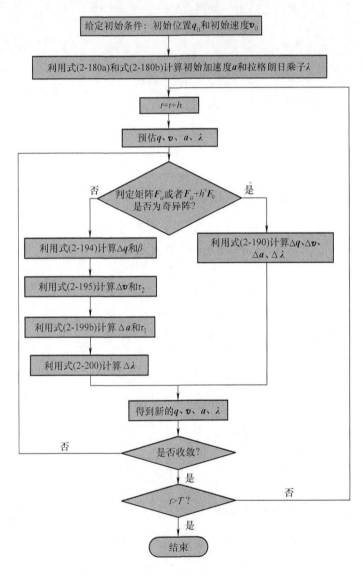

图 2-13 系统动力学方程的求解程序

第3章　钢丝绳动力学建模方法在矿井提升机设计中的应用

3.1　矿井提升机设计与钢丝绳相关的动力学问题

在提升过程中，矿井提升机（以下简称提升机）的提升容器和提升钢丝绳不可避免地会产生各种各样的振动，对振动特性的研究是提升机动力学设计的重要基础内容。提升机的振动主要体现为沿着罐道方向的纵向振动和在水平面内的横向振动。这些振动在一定程度上讲，虽然不至于直接影响提升机的安全运行，但是会直接影响搭乘人员的舒适性和搭载货物的平稳性。而且提升机长期工作在不利的振动情况下，会对提升机结构部件的使用寿命产生不利的影响。根据工程实际测试及研究，提升机在工作过程中的纵向振动要大于其横向振动，成为影响提升机运行平稳性的主要因素。但随着提升机提升速度的不断提高，提升机的横向振动对于提升机的运行平稳性的影响越来越明显。需要说明的是，在提升过程中，提升机的纵向振动及横向振动并不是单独产生和单独起作用的，而是相互耦合在一起共同影响提升机的振动的。作为一个复杂的系统，影响提升机振动的因素有很多，各因素之间的相互关系也很复杂，所以构建一个考虑提升机纵向振动与横向振动相互耦合关系的振动力学模型将是非常复杂的，需要做很多的简化处理，而且得到的数学方程的求解也存在一定的难度，这样反而降低了其工程实用性。与之相关的还有缠绕式提升机缠绕过程中钢丝绳的运动耦合、钢丝绳动力变化、超深井提升振动等情况。

3.2　钢丝绳的提升能力

3.2.1　单绳缠绕式提升机提升方式的极限提升能力

我们针对超深井提升的钢丝绳安全系数规定，进行了国内和国外（南非、加拿大）安全系数规定的极限提升深度和提升能力的比较。

国内规定：用于提升物料时缠绕式提升机钢丝绳的安全系数不得小于 6.5。

国外规定：当缠绕式提升机被用于竖井时，钢丝绳的安全系数 n_0 应满足

$$n_0 \geqslant \frac{25000}{4000 + H} \qquad\qquad (3-1)$$

式中，H 为提升高度，单位为 m。

我们对公称抗拉强度为 1960MPa 的 $6Q \times 19 + 6V \times 21$ 的 40mm 钢丝绳进行了国内、国外安全系数规定与提升高度及提升载荷的比较，如图 3-1 所示。

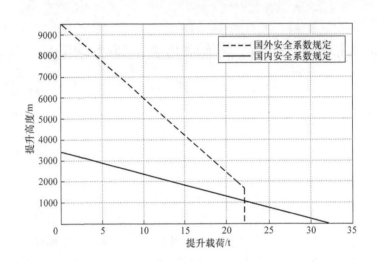

图 3-1　国内、国外安全系数规定与提升高度及提升载荷的比较

由图 3-1 可知，深井提升时，在我国安全系数规定下，采用同样钢丝绳时，提升系统的提升深度与提升载荷均远小于采用国外安全系数规定的提升系统。因此，我国单绳缠绕式提升机提升能力在国内安全系数规定下，采用公称抗拉强度为 1960MPa 的 $6Q \times 19 + 6V \times 21$ 的 40mm 钢丝绳，在提升高度为 2000m 时，极限提升能力为 13t（包含有效载荷和容器质量），不能满足超深井高速重载的提升需要。

3.2.2　钢丝绳公称抗拉强度对提升能力的影响

本节针对目前国内钢丝绳的情况，分析了采用不同公称抗拉强度的钢丝绳对极限提升高度和极限提升载荷的影响。

采用 $6Q \times 19 + 6V \times 21$ 类钢丝绳进行分析，在采用安全系数为 6.5，钢丝绳直径为 48mm，公称抗拉强度分别为 1960MPa、1770MPa 和 1570MPa 情况下的极限提升高度与极限提升载荷的比较如图 3-2 所示。

分析显示，$6Q \times 19 + 6V \times 21$ 类钢丝绳，在公称抗拉强度为 1960MPa 时其极限提升高度为 3385m，而在公称抗拉强度为 1770MPa 时其极限提升高度仅为

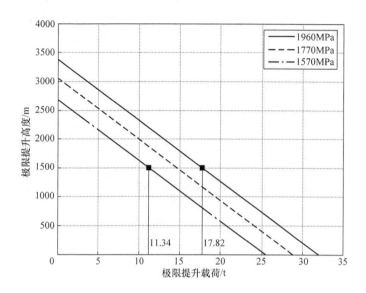

图 3-2　不同公称抗拉强度的同种钢丝绳的极限提升高度与极限提升载荷的比较

3053m，在公称抗拉强度为 1570MPa 时其极限提升高度仅为 2699m。

当提升高度为 1500m 时，$6Q \times 19 + 6V \times 21$ 类钢丝绳在公称抗拉强度为 1960MPa 时，其极限提升载荷为 17.82t（包括容器 + 有效载荷）；而在公称抗拉强度为 1570MPa 时，其极限提升载荷仅为 11.34t。

同种类的钢丝绳在钢丝绳公称抗拉强度不同的情况下，其极限提升高度与极限提升载荷有显著差异。据此可得出结论，在超深井提升的项目中，为保证系统具有足够大的有效载荷，宜选用更高公称抗拉强度的钢丝绳。

3.2.3　钢丝绳结构对提升能力的影响

本节针对目前国内钢丝绳的使用情况，分析了采用不同结构的钢丝绳对提升能力的影响。采用 StarplastVM 钢丝绳、$6Q \times 19 + 6V \times 21$ 类钢丝绳及 $6 \times 31WS$ 类钢丝绳进行分析，在钢丝绳直径均为 48mm、安全系数为 6.5、公称抗拉强度为 1960MPa 工况下的极限提升高度与极限提升载荷的比较如图 3-3 所示。

通过分析可知：在采用相同安全系数和公称抗拉强度时，不同结构的钢丝绳的极限提升高度接近，但是在极限提升载荷方面有明显差异。采用 $6 \times 31WS$ 类钢丝绳在 1500m 提升高度时，能提起的极限载荷为 15.54t，而采用 StarplastVM 钢丝绳能提起的极限载荷为 20.9t。

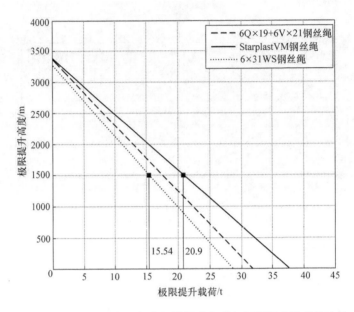

图 3-3　不同结构的钢丝绳的极限提升高度与极限提升载荷的比较

3.3　与钢丝绳承载性能有关的结构设计实例

3.3.1　结构设计方案选择的应用实例

由于不同结构的提升机对提升能力的影响不同，需要针对提升机分别采用单绳提升、2 绳提升、3 绳提升时的情况进行分析。

根据提升机钢丝绳的直径计算公式

$$D = \sqrt{\dfrac{(Q + Q_r)g}{n\left(\dfrac{K'K_2R_0}{n_0} - Kgh\right)}} \tag{3-2}$$

式中，D 为提升钢丝绳的直径，单位为 mm；Q 为有效提升载荷，单位为 kg；Q_r 为提升容器质量，单位为 kg；g 为重力加速度，单位为 m/s^2；K' 为钢丝绳最小破断拉力系数；K_2 为钢丝绳最小破断力总和与破断力换算系数；R_0 为钢丝绳公称抗拉强度，单位为 MPa；n_0 为安全系数；K 为钢丝绳重量系数；h 为提升高度，单位为 m；n 为钢丝绳根数。

根据式（3-2）可知，当其余参数不变，采用的钢丝绳根数为 n 时，钢丝绳直径 D_1 与采用 1 根钢丝绳时的直径 D 的关系为

$$D_1 = \frac{D}{\sqrt{n}} \quad\quad\quad (3\text{-}3)$$

据此得到表 3-1。

表 3-1 采用多根钢丝绳与 1 根钢丝绳时的直径

采用钢丝绳根数	D_1 与 D 的比值	每增加一根钢丝绳直径的减小量
1	1	—
2	0.707106781	0.292893219
3	0.577350269	0.129756512
4	0.5	0.077350269

在超深井设计中，计算在 1500m 提升高度提起 50t 容器 + 50t 有效载荷时，提升系统分别采用单绳提升、2 绳提升、3 绳提升的钢丝绳直径见表 3-2（采用的钢丝绳为 6Q ×19 +6V ×21 类，公称抗拉强度为 1960MPa，安全系数为 6.5）。

表 3-2 满足设计要求的提升系统钢丝绳直径

采用钢丝绳根数	D_1 与 D 的比值	钢丝绳直径/mm
1	1	116
2	0.707106781	82
3	0.577350269	66

采用 1 根钢丝绳缠绕提升时，钢丝绳直径过大，难于加工制造，而且提升系统规格也过大。采用 3 根钢丝绳同时进行缠绕提升时，提升系统的结构复杂，井口很难布置，因此综合考虑，最终选用 2 根钢丝绳提升方案。

采用 2 根钢丝绳提升时系统的可行布局有如下几种方案：①直连式（见图 3-4），即采用 1 根直轴驱动两个主轴装置；②齿轮连接式（见图 3-5），采用大型开式齿轮连接两个主轴装置；③万向联轴器结合式（见图 3-6），在两个主轴装置之间采用大型万向联轴器联接，主轴可以呈一定角度布置，从而在保证绳偏角的情况下有效减小井口尺寸；④电结合式（见图 3-7），两卷筒之间没有机械连接，通过电控控制实现同步。经过对机械设备的结构及布局、绳偏角的要求、井筒的结构及布局、系统的安装与维护等方面的比较，得出万向联轴器结合式为最优方案，考虑到电结合式在设备布局方面的优点及灵活性，设计上可以同时考虑万向联轴器结合式和电结合式。

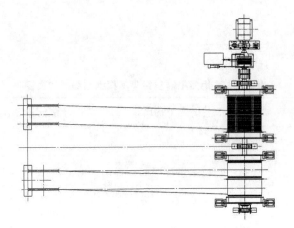

图 3-4　直连式多绳缠绕式提升机

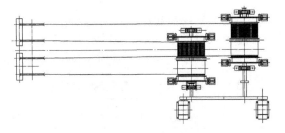

图 3-5　齿轮连接式多绳缠绕式提升机

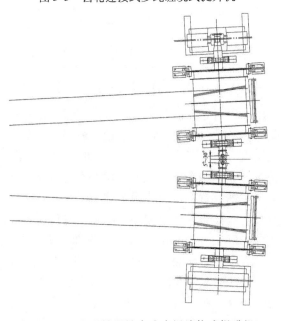

图 3-6　万向联轴器结合式多绳缠绕式提升机

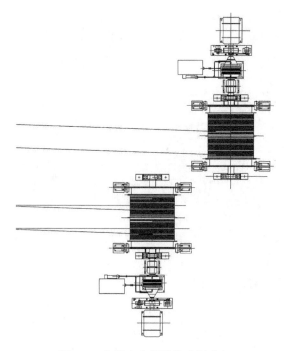

图 3-7　电结合多绳缠绕式提升机

3.3.2　钢丝绳缠绕过程的运动耦合特征的应用实例

本节根据钢丝绳和卷筒间的结合与分离过程、钢丝绳和钢丝绳间的结合与分离过程开展缠绕过程的运动特征分析，通过研究缠绕过程对提升系统振动的影响因素，从而掌握振动激励产生的机理；探讨钢丝绳缠绕运动过程对钢丝绳张力的耦合作用特征，通过仿真分析与试验探索了缠绕半径、包角与钢丝绳张力变化的关系。

多层缠绕式超深矿井提升系统的绳槽形式对于提升钢丝绳的振动特性和缠绕的平稳性有决定性作用，已有研究表明了多层缠绕平行折线绳槽过渡区在不同的非对称参数下对提升钢丝绳横向振动的影响，结果表明多层缠绕平行折线绳槽的非对称系数由提升系统的参数决定。

由于绳槽的形式存在多样性，提升系统的参数更是具有多样性，那么在研究折线绳槽结构对提升系统的影响时，就需要弄清楚折线绳槽对提升系统的激励。缠绕过程中卷筒会产生平面内振动（y 方向）和平面外振动（w 方向），如图3-8所示。

为了方便描述双折线绳槽卷筒缠绕时对弦绳振动产生的激励，以双折线绳槽卷筒的缠绕起点端建立三维直角坐标系，如图3-9所示。

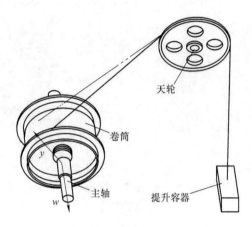

图 3-8　卷筒产生两个方向振动的示意图

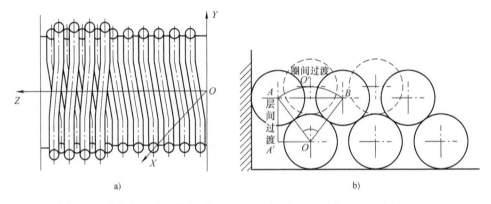

a)　　　　　　　　　　　　　　　　　b)

图 3-9　双折线绳槽卷筒坐标系及钢丝绳多层缠绕过渡示意图

如图 3-9b 所示，当双折线绳槽卷筒在进行第 2 层及以上层的缠绕时，在此过程中会存在层间过渡，即从 O 到 A' 再到 A，由此会存在横向位移和高度的变化以及纵向长度的变化，对弦绳产生平面内振动激励和平面外振动激励以及纵向振动激励。当在第 2 层继续缠绕时，由于缠绕方向发生改变，会存在圈间过渡。进行缠绕时，由 A 经过 O' 到 B 的缠绕过程，同样也会产生左右横向位移和高度的变化以及纵向长度的变化，且横向位移是按缠绕方向进行变化的，高度呈周期变化，其激励也会呈周期变化，而纵向长度的变化也是周期性变化，同时对弦绳产生平面内振动激励和平面外振动激励以及纵向振动激励。由于层间过渡只发生在缠绕层数改变时的一瞬间，时间短暂，层间过渡引起的激励函数会存在一定的误差。

引入非对称系数 K_s（$0.5 \leqslant K_s \leqslant 1.5$），卷筒转动角频率 $\omega_d = v/R_d$，v 为钢丝绳轴向速度，R_d 为卷筒半径，相应卷筒的转动周期为 $\tau_c = 2\pi R_d/v$。式中，前半

程折线的过渡时间 $\tau_\beta = \beta/\omega_d$，$\omega = \pi/\tau_\beta$ 为激励频率，非对称绳槽前半程转动平行折线的转动截止时间 $\tau_d = K_s\pi/\omega_d$；后半程折线过渡截止时间 $\bar{\tau}_\beta = \tau_d + \tau_\beta$。

折线区域 $(0 < t < \tau_\beta) | (\tau_d < t < \bar{\tau}_\beta)$：

$$u_0 = \frac{1}{2}\bar{u}_0\left[1 - \cos(2\omega t)\right]$$
$$y_0 = \frac{1}{2}\bar{y}_0(n)\left[1 - \cos(2\omega t)\right] \tag{3-4}$$
$$w_0 = \frac{1}{2}\bar{w}_0\left[1 - \cos(\omega t)\right]$$

前半程平行线区域 $\tau_\beta < t < \tau_d$

$$u_0 = 0$$
$$y_0 = 0 \tag{3-5}$$
$$w_0 = \bar{w}_0$$

后半程平行线区域 $\bar{\tau}_\beta < t < \tau_c$：

$$u_0 = 0$$
$$y_0 = 0 \tag{3-6}$$
$$w_0 = 2\bar{w}_0$$

式（3-4）中，纵向激励幅值 $\bar{u}_0 = \frac{1}{2}\left[\sqrt{(R_d\beta) + \bar{w}_0^2 + (2y_n)^2} - R_d\beta\right]$；面内横向激励幅值 $\bar{y}_0(n) = (n-1)d\left(1 - \sqrt{1 - \frac{(1+\kappa)^2}{4}}\right)$，$n = 1 \sim 4$ 表示钢丝绳层数；面外横向激励幅值 $\bar{w}_0 = \frac{1}{2}(\kappa+1)d$，$\kappa = \varepsilon/d$，$\varepsilon$ 为绳槽间隙。

根据上述激励函数表达式，以中信重工提升机试验台多层缠绕式提升系统的参数为参照，主要参数为：提升速度 $v = 0.5\text{m/s}$，提升时间为 87s，卷筒转一周的时间 $\tau_c = 5.027\text{s}$，卷筒半径 $R = 0.4\text{m}$，钢丝绳直径 $d = 10\text{mm}$，每个过渡区对应的圆弧角 $\beta = 12°$。图 3-10 所示为实测曲线与理论曲线的激励位移函数曲线对比图。

由图 3-10 可知理论曲线与实测曲线基本吻合，由于实测曲线在实际的工况中存在外界因素的干扰，同时考虑到钢丝绳本身属性中纹理的变化引起的干扰也会存在其中，平面内激励位移的幅值较小，因而干扰引起的波动会比较明显。平面内激励位移曲线图中存在微小波动是符合实际的，且不影响激励的频率及激励的幅值；对于平面外激励而言，因为其激励幅值比其纹理引起的波动幅值大得多，因而看不到明显的波动情况，但在进行滤波分析时，由于该波动的影响，可以从平面外激励曲线图中看到曲线并不平整。通过上述分析对比可知平面内、外

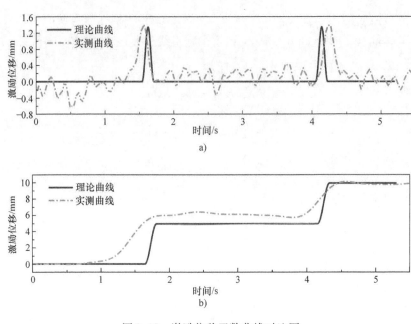

图 3-10　激励位移函数曲线对比图
a) 平面内　b) 平面外

横向激励位移函数的正确性。由于纵向激励位移过小和外界扰动，设备精度无法测量。

3.3.3　摩擦提升机的动力学特性及影响因素

1. 摩擦式提升机的动力学分析

摩擦式提升机利用提升钢丝绳与摩擦轮之间的摩擦力来传递动力，类似皮带输送机的挠性体摩擦传动，其工作原理如图 3-11 所示。由欧拉公式可知，所能够传递的最大摩擦力为：

$$F_{max} = F_X(e^{\mu\alpha} - 1) \qquad (3-7)$$

式中，e 为自然对数的底；μ 为钢丝绳与摩擦衬垫之间的摩擦系数；α 为钢丝绳对摩擦轮的包围角（rad）；F_X 为下放侧钢丝绳的张力。

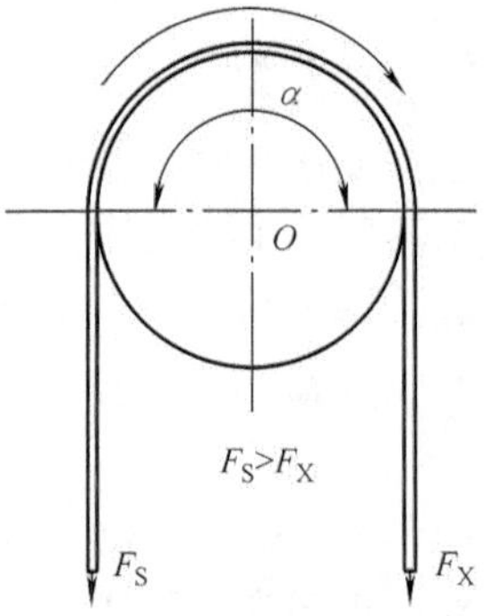

摩擦轮两侧钢丝绳的张力差 F 为

$$F = F_S - F_X \qquad (3-8)$$

式中，F_S 为提升侧钢丝绳的张力。

图 3-11　摩擦式提升机的工作原理

在提升的过程中，由于摩擦轮两侧钢丝绳存在的张力差使得钢丝绳有产生滑动的趋势，当钢丝绳与摩擦衬垫之间的摩擦力不足以阻止钢丝绳的滑动时，钢丝绳就会出现打滑的情况，钢丝绳打滑是摩擦式提升机最为重要的一种失效形式。摩擦式提升机的防滑安全设计是摩擦式提升机设计的一项重要内容。钢丝绳不打滑的条件为

$$F_S - F_X < F_X(e^{\mu\alpha} - 1) \tag{3-9}$$

2. 摩擦式提升机的动力学特性

摩擦式提升机是一个包含惯性、弹性、阻尼等许多复杂动力学特性的机械系统。在工作过程中，由于运动的机械系统，如天轮、钢丝绳、摩擦轮之间存在强烈的相互耦合作用，使得提升机的动态特性非常复杂。在提升过程中，提升首绳、提升容器、尾绳相互耦合在一起表现出复杂的动态特性，是当前限制我国高速、重载摩擦式提升机发展和应用的主要障碍之一。具体来说，有以下 4 点：

1）在高速、重载条件下，提升首绳在结构上面的时变特性表现得更加明显。由于大型摩擦式提升机的行程往往都是几百米甚至上千米的大行程，需要很长的提升钢丝绳，这时钢丝绳的质量是不能够忽略不计的。在提升过程中，随着提升容器的上下运动，摩擦轮两侧的钢丝绳长度也在不断地变化，在高速提升的情况下，其变化的结果不但使得摩擦轮两侧的钢丝绳的弹性系数、质量快速变化，而且使得摩擦式提升机的动态特性也表现为时变量，系统的纵向振动和横向振动相互耦合在一起。因此在提升过程中，摩擦式提升系统的振动特性是相当复杂的。

2）对大多数摩擦式提升机来说，工作条件都较差。摩擦系数的变化、导轨、矿井内的气流等外部因素的变化也会对提升系统的动态特性产生明显的影响。由于提升钢丝绳的长度较长，在提升过程中不可避免地产生各种复杂的空间振动，有可能引起提升容器的共振，对提升产生不利的影响。

3）钢丝绳本身是一个有质量的弹性体，在提升加速、减速或紧急制动的时候钢丝绳本身会储存或者释放能量，产生很大的动应力波动，造成提升容器剧烈的振荡，所以在提升机的动力学分析时，需要考虑钢丝绳的弹性特性；同时钢丝绳在运动时（特别是围绕摩擦轮转动时），由于钢丝绳的惯性导致钢丝绳的变形，会对钢丝绳的包围角产生一定的影响，直接导致影响摩擦式提升机的安全运行，因此分析摩擦式提升机的防滑特性是不能忽略的。

4）在摩擦式提升机提升或下放的过程中，作为提升机关键部件的提升主轴装置受力复杂，其动力学特性直接关系着提升机的整体提升性能。主轴装置的安全运行是提升机安全运行最重要的保证，对其进行在工作状态下的动态特性研究有着重要的理论和工程意义。作为主轴装置的主要部件，主轴、卷筒在提升过程中受到的是不断变化的特殊循环载荷，利用原有的计算方法很难得到其在工作过程中的动应力响应，而这是设计提升机主轴和卷筒的疲劳寿命设计和计算剩余疲劳寿命所必需的。

3. 摩擦式提升机动力学特性的影响因素

摩擦式提升系统是一个柔性传动系统，在运动过程中其动态特性表现为柔性体的运动特点。影响摩擦式提升机动力学特性的因素有很多，既有提升机内部的影响，又有外部因素的影响。概括起来主要有以下 4 点：

1）设备的制造和安装缺陷。包括安装牵引电动机引起的同主轴的同轴度误差，安装基座的变形，导向轮、制动器的安装误差等都会对提升机的动态特性产生影响。其中有些影响是不可避免的。

2）导向系统罐道、罐耳的制造和安装误差。罐耳是立井刚性罐道提升容器上使用的一种导向装置，在提升容器运行的过程中，罐耳在导向的同时还要承受由于井筒偏斜、罐道不直、接头错位，以及钢丝绳振动等原因引起的提升容器的横向冲击和振动，提升容器运行越快振动越剧烈。

3）非正常工作状态下冲击载荷的影响。正常的起动加速、制动减速、等速运动都属于正常的工作状态，而在一些特殊情况下，如卡罐、过卷、过放等非正常工作状态下的动力学特性对于提升机的安全具有重大影响。

4）摩擦系数的影响。钢丝绳与摩擦衬垫的摩擦接触是一种复杂的非线性行为，对其影响最为显著的就是两者之间的摩擦系数的影响。环境的湿度、温度都会对其有影响。当摩擦系数改变时，有可能使得提升钢丝绳产生打滑的现象，钢丝绳打滑是摩擦式提升机最重要的失效形式。对打滑现象的研究是保证提升机安全运行的一项重要内容。

此外，井筒内气流、井塔的变形等都会对提升机的动态特性产生一定的影响。

4. 摩擦式提升机动力学特性的计算实例

经简化的摩擦式提升机动力学模型如图 3-12 所示。提升容器的自重为 50t，载重为 40t，相对于系统模型则 $m_1 = 90t$，$m_2 = 50t$；起始状态下，$L_1 = 400m$、$L_2 = 20m$、$L_3 = 410m$、$L_4 = 30m$；提升首绳有 6 根，直径为 $\Phi = 60mm$，单位绳重为 14.2kg/m；钢丝绳断面面积为 $A = 775.45mm^2$；提升尾绳有两根，单位绳重为 14.5kg/m，钢丝绳断面面积为 $A = 1163.18mm^2$；尾绳与提升首绳质量相等。摩擦轮半径为 $R_1 = 2.0m$，$R_2 = 2.0m$，摩擦包围角 $\alpha = 180°$，钢丝绳与摩擦轮的摩擦系数 $\mu = 0.25$；钢丝绳的弹性模量 $E = 1.0 \times 10^{11} MPa$。

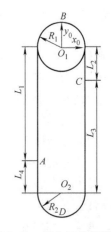

图 3-12　简化后的摩擦式
提升机动力学模型

摩擦式提升机的最大提升速度为 14m/s，即摩擦轮的最大角速度为 7rad/s。以逆时针旋转方向为正，在整体提升过程，提升行程为 616m。利用相对节点法建立其动力学计算模型：其中首绳划分为 2000 个单元共 2001 个节点，尾绳划分为 1000 个单元共 1001 个节点。设定提升机抛物线控制方程为

$$
\omega = \begin{cases}
0 & t < 1 \\
-7\left(\dfrac{t-1}{16}\right)^2\left[3 - \dfrac{2(t-1)}{16}\right] & 1 \leqslant t \leqslant 17 \\
-7 & 17 < t \leqslant 45 \\
-7 + 7\left(\dfrac{t-45}{16}\right)^2\left[3 - \dfrac{2(t-45)}{16}\right) & 45 < t \leqslant 61 \\
0 & t > 61
\end{cases}
$$

仿真结果如下：

1）单侧钢丝绳的拉力（见图 3-13 ~ 图 3-16）。

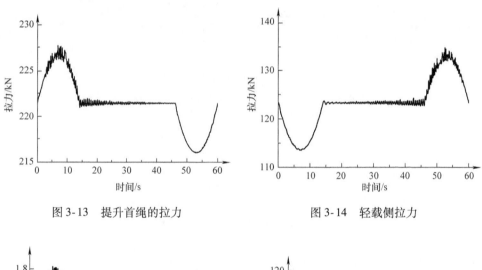

图 3-13　提升首绳的拉力　　　　　　　图 3-14　轻载侧拉力

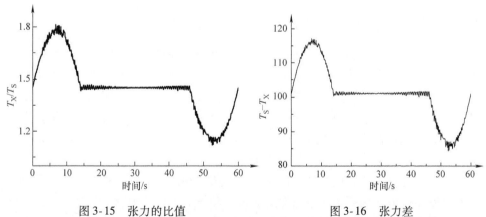

图 3-15　张力的比值　　　　　　　　图 3-16　张力差

2）钢丝绳提升过程中的扭转角度和速度差异（见图 3-17 和图 3-18）。

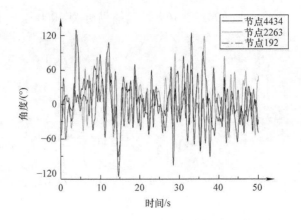

图 3-17　钢丝绳不同位置的扭转角度

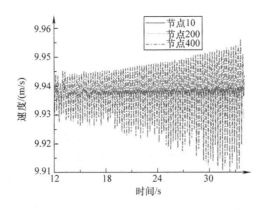

图 3-18　钢丝绳不同位置的速度

3.3.4　超深井多绳摩擦式提升机的极限提升能力

根据摩擦式提升机的工作方式，在计算摩擦轮两侧钢丝绳受力特性的基础上，计算不同提升参数下的极限提升能力。摩擦式提升系统的分析模型如图3-19所示。结论如下：①钢丝绳的滑动和应力波动对极限提升能力影响最大；②最大提升高度随着尾绳重量的增加而减小，随着 D/d（D 为卷筒直径，d 为钢丝绳直径）和钢丝绳抗拉强度的增加而增大；③最大提升载荷随着尾绳重量、摩擦系数、D/d、钢丝绳抗拉强度及数量的增加而增大。

摩擦式提升机的适用范围不仅受到防滑条件和钢丝绳强度的约束，还受到主导轮上摩擦衬垫许用压强、钢丝绳的应力波动值等条件的限制。

1. 钢丝绳强度对提升能力的影响

摩擦式提升机通过提升钢丝绳和摩擦衬垫的摩擦来传递摩擦力矩，使重载侧

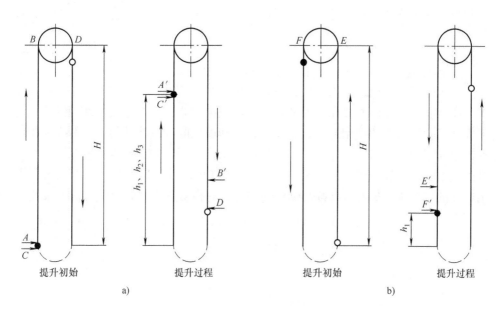

图 3-19　摩擦式提升系统的分析模型

a) 重载提升　b) 重载下降

注：h_1、h_2、h_3 分别为考虑到钢丝绳弹性的情况下，相对于提升容器下、中、上三个位置的提升高度。

钢丝绳提升，轻载侧钢丝绳下降，提升钢丝绳在正常和非正常工况下发生断裂是摩擦式提升机的主要失效形式之一。为了提升系统的安全，提升钢丝绳必须满足在一次提升循环中所受的最大张力小于钢丝绳中所有钢丝的破断力之和，即

$$T_{d1} = (g + a)\left[Q_r + Q + nP(H - h_1) + \delta nPh_1 \right] \leqslant nP_z/n_0 \qquad (3\text{-}10)$$

$$T_{j1} = g\left[Q_r + Q + nP(H - h_2) + \delta nPh_2 \right] \leqslant nP_z/n_0$$

式中，T_{d1} 为最大动张力（N）；g 为重力加速度；a 为提升加速度；Q_r 为提升容器质量；Q 为有效提升载荷；P 为钢丝绳单位长度质量；δ 为钢丝绳的波动影响系数；T_{j1} 为最大静张力（N）；P_z 为钢丝绳中所有钢丝的破断拉力之和（N）对于特定规格钢丝绳取 $P_z = k'd_2 R_0$；n_0 为安全系数。

2. 绳衬比压对提升能力的影响

摩擦衬垫在摩擦式提升系统中起着重要的作用，它承担着全部钢丝绳的重量、容器和载重以及尾绳重量，要具有足够的抗压强度，需满足

$$\frac{T_1 + T_2}{nDd} \leqslant q \qquad (3\text{-}11)$$

式中，T_1、T_2 分别为提升钢丝绳两侧的张力（N）；q 为摩擦衬垫的许用压强（MPa），目前一般取 $q = 2\text{MPa}$。由以上分析可知重载加速提升时，衬垫承受的压力达到最大，有

$$\frac{(g+a)\left[Q_r+Q+nP(H-h_2)+\delta nPh_2\right]+(g-a)\left[Q_r+nPh_2+\delta nP(H-h_2)\right]}{nDd}\leqslant q$$

$$(3\text{-}12)$$

3. 钢丝绳应力波动对提升能力的影响

由于尾绳的使用，摩擦式提升机在一次提升循环中，提升钢丝绳中会产生较大的应力波动。在深井或超深井的情况下，根据南非、西方等国的使用经验：为了保证钢丝绳必要的使用寿命，钢丝绳任意断面处的应力波动值 $\Delta\sigma$ 不应大于钢丝绳破断应力的 11.5% 或 165MPa，否则容易断丝，严重影响其使用寿命。在提升过程中，应力波动较大的点为图 3-17 中 B 点和 A 点，其中 A 点为容器和提升钢丝绳的连接点，B 点为重载侧钢丝绳和卷筒的相切点，它们应满足如下条件

$$B\,\text{点}: Q_r a+Q(g+a)+nPH(g+a)\leqslant 0.115nP_g \qquad (3\text{-}13)$$

$$A\,\text{点}: \delta P_g H\leqslant 0.115P_g$$

式中，P_g 为钢丝绳的破断力（N）。

4. 钢丝绳滑动对提升能力的影响

摩擦式提升机是通过钢丝绳和摩擦衬垫间的摩擦力来克服作用于摩擦轮两侧的张力差而传递作用力的。摩擦衬垫与钢丝绳间的摩擦力分布符合欧拉公式

$$T_1\leqslant T_2 e^{\mu\alpha} \qquad (3\text{-}14)$$

当摩擦轮两侧的钢丝绳张力大于最大摩擦力时，钢丝绳发生打滑，影响提升机的安全运行。当提升机加速提升时，钢丝绳两侧的张力差异最大。则需满足

$$(g+a)\left[(Q_r+Q+nP(H-h_2)+\delta nPh_2\right]\leqslant e^{\mu\alpha}(g-a)\left[Q_r+nPh_2+\delta nP(H-h_2)\right]$$

$$(3\text{-}15)$$

式中，α 为钢丝绳在摩擦轮上的包围角；μ 为摩擦系数。

5. 提升可行域的确定

图 3-20b 中区域 ABO 即为提升可行域，由图可以看出滑动限制了最小的提升高度，应力波动限制了最大的提升高度，且当提升高度为 1000m 左右时，达到最大提升载荷，约为 75t；最大提升高度约为 1840m。

由图 3-21 ～ 图 3-24 可以看出，在影响提升能力的关键因素中，滑动确定了其最小提升高度，应力波动和比压确定了其最大提升高度，在 1000m 左右的提升高度时，提升载荷的能力达到最大。提升最大载荷的能力随着尾绳质量、摩擦系数和钢丝绳抗拉强度（D/d）的增加而增加，随着提升钢丝绳数量的增加近似以相同的倍数增加；当尾绳和首绳质量比 δ 大于 1 时，最大提升高度随着尾绳质量的增加而减小。超深井（$\geqslant$1500m）提升，可通过增大钢丝绳数量和抗拉强度来提高提升能力。

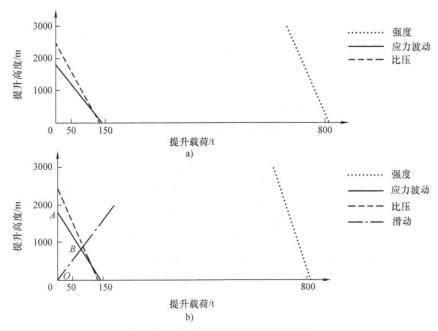

图 3-20　提升高度和载荷的影响因素

a）比压和应力波动约束对提升高度和载荷的影响　b）滑动约束对提升高度和载荷的影响

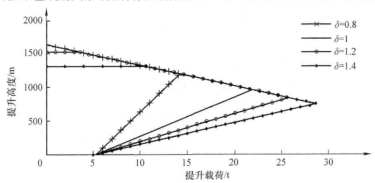

图 3-21　尾绳质量对提升能力的影响

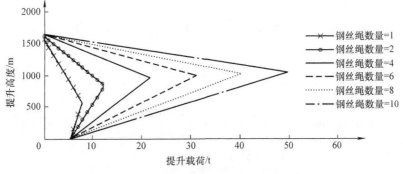

图 3-22　钢丝绳数量对提升能力的影响

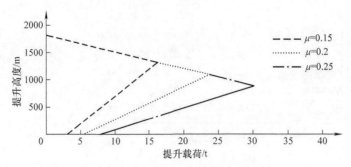

图 3-23　摩擦系数对提升能力的影响

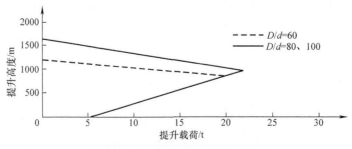

图 3-24　D/d 比值对提升能力的影响

6. 降低多绳摩擦式和单绳缠绕式提升机钢丝绳应力水平的拓扑结构准则

多绳摩擦式提升机应用于超深井提升时会受到钢丝绳张力变化范围的限制。煤矿安全规程中的多绳摩擦式提升机的钢丝绳安全系数规定见表 3-3。

表 3-3　煤矿安全规程中的多绳摩擦式提升机的钢丝绳安全系数规定

专为升降人员		$9.2 \sim 0.0005H$
升降人员和物料	升降人员时	$9.2 \sim 0.0005H$
	混合提升时	$9.2 \sim 0.0005H$
	升降物料时	$8.2 \sim 0.0005H$
专为升降物料		$7.2 \sim 0.0005H$

注：H 为钢丝绳悬垂高度。

金属非金属矿山安全规程中的多绳摩擦式提升机的钢丝绳安全系数规定见表 3-4。

表 3-4　金属非金属矿山安全规程中的多绳摩擦式提升机的钢丝绳安全系数规定

专为升降人员		8
升降人员和物料	升降人员时	8
	升降物料时	7.5
专为升降物料		7

但是当多绳摩擦式提升机应用于超深井采用表 3-3 和表 3-4 规定的安全系数时，必然导致钢丝绳的张力变化范围超限。为保证钢丝绳的合理寿命，在超深井提升时应对安全系数 n 进行如下修正

$$n \geqslant \frac{K'K''R_0}{SK'R_0(1+A) - 0.01AghK} \qquad (3\text{-}16)$$

式中，K' 为钢丝绳最小破断拉力系数；K 为钢丝绳重量系数；R_0 为钢丝绳公称抗拉强度，单位为 MPa；K'' 为破断力与破断力总和换算系数；A 为容器系数，$A = Q_r/Q$；Q_r 为容器质量，单位为 kg；Q 为有效提升载荷，单位为 kg；g 为重力加速度，单位为 m/s²；h 为提升高度，单位为 m；S 为张力变化范围，取 0.115。

如果选择多绳摩擦式提升机来在 1500m 高度提起 50t 有效载荷和 50t 容器，采用 6×36WS 类钢丝绳，则 $K' = 0.329$，$K'' = 1.226$，$K = 0.381$，$R_0 = 1770\mathrm{MPa}$，$A = 1$，$h = 1500\mathrm{m}$，经计算得到表 3-5 内容。

表 3-5　安全系数与钢丝绳的张力变化范围

项目	安全系数	钢丝绳根数	钢丝绳直径/mm	钢丝绳的张力变化范围/（%）
煤矿安全规程	6.45	6	56	14.05
金属非金属矿山安全规程	7	6	60	13.48
张力变化范围修正后	9.15	6	86	11.49

另外从安全系数修正公式可知，对应用于超深井的多绳摩擦式提升机，为了限制其钢丝绳张力变化范围，选用高公称抗拉强度和高破断拉力系数的钢丝绳是有效方法。

因此，为了限制多绳摩擦式的提升机钢丝绳应力水平，在提升机设计阶段，应将其所需的安全系数修正为式（3-16）的安全系数。其余结构设计准则与普通多绳摩擦式提升机相同。

3.3.5　大尺度强时变柔性提升系统的纵振、横振和扭振特性

本节主要介绍将由钢丝绳 – 柔性导向 – 负载 – 天轮 – 卷筒组成的提升系统简化的方法，建立多绳提升系统的动力学耦合模型，应用连续体钢丝绳理论、等效附加质量法研究多元柔性约束下提升系统大尺度柔性体的振动机理。

1. 多绳提升系统的动力学耦合模型

为了研究多绳提升系统耦合动力学特性，基于拉格朗日方程，通过建立提升系统能最方程和边界约束方程，将提升系统坐标系统和几何结构参数作为最基本的变量，获得能够反映双绳提升系统的提升罐道、钢丝绳、容器和天轮的纵向 – 横向耦合振动连续体模型。

缠绕式提升系统的工作原理如图 3-25a 所示，力学模型如图 3-25b 所示。

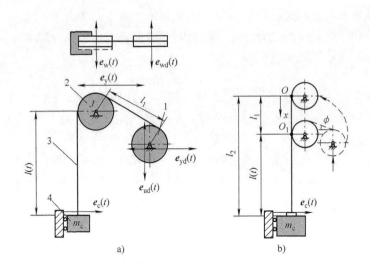

图 3-25 缠绕式提升系统的工作原理和力学模型

a) 工作原理 b) 力学模型

1—滚筒 2—天轮 3—提升钢丝绳 4—提升容器

在提升过程中，钢丝绳、天轮和提升容器等的动能之和为

$$T_k = \sum_{i=1}^{2} \left(\frac{1}{2}\rho \int_0^{l_1} \dot{\boldsymbol{r}}_i^{\mathrm{T}} \dot{\boldsymbol{r}}_i \mathrm{d}x + \frac{1}{2} m_t u_{ti}^2 + \frac{1}{2}\rho \int_{l_1}^{l} \dot{\boldsymbol{r}}_i^{\mathrm{T}} \dot{\boldsymbol{r}}_i \mathrm{d}x \right) + \frac{1}{2} m_c \dot{\boldsymbol{r}}_c^{\mathrm{T}} \dot{\boldsymbol{r}}_c + T_d$$

$$(3-17)$$

式中，$\boldsymbol{r} = (u, y, w)^{\mathrm{T}}$，$u$ 为纵向振动，y 为平面内的横向振动，w 为平面外的横向振动；$\dot{\boldsymbol{r}}_i = \left(\dfrac{\mathrm{D}u_i(x,t)}{\mathrm{D}t}, \dfrac{\mathrm{D}y_i(x,t)}{\mathrm{D}t}, \dfrac{\mathrm{D}w_i(x,t)}{\mathrm{D}t} \right)^{\mathrm{T}}$，$\dfrac{\mathrm{D}}{\mathrm{D}t} = \dfrac{\partial}{\partial t} + v\dfrac{\partial}{\partial x}$，$v$ 为提升速度（m/s）；$m_t = J_t/r_t^2$ 为天轮的等效质量（kg），其中 J_t 为天轮的转动惯量（kg·m²），r_t 为天轮的半径（m）；u_{ti} 为天轮的转动等效速度（m/s）；ρ 为提升钢丝绳的线密度（kg/m）；m_c 为提升容器的质量（kg）；$\boldsymbol{r}_c = (x_c, y_c, z_c, \alpha_c, \beta_c, \gamma_c)^{\mathrm{T}}$ 为容器的位移矢量；T_d 为导向部件的动能，比如钢丝绳导向时的导向钢丝绳动能。

张力值分段表示为

$$T(x,t) = \begin{cases} (m_c/2 + \rho[l(t) + (x - l_1)\sin\varphi])(g - a) & 0 < x < l_1 \\ (m_c/2 + \rho[l(t) - x])(g - a) & l_1 < x < l \end{cases} \quad (3-18)$$

悬绳的相对长度小于垂绳，可将张力等效于恒定值

$$T(x,t) = \begin{cases} \left[m_c/2 + \rho l(t) \right](g-a) & 0 < x < l_1 \\ \left\{ m_c/2 + \rho \left[l(t) - x \right] \right\}(g-a) & l_1 < x < l \end{cases} \tag{3-19}$$

提升钢丝绳的弹性能可表示为

$$E_e = \sum_{i=1}^{2} \left\{ \int_0^{l_1} \left[\boldsymbol{T}(x,t)\varepsilon + \frac{1}{2}EA\varepsilon^2 \right] dx + \int_{l_1}^{l} \left[\boldsymbol{T}(x,t)\varepsilon + \frac{1}{2}EA\varepsilon^2 \right] dx \right\} + E_d \tag{3-20}$$

式中，E_d 为导向部件的弹性能，若横向导向刚度为 k_i （$i = y$，w），则 $E_d = \frac{1}{2}$ $(k_y x_c^2 + k_w y_c^2)$；ε 为钢丝绳的应变，$\varepsilon = u_x + \frac{1}{2}$ $(w_x^2 + y_x^2)$。

重力势能为

$$E_g = -\sum_{i=1}^{2} \left\{ \int_{l_1}^{l} \rho g \left[\boldsymbol{u}(x,t) + x \right] dx \right\} - m_c g z_c \tag{3-21}$$

系统的耗散能为

$$D = \sum_{i=1}^{2} \left(\begin{array}{l} \frac{1}{2}\rho \int_0^{l_1} \left[\mu_1 \left(\frac{\mathrm{D}u_i}{\mathrm{D}t} + v \right)^2 + \mu_2 \left(\frac{\mathrm{D}y_i}{\mathrm{D}t} \right)^2 + \mu_2 \left(\frac{\mathrm{D}w_i}{\mathrm{D}t} \right)^2 \right] dx \\ + \frac{1}{2}\rho \int_{l_1}^{l} \left[\mu_1 \left(\frac{\mathrm{D}u_i}{\mathrm{D}t} + v \right)^2 + \mu_2 \left(\frac{\mathrm{D}y_i}{\mathrm{D}t} \right)^2 + \mu_2 \left(\frac{\mathrm{D}w_i}{\mathrm{D}t} \right)^2 \right] dx \end{array} \right) + D_d \tag{3-22}$$

式中，μ_i 为相应阻尼系数；D_d 为导向部件的耗散能。

考虑到滚筒、天轮等的激励，将提升钢丝绳的横向振动位移 $y(x, t)$ 和 $w(x, t)$ 分解为齐次和非齐次两部分

$$\begin{array}{l} y(x,t) = \bar{y}(x,t) + \hat{y}(x,t) \\ w(x,t) = \bar{w}(x,t) + \hat{w}(x,t) \end{array} \tag{3-23}$$

为方便分析，首先定义一个新的变量 ξ 对原变量 x 进行归一化处理，将相对于 x 的时变域 $[0, 1]$ 转化为相对于 ξ 的固定域 $[0, 1]$。基于伽辽金方法，悬绳可表示为

$$\bar{u}_i(\xi,t) = \sum_{i=1}^{n} U_i(\xi)q_i(t), \bar{y}_i(\xi,t) = \sum_{i=1}^{n} \Theta_i(\xi)q_{yi}(t), \bar{w}_i(\xi,t) = \sum_{i=1}^{n} \Theta_i(\xi)q_{wi}(t) \tag{3-24}$$

垂绳可表示为

$$\bar{u}_i(\xi,t) = \sum_{i=1}^{n} \psi_i(\xi)p_{ui}(t), \bar{y}_i(\xi,t) = \sum_{i=1}^{n} U_i(\xi)p_{yi}(t), \bar{w}_i(\xi,t) = \sum_{i=1}^{n} U_i(\xi)p_{wi}(t) \tag{3-25}$$

式中，$\Theta_i(\xi)$、$U_i(\xi)$ 和 $\psi_i(\xi)$ 根据悬绳和垂绳的边界约束情况，分别为

$$
\begin{cases}
\varTheta_i(\xi) = \sqrt{2}\sin(i\pi\xi) & i = 1,2,3,\cdots,n \\[2mm]
U_i(\xi) = \sqrt{2}\sin\left(\dfrac{2i-1}{2}\pi\xi\right) & i = 1,2,3,\cdots,n \\[2mm]
\psi_i(\xi) = \sqrt{2}\cos\left[(i-1)\pi\xi\right] & i = 1,2,3,\cdots,n
\end{cases} \tag{3-26}
$$

将动能和势能代入拉格朗日方程中，可以得到系统的控制方程

$$
\frac{\mathrm{d}}{\mathrm{d}t}\frac{\partial T}{\partial \dot{q}_i} - \frac{\partial E}{\partial q_i} + \frac{\partial D}{\partial \dot{q}_i} = Q_i + R_i \tag{3-27}
$$

式中，R_i 表示理想完整约束作用在系统上对应的广义约束力。

从而进一步得到提升系统的运动微分 – 代数方程

$$
\begin{cases}
M\ddot{q} + C\dot{q} + Kq = F + G^{\mathrm{T}}\lambda \\
g(q,t) = 0
\end{cases} \tag{3-28}
$$

式中，g 是约束条件，可由几何约束关系式完整地推导出；$G = \partial g/\partial q$ 是约束条件 g 的雅克比矩阵；λ 为拉格朗日乘子，$\boldsymbol{\lambda} = (\lambda_1, \cdots, \lambda_k)^{\mathrm{T}}$，$k$ 为约束条件个数，$\boldsymbol{q} = (q_{1y}, q_{1w}, q_{1u}, q_{2y}, q_{2w}, q_{2u}, p_{1y}, p_{1w}, p_{1u}, p_{2y}, p_{2w}, p_{2u}, S)^{\mathrm{T}}$ 是系统广义坐标矢量，为了表达简洁，引入变换矩阵 T_{r}，使得

$$
q = T_{\mathrm{r}}p \tag{3-29}
$$

式（3-28）中的矩阵 M、C、K、F 和 G 表示为

$$
M = T_{\mathrm{r}}\overline{M}T_{\mathrm{r}}^{\mathrm{T}}, C = T_{\mathrm{r}}\overline{C}_{\mathrm{r}}^{\mathrm{T}}, K = T_{\mathrm{r}}\overline{K}_{\mathrm{r}}^{\mathrm{T}}, F = T_{\mathrm{r}}\overline{F}, G = GT_{\mathrm{r}}^{\mathrm{T}} \tag{3-30}
$$

采用微分 – 代数方程转化为常微分方程的方法，首先将式（3-28）的第 2 个方程用如下方式表达

$$
g(q,t) = G(t)q + g_{\mathrm{r}}(t) = 0 \tag{3-31}
$$

为不失一般性，假设

$$
G(t) = (G_0 \quad G_1), q = (q_0^{\mathrm{T}} \quad q_1^{\mathrm{T}})^{\mathrm{T}} \tag{3-32}
$$

式中，$G(t)$ 必须是非奇异的 $k \times k$ 型矩阵，因为它的逆矩阵随后将被使用。通过该方法能够求解最终的广义坐标 q，从而得到提升钢丝绳、悬绳和容器的响应。

2. 基于连续体钢丝绳的多绳提升系统动力学计算方法

应用建立的提升系统动力学耦合模型和得到的激励函数，基于 MATLAB 软件对钢丝绳的振动进行数值仿真。首先采用对称双折线卷筒和双卷筒同步运行，探讨所建立动力学耦合模型与（参考文献 [19，20]）中 2100m 深井的模型（参数一）进行分析。

双折线缠绕卷筒提升系统的参数见表 3-6。在工况中的最大提升速度为 16m/s，提升绳初始长度为 70m，运行距离为 2100m，加减速时间为 20s，仿真采用刚性求解器 ode15s，仿真时间步长为 0.001s，相对精度设置为 10^{-3}，绝对精度设置为 10^{-6}。

表 3-6　双折线缠绕卷筒提升系统的参数（参数一）

参数名	参数
总提升深度 L	2100m
提升速度 v	16m/s
提升加速度 a	0.8m/s²
卷筒半径 R_d	2.14m
天轮半径 R	2.13m
天轮转动惯量 I	15200kg·m²
提升容器质量 m	17584kg
提升绳的线密度 ρ_1	8.4kg/m
提升绳的横截面积 A	$1.028 \times 10^{-3} \text{m}^2$
提升绳的轴向弹性模量 E	1.1×10^{11} MPa
悬绳长度 L_c	75m
横向阻尼系统	0.05
纵向阻尼系统	0.159

图 3-26 中的 4 个曲线图分别为悬绳、天轮处和容器处的振动数值仿真结果，以及悬绳在 $L/4$ 处的横向振动位移响应，其中纵轴表示 u 向的振动位移，y 和 w 表示横向的振动位移，横轴表示悬绳的长度 L。

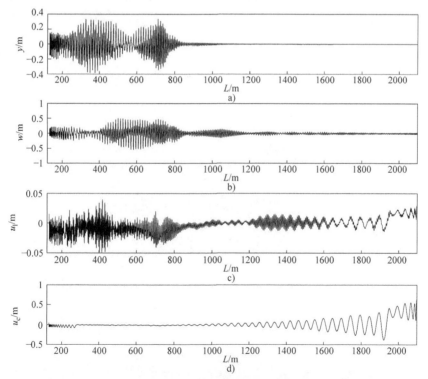

图 3-26　基于 Kaczmarczyk S 论文参数的平面内、平面外的横向振动、
天轮处的纵向振动和容器处的纵向振动

a）平面内横向振动　b）平面外横向振动　c）天轮处的纵向振动　d）容器处的纵向振动

由图 3-26 可以得到，悬绳的 y 向振动位移在当 $L = 1200 \sim 2000\text{m}$ 时都为 0，因为这时钢丝绳在第 1 层缠绕，径向位移没有改变。随着提升高度的增加，提升绳长度不断减少，振动位移逐渐变大，钢丝绳逐渐缠到第 2 层、第 3 层。

从图 3-26 还可以看出悬绳的平面外横向振动与平面内横向振动相互耦合，在 $L = 100 \sim 800\text{m}$ 时横向振动幅度分别达到 0.35m 和 0.5m。在天轮处悬绳的纵向振动主要为高频振动，从提升绳的纵向方程中可以看出横纵耦合项引起提升绳纵向振动。在 $L = 1200 \sim 1600\text{m}$ 时，平面外的横向振动引起提升绳在天轮处出现高频小幅度振动。平面外横向激励表现为垂直平面移动并随着层数变化而换向，从图 3-26 天轮处悬绳的纵向振动可以明显看到，在 750m 和 1400m 左右由于层间过渡而产生突变位移。垂绳的纵向振动主要表现为提升绳的纵向加速度和自由振荡特征。

图 3-27 表示悬绳的空间横向振动轨迹，从图 3-27 中可以看出悬绳空间摆动剧烈，悬绳的过渡振动会引起钢丝绳的疲劳和内部断丝。理论上可以优化双折线卷筒的直径、绳槽形式和过渡角等参数。图 3-28 所示为提升绳在天轮处的纵向动张力。图 3-28 中实线为提升绳的理论静张力，虚线为动张力，主要在静张力上下波动，提升容器从井底提升到井口，随着钢丝绳长度减小，张力线性递减，到井口张力最小。张力波动频率与提升绳的一阶频率相关，随着提升高度增加频率递增，到井口呈现为高频振动。与参考文献 [19，20] 参数下的仿真结果基本一致。因此本节所建立的双绳动力学耦合模型是有效的。

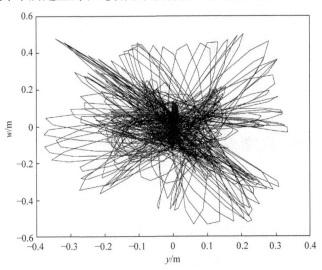

图 3-27　悬绳的空间横向振动轨迹

作者所在项目组设计了双绳双卷筒布莱尔式缠绕式提升机。提升机参数为中

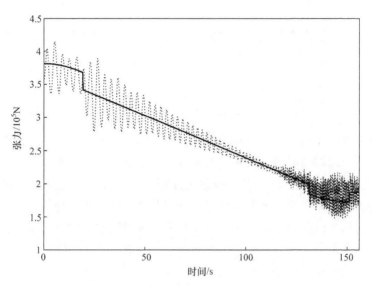

图 3-28 提升绳在天轮处的纵向动张力

信重工设计的样机与试验台的相关参数（参数二、参数三，见表 3-7），当非对称系数取 $\kappa=1$ 时，过渡角等于 15°，悬绳的四分之一处平面内和平面外（即沿卷筒直径方向和卷筒轴线方向）振动位移响应、纵向振动在天轮处与容器处的振动响应等重要结果如图 3-29 ~ 图 3-31 所示。

表 3-7 样机与试验台的相关参数

项目		样机（参数二）	试验台（参数三）
提升机规格	直径	8000mm	800mm
	卷筒宽度	2100mm	160mm
提升高度		1500m	50m（实际高度为47m）
D/d		105.2	80
钢丝绳直径		抗拉强度为 1960MPa	抗拉强度为 1770MPa
		76mm	10mm
同一容器上钢丝绳的数量		2	2
钢丝绳的单位质量		23.4kg/m	0.41kg/m
钢丝绳的安全系数		≥6.5（6.518）	≥6.5（6.85）
有效载荷		50t	1t
容积自重		30t	1t
系统最大静张力		1480kN	25kN
系统最大静张力差		1180kN	16kN
电动机转速		43r/min	590r/min
			$i=22.4$（传动比）

（续）

项目	样机（参数二）	试验台（参数三）
提升速度	18m/s	1.8m/s
缠绕层数	3	3
容器自重与载重比	0.6	1

从图 3-30 悬绳的空间横向振动轨迹中可以看出悬绳空间摆动剧烈，悬绳的过渡振动会引起钢丝绳的疲劳和内部断丝。图 3-31 所示为提升绳在天轮处的纵向动张力，类比于图 3-28，实线和虚线分别为提升绳的理论静张力和在静张力上下波动的动张力。提升容器从井底提升到井口，随着钢丝绳的长度减小，张力线性递减，到井口张力最小。张力波动频率与提升绳的一阶频率相关，随着提升高度增加频率递增，到井口呈现为高频振动。与表 3-5（参数一）中的仿真结果基本一致，说明本节所建立的双绳动力学耦合模型是正确的。

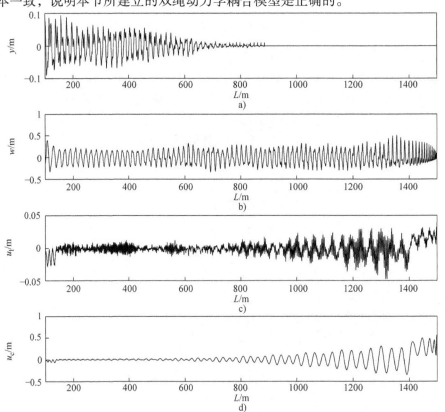

图 3-29　基于中信重工样机参数的平面内横向振动、平面外横向振动、
天轮处的纵向振动和容器处的纵向振动
a）平面内横向振动　b）平面外横向振动　c）天轮处的纵向振动　d）容器处的纵向振动

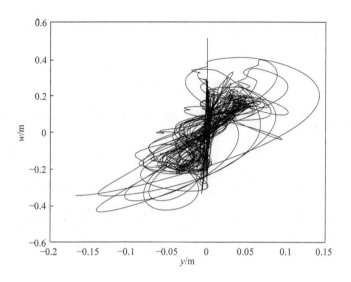

图 3-30　悬绳的空间横向振动轨迹

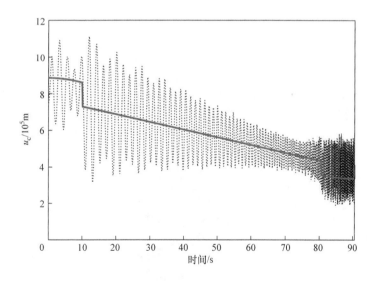

图 3-31　提升绳在天轮处的纵向动张力

在表 3-6 的参数二中，当非对称情况下，非对称系数取 $\kappa = 0.7$ 和 1.3，仿真计算结果如图 3-32 ~ 图 3-35 所示。

按照中信重工的试验台参数（表 3-6 的参数三），开展仿真计算的结果如图 3-36 ~ 图 3-38 所示。

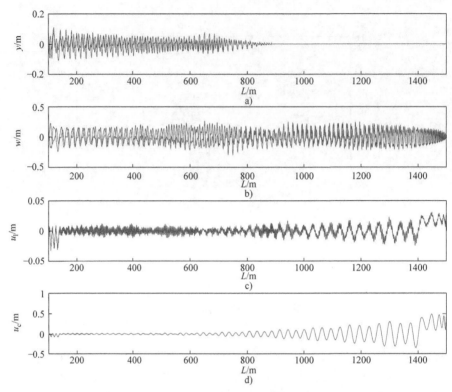

图 3-32　样机（参数二）取不同非对称系数时的平面内横向振动、平面外的横向振动、
天轮处的纵向振动和容器处的纵向振动
a）平面内横向振动　b）平面外横向振动　c）天轮处的纵向振动　d）容器处的纵向振动

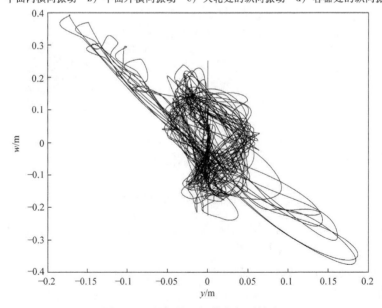

图 3-33　悬绳的空间横向振动轨迹

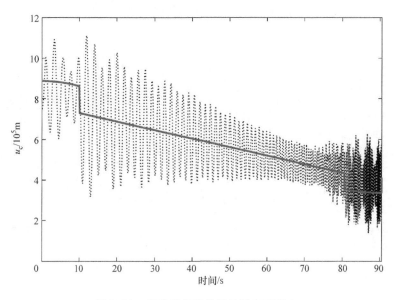

图 3-34　提升绳在天轮处的纵向动张力

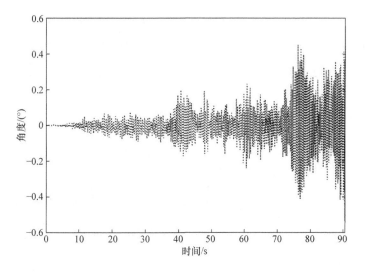

图 3-35　提升容器的角度

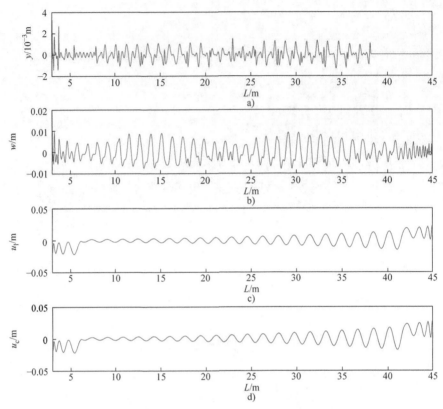

图 3-36　基于试验台参数的平面内横向振动、平面外横向振动、
天轮处的纵向振动和容器处的纵向振动
a）平面内横向振动　b）平面外横向振动　c）天轮处的纵向振动　d）容器处的纵向振动

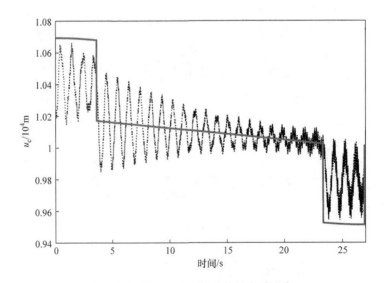

图 3-37　提升绳在天轮处的纵向动张力

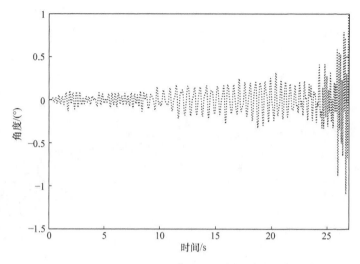

图 3-38 提升容器的角度

从图 3-38 可知,在中信重工提升系统试验台参数下采用双绳同步运行,提升容器的转动角基本为零。在非对称情况下,取非对称系数 κ 为 0.7 和 1.3,仿真结果如图 3-39 ~ 图 3-41 所示。

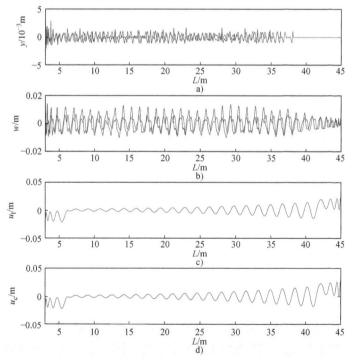

图 3-39 不同非对称系数下的平面内横向振动、平面外横向振动、
天轮处的纵向振动和容器处的纵向振动
a) 平面内横向振动 b) 平面外横向振动 c) 天轮处的纵向振动 d) 容器处的纵向振动

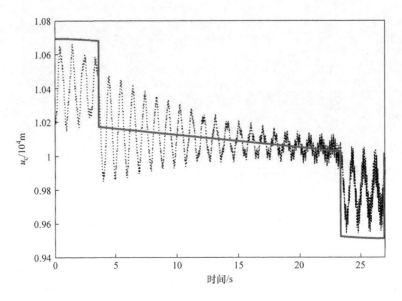

图 3-40　提升绳在天轮处的纵向动张力

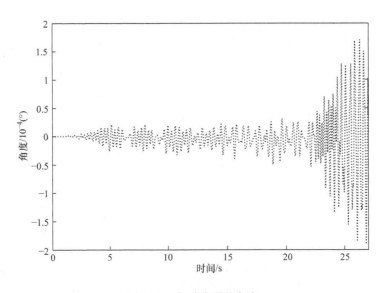

图 3-41　提升容器的角度

从图 3-39 天轮处和容器处的纵向振动曲线对比可以看出，在试验台上，提升绳太短和密度小造成其纵向振动基本与天轮相同。平面内、外横向存在两个共振点。

通过上述的仿真分析，并与参考文献 [19，20] 中的参数一的仿真结果对比可以认为作者所在项目组建立的双绳缠绕式提升系统动力学耦合模型是有效的，利用该模型能够仿真得到双绳缠绕式提升系统的纵向振动、横向振动和提升容器的扭振特性。

3. 基于等效附加质量方法的动力学耦合模型计算

在提升系统中钢丝绳占系统载荷的一部分，不能简化为轻质弹簧。对于单自由度振动模型，利用瑞利能量法可求解出系统的振动方程。由于阻尼为零，振动系统中没有能量的消耗，动能和势能可以完全转化。由能量守恒定律可知，振动方程可以表达为

$$U_1 + T_1 = U_2 + T_2 \tag{3-33}$$

式中，T 为系统的总动能（J）；U 为系统的总势能（J）。

在物体悬垂振动模型中无能量的损失且只有一阶振型，则整个系统中等效质量可视为：取弹簧中微元段作为研究对象，质量设为 m_0，该微元段相对于初始位置的位移为 xy/l，对应速度为 $\mathrm{d}(xy/l)/\mathrm{d}t$，弹簧长度为 l；质量为 M 的物块与平衡位置的距离为 x，速度为 $\mathrm{d}x/\mathrm{d}t$。

可得该微元段的动能表达式为

$$\mathrm{d}T = \frac{m_0 \mathrm{d}y}{2l}\left(\frac{\mathrm{d}xy}{l}\right)^2 \tag{3-34}$$

整个系统的能量表达式为

$$T = T_{弹簧} + T_{物块} = \frac{M(\mathrm{d}x)^2}{2} + \int_{y=0}^{l} \frac{m_{绳}\,\mathrm{d}y}{l}\left(\frac{\mathrm{d}xy}{l}\right)^2 \mathrm{d}y = \frac{M(\mathrm{d}x)^2}{2} + \frac{1}{2}\frac{m_{绳}}{3}(\mathrm{d}x)^2 \tag{3-35}$$

由式（3-35）可知，弹簧的质量仅对系统的动能有影响，对于这类模型可将弹簧质量的 1/3 等效在物块上。多绳缠绕式提升系统也明显属于该振动模型，所以在求解振动方程时可以将提升系统中钢丝绳的总质量的 1/3 等效在提升容器上，在保证求解正确的情况下合理简化了模型。

基于中信重工的双绳缠绕式提升系统试验台参数开展仿真计算，设定加速度为 0.5m/s²，速度从 0 提升到最大运行速度 1.8m/s 的时间是 3.6s，匀速运行的时间是 16.4s，匀减速运行的时间是 3.6s，完成整个提升过程的时间是 23.6s。仿真结果如图 3-42 所示。

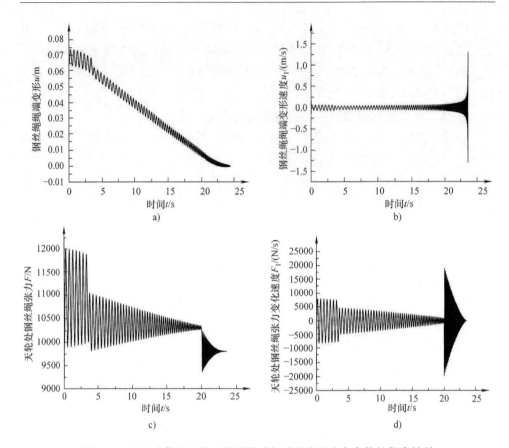

图 3-42   基于中信重工的双绳缠绕式提升系统试验台参数的仿真结果

a）钢丝绳绳端变形   b）钢丝绳绳端变形速度   c）天轮处钢丝绳张力   d）天轮处钢丝绳张力变化速度

第 4 章　矿井提升机振动特性的建模及仿真实例

4.1　摩擦式提升机的纵向振动

以往分析摩擦式提升机纵向振动时，将钢丝绳、主轴假想为刚性结构，并忽略尾绳的影响，采用三自由度数学模型（或者二自由度数学模型）分析提升机的纵向振动。这种简化在一定的程度上有其合理性，既简化了系统，同时其分析结果的误差在一定程度上又能够满足设计要求。但由于提升钢丝绳本身是一个弹性体，在提升加速、减速或紧急制动时，钢丝绳本身会储存或者释放能量，产生动应力波动，造成提升容器的剧烈振荡，显然摩擦式提升机的动态特性分析需要考虑钢丝绳的弹性特性。随着当今摩擦式提升机高速、重载、大型化的发展，主轴的弹性对提升机动态特性的影响也越来越明显，主轴作为一个弹性体，其弹性对提升机纵向振动的影响在先前的研究中缺乏必要的重视。本节在第 2 章相关理论的基础上，以摩擦式提升机为研究对象，构建考虑主轴弹性影响的摩擦式提升机纵向振动力学模型，通过与不考虑主轴弹性的纵向振动模型计算结果的对比，来获得主轴弹性对摩擦式提升机结构简化系统的影响关系。

4.1.1　摩擦式提升机的结构

摩擦式提升机主要由电动机、联轴器、减速器、主轴装置、制动系统、深度指示器、车槽装置、提升容器（箕斗）、配重、提升首绳、平衡尾绳等结构部件组成，其中最为重要的结构为主轴装置。所谓摩擦式提升机的主轴装置是指由主轴、摩擦轮、滚动轴承、轴承座、轴承盖、摩擦衬垫、固定块、高强度螺栓等组成的一个运动机构。

摩擦式提升机利用牵引电动机提供提升的动力，以往的电动机是通过减速器与主轴进行连接，随着电动机拖动技术的发展，摩擦式提升机的牵引电动机与主轴的连接越来越多地不再采用减速器，而是采用直连的方式；主轴装置的主轴与卷筒之间采用无键连接的技术，与键连接相比，主轴的强度结构更趋合理，这种结构形式在工业发达国家已被广泛采用，我国的摩擦式提升机越来越多地也在采用这种结构。本文的研究对象 JKM4.5 ×6（Ⅳ）（塔式）摩擦式提升机配套两个直连的悬挂式低速直流电动机，其三维造型图如图 4-1 所示。

4.1.2　摩擦式提升机的纵向振动模型

在分析摩擦式提升机的纵向振动特性时，将摩擦式提升机的钢丝绳看作沿着钢丝绳轴向振动的均质弹簧。建模时，将各点之间的钢丝绳分割为由若干个具有时变参数的质量 – 弹簧 – 阻尼器系统，系统中的参数随着提升容器的位置、钢丝绳长度的变化而变化。

图 4-1　JKM4.5×6（Ⅳ）摩擦式
提升机三维造型

在建模的过程中，为了研究的方便，又不失一定的工程精度，做出如下 5 项假设：

1）忽略提升容器及配重的结构特性，分别简化为一个集中质量。忽略容器、配重的横向振动。

2）在提升过程中，提升钢丝绳不滑动。

3）提升钢丝绳和尾绳是黏弹性绳，钢丝绳质量均匀、应力应变关系服从胡克定律，阻尼力服从牛顿黏性定律。

4）假定尾绳尾部的运动是规律的，即尾绳底部沿着以两容器中心距为直径的虚拟的支撑槽轮运动。这种假设同实际运动基本相符，同时又可以减少系统动力学方程的 1 个自由度。

5）电动机等所有旋转构件的质量和转动惯量都集中到摩擦轮卷筒上。

简化后得到的塔式摩擦式提升机的五自由度动力学计算模型如图 4-2 所示，提升机的四自由度动力学计算模型如图 4-3 所示。图 4-2 和图 4-3 中各参数的物理意义说明如下：

m_1 为提升容器及载重的质量；m_2 为下降容器及载重的质量；m_3 为提升机主轴装置及电动机的等效质量（含摩擦轮上接触段钢丝绳）；I_1 为提升机主轴装置、传动部分的等效转动惯量；r_1 为摩擦轮绳槽半径；r_2 为槽轮 2 绳槽半径；L_1 为提升侧首绳钢丝绳长度；L_2 为提升侧首绳钢丝绳长度；L_3 为提升侧尾绳钢丝绳长度；L_4 为下放侧尾绳钢丝绳长度；K_e、C_e 为提升机主轴装置、传动部分的抗扭刚度系数和阻尼系数；K_1、C_1 为提升侧首绳钢丝绳的等效刚度系数和等效阻尼系数；K_2、C_2 为下放侧首绳钢丝绳的等效刚度系数和等效阻尼系数；K_3、C_3 为下放侧尾绳钢丝绳的等效刚度系数和等效阻尼系数；K_4、C_4 为提升侧尾绳钢丝绳的等效刚度系数和等效阻尼系数；K_0、C_0 为主轴装置支撑及下面阻尼器的刚度系数和阻尼系数；

假定提升容器位移向上的方向为正，摩擦轮顺时针转向为正。摩擦式提升机动力学模型的广义坐标为位移 x 及转角 φ，用矢量表示为

$$\boldsymbol{X} = (x_1, x_2, x_3, \varphi_1, \varphi_2)^{\mathrm{T}} \tag{4-1}$$

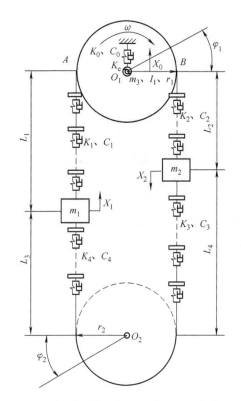 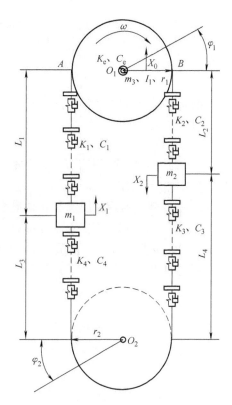

　　图 4-2　提升机的五自由度动力学计算模型　　　图 4-3　提升机的四自由度动力学计算模型

4.1.3　摩擦式提升机的纵向振动模型参数分析

1. 摩擦式提升机中的钢丝绳动能与等效弹性系数

　　对图 4-2 所示的摩擦式提升机模型，钢丝绳采用集中参数方法作离散化处理，将钢丝绳 L_1、L_2、L_3、L_3 分割为若干个具有时变参数的质量 – 弹簧 – 阻尼器系统，各参数均随着提升容器及配重的运动而变化。为了分析方便，分别将多根提升首绳及尾绳合并成一根钢丝绳进行分析，这时的钢丝绳的弹性系数为各根钢丝绳弹性系数的并联值，钢丝绳的横截面积为各根钢丝绳截面积的和。

　　根据第 2 章的钢丝绳集中参数建模理论，利用积分的方法得到 L_1、L_2、L_3、L_4 各段钢丝绳的动能 T，分别为

$$T_{L1} = \frac{1}{3} m_{L_1} \frac{\dot{x}_1^2 + r_1 \dot{\varphi}_1 \dot{x}_1 + (r_1 \dot{\varphi}_1)^2}{2} \tag{4-2}$$

$$T_{L2} = \frac{1}{3} m_{L_2} \frac{\dot{x}_2^2 + \dot{x}_2 r_1 \dot{\varphi}_1 + (r_1 \dot{\varphi}_1)^2}{2} \tag{4-3}$$

$$T_{L3} = \frac{1}{3} m_{L_3} \frac{\dot{x}_1^2 + r_2 \dot{\varphi}_2 \dot{x}_1 + (r_2 \dot{\varphi}_2)^2}{2} \tag{4-4}$$

$$T_{L4} = \frac{1}{3} m_{L_4} \frac{\dot{x}_2^2 + \dot{x}_2 r_2 \dot{\varphi}_2 + (r_2 \dot{\varphi}_2)^2}{2} \tag{4-5}$$

钢丝绳的等效弹性系数表示为

$$k = \frac{nEA}{L(t)} \tag{4-6}$$

式中，n 为钢丝绳的根数；E 为钢丝绳的弹性模量，一般取 $E = 1.2 \times 10^{11} \text{MPa}$；$A$ 为单根钢丝绳的横截面积；$L(t)$ 为钢丝绳在 t 时刻的长度。

2. 主轴装置的等效质量和转动惯量

将摩擦式提升机主轴装置所有的转动构件的质量转化为摩擦轮上的等效质量；主轴装置的等效转动惯量等于它们各自的转动惯量与卷筒转速比乘积的叠加和。即主轴装置等效转动惯量 I_p 为

$$I_p = \sum \frac{I_i n_i}{n_{drum}} \tag{4-7}$$

式中，I_i 为各构件的转动惯量；n_i 为构件转速；n_{drum} 为摩擦轮转速。

3. 主轴等效刚度系数

摩擦式提升机的主轴装置是一个典型的轴系运动系统：由一个阶梯轴、一个卷筒及支撑轴承等组合而成的轴系弹性结构。

轴系在工作时主要会产生两类振动：纵向（轴向）振动和扭转振动。轴系的纵向（轴向）振动主要是由材质不均匀及动态下的弹性变形引起的，因为提升主轴在工作时候的转速不高，所以轴系的纵向振动可以忽略；轴系的扭转振动是由于轴系受到周期性变化的力矩的作用或者受到周期性的冲击力。本文主要考虑主轴的横向及扭转特性。

摩擦式提升机的主轴是一个典型的阶梯轴，其抗扭刚度相当于一系列串联的扭转弹簧，如图4-4所示。

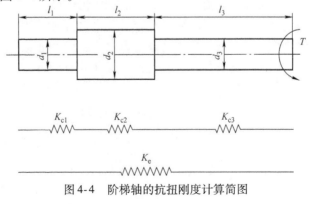

图4-4　阶梯轴的抗扭刚度计算简图

等圆截面轴的抗扭刚度可以表示为

$$K_e = \frac{GI_p}{l} \tag{4-8}$$

式中，G 为材料的剪切弹性模量；I_p 为轴截面的极惯性矩，$I_p = \frac{\pi d^4}{32}$；l 为轴的受扭长度。

阶梯轴的抗扭刚度与各段等截面轴体的刚度存在如下关系

$$\frac{1}{K_e} = \frac{1}{K_{e1}} + \frac{1}{K_{e2}} + \cdots + \frac{1}{K_{en}} \tag{4-9}$$

计算主轴横向刚度时，把主轴看作一个变截面的简支梁，利用有限元方法求得主轴的横向刚度；主轴支撑轴承用有阻尼的等效弹簧进行模拟。

4.1.4　摩擦式提升机的纵向振动方程

采用带耗散函数的拉格朗日方程建立摩擦式提升系统的纵向振动方程。拉格朗日方程是机械系统动力学建模的基础理论，是机械系统建模广泛使用的方法。

摩擦式提升系统的广义坐标分别为提升、下放容器的位移 x_1 和 x_2，提升机主轴振动位移 x_3，摩擦轮的转角 φ_1 及虚拟槽轮的转角 φ_2。系统的广义坐标用矢量表示

$$X = (x_1, x_2, x_3, \varphi_1, \varphi_2)^T \tag{4-10}$$

图 4-2 所示摩擦式提升系统总动能 T、总耗能 D、总势能 U 分别表示为

$$
\begin{aligned}
T = &\frac{1}{2}m_1 \dot{x}_1^2 + \frac{1}{2}m_2 \dot{x}_2^2 + \frac{1}{2}m_3 \dot{x}_3^2 + \frac{1}{2}I \dot{\varphi}_1^2 + \frac{1}{3}m_{L_1}\frac{\dot{x}_1^2 + r_1\dot{\varphi}_1\dot{x}_1 + (r_1\dot{\varphi}_1)^2}{2} \\
&+ \frac{1}{3}m_{L_2}\frac{\dot{x}_2^2 + \dot{x}_2 r_1\dot{\varphi}_1 + (r_1\dot{\varphi}_1)^2}{2} + \frac{1}{3}m_{L_3}\frac{\dot{x}_1^2 + r_2\dot{\varphi}_2\dot{x}_1 + (r_2\dot{\varphi}_2)^2}{2} \\
&+ \frac{1}{3}m_{L_4}\frac{\dot{x}_2^2 + \dot{x}_2 r_2\dot{\varphi}_2 + (r_2\dot{\varphi}_2)^2}{2}
\end{aligned} \tag{4-11}
$$

$$
\begin{aligned}
D = &\frac{1}{2}c_1(\dot{x}_1 - \dot{x}_3 + r_1\dot{\varphi}_1)^2 + \frac{1}{2}c_0\dot{x}_3^2 + \frac{1}{2}c_2(\dot{x}_2 - \dot{x}_3 - r_1\dot{\varphi}_1)^2 + \frac{1}{2}c_3(\dot{x}_2 + r_2\dot{\varphi}_2)^2 \\
&+ \frac{1}{2}c_e(\dot{\varphi}_1 - \dot{\varphi}_0)^2 + \frac{1}{2}c_4(-r_2\dot{\varphi}_2 - \dot{x}_1)^2
\end{aligned} \tag{4-12}
$$

$$
\begin{aligned}
U = &m_1 g x_1 + \frac{1}{2}m_{L_1}g(x_1 + x_3 + r_1\varphi_1) + \frac{1}{2}k_1(r_1\varphi_1 - x_1 + f_1)^2 + \frac{1}{2}k_0 x_3^2 + \frac{1}{2}k_e(\varphi_1 - \varphi_0)^2 \\
&- m_2 g x_2 - \frac{1}{2}m_{L_2}g(-x_3 + x_2 + r_1\varphi_1) + \frac{1}{2}k_2(f_2 + x_2 - r_1\varphi_1)^2 + \frac{1}{2}m_{l_3}g(x_1 + r_2\varphi_2) \\
&+ \frac{1}{2}m_3 g x_3 - \frac{1}{2}m_{l_4}g(x_2 + r_2\varphi_2) + \frac{1}{2}k_3(f_3 + x_1 - r_2\varphi_2)^2 + \frac{1}{2}k_4(f_4 + r_2\varphi_2 - x_2)^2
\end{aligned} \tag{4-13}
$$

式（4-13）中，f 为静止状态下的钢丝绳伸长量，可表示为

$$
\begin{cases}
f_1 = \dfrac{\left(m_1 + m_{l_3} + \frac{1}{2}m_{l_1}\right)g}{k_1} \\[3mm]
f_2 = \dfrac{(m_2 + m_{l_4} + m_{l_2})g}{k_2} \\[3mm]
f_3 = \dfrac{m_{l_3}g}{2k_3} \\[3mm]
f_4 = \dfrac{m_{l_4}g}{2k_4}
\end{cases}
\tag{4-14}
$$

k_i 为第 i 段钢丝绳的弹性刚度，可表示为

$$
k_i = \frac{EA}{L(t)}, (i = 1,2,3,4)
\tag{4-15}
$$

将式（4-11）～式（4-14）代入拉格朗日第二类方程

$$
\frac{\mathrm{d}}{\mathrm{d}t}\left[\frac{\partial T}{\partial \dot{x}_i}\right] - \frac{\partial T}{\partial x_i} + \frac{\partial U}{\partial x_i} + \frac{\partial D}{\partial \dot{x}_i} = Q_i \, (i = 1,2,\cdots,5)
\tag{4-16}
$$

得到系统振动方程，整理后写成矩阵的形式为

$$
(M)\{\ddot{X}\} + (C)\{\dot{X}\} + (K)\{X\} = \{Q\}
\tag{4-17}
$$

式中，(M) 为质量矩阵、(C) 为阻尼矩阵、(K) 为刚度矩阵，分别表示为

$$
(M) = \begin{pmatrix}
m_1 + \frac{1}{3}(m_{L_1} + m_{L_3}) & 0 & 0 & \frac{1}{6}r_1 m_{L_1} & \frac{1}{6}r_2 m_{L_3} \\[2mm]
0 & m_2 + \frac{1}{3}(m_{L_2} + m_{L_4}) & 0 & \frac{1}{6}r_1 m_{L_2} & \frac{1}{6}r_2 m_{L_4} \\[2mm]
0 & 0 & m_3 & 0 & 0 \\[2mm]
\frac{1}{6}r_1 m_{L_1} & \frac{1}{6}r_1 m_{L_2} & 0 & I + \frac{1}{3}r_1^2(m_{L_1} + m_{L_2}) & 0 \\[2mm]
\frac{1}{6}r_2 m_{L_3} & \frac{1}{6}r_2 m_{L_4} & 0 & 0 & \frac{1}{3}r_1^2(m_{L_3} + m_{L_4})
\end{pmatrix}
\tag{4-18}
$$

$$
(C) = \begin{pmatrix}
c_1 + c_4 & 0 & -c_1 & r_1 c_1 & r_2 c_4 \\[2mm]
0 & c_2 + c_3 & -c_2 & -r_1 c_2 & r_2 c_3 \\[2mm]
-c_1 & -c_2 & c_1 + c_2 + c_0 & r_1(c_2 - c_1) & 0 \\[2mm]
r_1 c_1 & -r_1 c_2 & r_1(c_2 - c_1) & r_1^2(c_1 + c_2) + c_e & 0 \\[2mm]
r_2 c_4 & r_2 c_3 & 0 & 0 & r_2^2(c_3 + c_4)
\end{pmatrix}
\tag{4-19}
$$

$$(K) = \begin{pmatrix} k_1 + k_4 & 0 & -k_1 & r_1 k_1 & r_2 k_4 \\ 0 & k_2 + k_3 & -k_2 & -r_1 k_2 & r_2 k_3 \\ -k_1 & -k_2 & k_1 + k_2 + k_0 & r_1(k_2 - k_1) & 0 \\ r_1 k_1 & -r_1 k_2 & r_1(k_2 - k_1) & r_1^2(k_1 + k_2) + k_e & 0 \\ r_2 k_4 & r_2 k_3 & 0 & 0 & r_2^2(k_3 + k_4) \end{pmatrix}$$

$$(4\text{-}20)$$

$\{\boldsymbol{X}\}$ 为系统广义位移矢量，$\boldsymbol{X} = (x_1, x_2, x_3, \varphi_1, \varphi_2)^{\mathrm{T}}$；$\{\boldsymbol{Q}\}$ 为广义激振力矢量。

系统对应于 φ_1 的广义力 $\boldsymbol{Q}_4 = k_e \varphi_0$，其他广义力为 0。即

$$(\boldsymbol{Q}) = \begin{pmatrix} 0 \\ 0 \\ 0 \\ k_e \varphi_0 \\ 0 \end{pmatrix} \tag{4-21}$$

式中，k_e 为主轴抗扭刚度；φ_0 为主轴转角位移。

分别取提升侧和下放侧的钢丝绳为研究对象，可以得到钢丝绳与摩擦轮接触的极限位置奔离点 A 和 B 处的动张力 S_A、S_B 分别为

$$S_A = m_1(g + \ddot{x}_1) + m_{L_1}\left(g + \frac{\ddot{x}_1 + (r_1 \ddot{\varphi}_1)^2}{2}\right) + m_{L_3}\left(g + \frac{\ddot{x}_1 + (r_2 \ddot{\varphi}_2)^2}{2}\right) \quad (4\text{-}22)$$

$$S_B = m_2(g - \ddot{x}_2) + m_{L_2}\left(g - \frac{\ddot{x}_2 + (r_1 \ddot{\varphi}_1)^2}{2}\right) + m_{L_4}\left(g - \frac{\ddot{x}_2 + (r_2 \ddot{\varphi}_2)^2}{2}\right) \quad (4\text{-}23)$$

相应的，当不考虑主轴弹性的影响时，摩擦式提升系统可以简化为四自由度的集中质量动力学系统，如图 4-3 所示。提升机的四自由度振动方程为

$$(M)\{\ddot{\boldsymbol{X}}\} + (C)\{\dot{\boldsymbol{X}}\} + (K)\{\boldsymbol{X}\} = \{\boldsymbol{Q}\} \tag{4-24}$$

式中，(M) 为质量矩阵、(C) 为阻尼矩阵、(K) 为刚度矩阵，分别表示为

$$(M) = \begin{pmatrix} m_1 + \dfrac{1}{3}(m_{L_1} + m_{L_3}) & 0 & \dfrac{1}{6}r_1 m_{L_1} & \dfrac{1}{6}r_2 m_{L_3} \\ 0 & m_2 + \dfrac{1}{3}(m_{L_2} + m_{L_4}) & \dfrac{1}{6}r_1 m_{L_2} & \dfrac{1}{6}r_2 m_{L_4} \\ \dfrac{1}{6}r_1 m_{L_1} & \dfrac{1}{6}r_1 m_{L_2} & I + \dfrac{1}{3}r_1^2(m_{L_1} + m_{L_2}) & 0 \\ \dfrac{1}{6}r_2 m_{L_3} & \dfrac{1}{6}r_2 m_{L_4} & 0 & \dfrac{1}{3}r_1^2(m_{L_3} + m_{L_4}) \end{pmatrix}$$

$$(4\text{-}25)$$

$$(C) = \begin{pmatrix} c_1 + c_4 & 0 & r_1 c_1 & r_2 c_4 \\ 0 & c_2 + c_3 & -r_1 c_2 & r_2 c_3 \\ r_1 c_1 & -r_1 c_2 & r_1^2 (c_1 + c_2) + c_e & 0 \\ r_2 c_4 & r_2 c_3 & 0 & r_2^2 (c_3 + c_4) \end{pmatrix} \quad (4\text{-}26)$$

$$(K) = \begin{pmatrix} k_1 + k_4 & 0 & r_1 k_1 & r_2 k_4 \\ 0 & k_2 + k_3 & -r_1 k_2 & r_2 k_3 \\ r_1 k_1 & -r_1 k_2 & r_1^2 (k_1 + k_2) + k_e & 0 \\ r_2 k_4 & r_2 k_3 & 0 & r_2^2 (k_3 + k_4) \end{pmatrix} \quad (4\text{-}27)$$

$\{X\}$ 为系统广义位移矢量，$X = (x_1, x_2, \varphi_1, \varphi_2)^{\mathrm{T}}$；$\{Q\}$ 为广义激振力矢量。

4.1.5　摩擦式提升机纵向振动方程的求解

1. 摩擦式提升机纵向振动方程的特征值求解

本文构建的摩擦式提升机的纵向振动方程考虑了各处阻尼的影响，不过对提升机来说，大多数环节的阻尼比较小，对结构的固有频率和振型计算的影响不大，所以在模态分析时，可以忽略模型中所有的阻尼参数。在计算提升机的振频时，可以通过无阻尼自由振动方程求解提升机的固有频率和振型。无阻尼自由振动方程为

$$[(K) - \omega^2 (M)]\{A\} = \{0\} \quad (4\text{-}28)$$

系统的模态分析其实就是求解式（4-28）中矩阵 M 和 K 的广义特征值的问题。矩阵$(B) = (K) - \omega^2 (M)$ 称为系统的特征矩阵。

式（4-28）有非零解的条件是特征矩阵的行列式为 0。即，

$$|B| = \begin{vmatrix} K_{11} - m_{11}\omega^2 & K_{12} - m_{12}\omega^2 & \cdots & K_{1n} - m_{1n}\omega^2 \\ K_{21} - m_{21}\omega^2 & K_{22} - m_{22}\omega^2 & \cdots & K_{2n} - m_{2n}\omega^2 \\ \vdots & \vdots & & \vdots \\ K_{n1} - m_{n1}\omega^2 & K_{n2} - m_{n2}\omega^2 & \cdots & K_{nn} - m_{nn}\omega^2 \end{vmatrix} \quad (4\text{-}29)$$

将式（4-29）展开后可得到 ω^2 的 n 次代数方程式，求解特征方程可求得 n 个 ω^2 根，称为特征值，开方后得到的 n 个数值称为系统的 n 个固有频率，依次称为第 1 阶、第 2 阶、…、第 n 阶固有频率，固有频率为

$$f = \frac{1}{2\pi}\omega \quad (4\text{-}30)$$

2. 摩擦式提升机纵向振动方程的瞬态响应求解

动力学系统的瞬态响应可以表示为

$$M\ddot{x}(t) + C\dot{x}(t) + Kx(t) = Q(t) \quad (4\text{-}31)$$

对式（4-31）进行求解，计算方法主要有振型叠加法和直接积分法两种。

本文采用四阶龙格 – 库塔法进行求解。

提升机动力学方程考虑了阻尼的影响，由于阻尼的机理比较复杂，往往需要做一些简化处理。常见的阻尼处理办法有以下4种：

1）试验模态分析法测阻尼比。

2）和材料相关的阻尼通过查机械设计等相关手册得到。

3）振型阻尼，指对不同的振动模态指定不同的阻尼比，即阻尼系数为频率的函数。

4）比例黏性阻尼，根据 $C = \alpha M + \beta K$ 可计算得出。其中 α、β 为瑞利阻尼系数，通常用振型阻尼比 ξ_i 计算得到。设 ξ_i 是某个振型 i 的实际阻尼和临界阻尼之比，ω_i 是模态的固有频率，则 α、β 存在下列关系：$\xi_i = \alpha/2\omega_i + \beta\omega_i/2$。

本文在计算时，采用第4种方法来考虑阻尼的影响。

式（4-31）是一个耦合的、变系数、非线性、二阶常微分方程。可以采用龙格 – 库塔法进行求解。为了采用龙格 – 库塔法求解这一方程组需要做进一步的变换，即把原系统方程转换成标准的一阶线性常微分方程组。

引入坐标变换

$$W = \begin{pmatrix} x(t) \\ \dot{x}(t) \end{pmatrix} \text{ 则有 } \dot{W} = \begin{pmatrix} \dot{x}(t) \\ \ddot{x}(t) \end{pmatrix}$$

代入式（4-31）得到如下的形式

$$\dot{W} = A(t)Y + B(t)Q(t) \tag{4-32}$$

其中

$$\begin{cases} A(t) = \begin{pmatrix} 0 & I \\ -M^{-1}K(t) & -M^{-1}C \end{pmatrix} \\ B(t) = \begin{pmatrix} 0 \\ M^{-1} \end{pmatrix} \end{cases} \tag{4-33}$$

采用龙格 – 库塔法进行求解时，计算下一个值 y_{i+1} 仅只需要知道 y_i 即可。这样在求解提升机的瞬态动力学响应时，可以将整个提升过程分为相等的 n 个时间间隔，在每个时间间隔内可以认为动力学方程的各矩阵为常数。系统运动从静止状态开始，在第1个时间单元，系统初始条件为0，从第2个时间单元开始，前一个时间单元的终值为后一个时间单元的初值。这样，系统的瞬态响应求解过程就转化为在每一个时间单元内，用龙格 – 库塔方法求解一阶常微分方程组的初值问题。

4.2 摩擦式提升机的横向振动

在提升机提升过程中，提升容器的横向振动是另一个影响提升机运行平稳性的重要因素，其振动机理相对于纵向振动来说要复杂得多，当前国内外的研究多还处于理论和仿真研究阶段，还没有形成一套成熟的理论体系和分析方法。

实践表明：提升机的横向振动的主要振源来自于摩擦式提升机的罐道的安装位置误差和变形，并且同传动形式、运动参数、罐道等系统特性有着密切的关系。所以可以构建由钢丝绳和提升容器构成的做耦合振动的提升系统模型，研究摩擦式提升机的横向振动特性。钢丝绳的刚度相对主轴的刚度要小得多，主轴刚度对提升容器的横向振动特性影响相对较小，所以可以忽略主轴刚度的影响。

4.2.1　摩擦式提升机的横向振动模型

摩擦式提升机的横向振动力学模型如图 4-5a 所示，取提升重载侧为研究对象来研究摩擦式提升机的横向振动特性，同时假定提升首绳与摩擦轮奔离点为提升首绳的约束点。为了简化摩擦式提升机的横向振动力学模型，做出如下假设：

1）钢丝绳处于张紧不可伸长状态下，其振动为小变形振动。

2）提升系统的振动变形只考虑其在 xoy 平面内的振动。

3）将提升容器导向轮及其支撑简化为一个常量的弹簧阻尼系统。

4）将尾绳对提升容器振动的作用，简化为一个集中于底部的集中力。

5）罐道的刚度相对导向轮及其支撑的刚度要大得多，将罐道视为刚体。

经过简化的提升机横向振动力学模型如图 4-5b 所示。图中钢丝绳处理为一个具有较小刚度且质量均匀的变长度柔性梁，在 t 时刻长度为 $l(t)$，取竖直向下的方向为 x 轴的正方向，钢丝绳线密度为 ρ，抗弯刚度为 EI（E 为材料的弹性模量，I 为钢丝绳的惯性矩），提升容器简化为一个受约束的质量为 m_e、转动惯量为 I_e 的质点，提升容器导向轮及其支撑相对于罐道的刚度为 k_e，阻尼系数为 c_e，由于尾绳的作用，提升容器底部受到一个随时间变化的集中力 $T(t)$。

4.2.2　摩擦式提升机的横向振动方程

采用分布参数的连续模型建立摩擦式提升机的横向振动方程。

提升容器和钢丝绳的整体纵向速度可以表示为

$$\boldsymbol{v} = \dot{l}(t) \tag{4-34}$$

在任意时刻，钢丝绳上 $x(t)$ 处的横向位移为 $y(x, t)$。

提升系统的动能是集中质量的振动动能和钢丝绳的振动能量之和，表示为

$$T = \frac{1}{2}(\rho L + m_e)v^2 + \frac{1}{2}\rho \int_0^{l(t)} \left(\frac{\mathrm{D}y}{\mathrm{D}t}\right)^2 \mathrm{d}x + \frac{1}{2}m_e\left[\frac{\mathrm{D}y(l(t),t)}{\mathrm{D}t}\right]^2 + \frac{1}{2}I_e\left[\frac{\mathrm{D}y_x(l(t),t)}{\mathrm{D}t}\right]^2 \tag{4-35}$$

式中，D 为微分算子

$$\frac{\mathrm{D}}{\mathrm{D}t} = \frac{\partial}{\partial t} + v\frac{\partial}{\partial x} \tag{4-36}$$

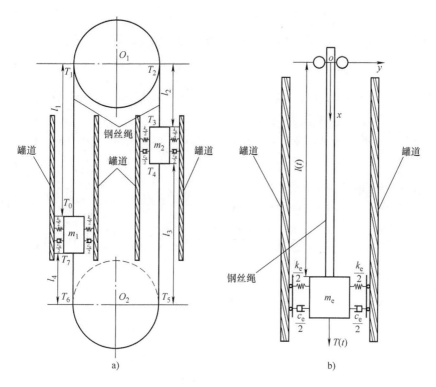

图 4-5　摩擦式提升机的横向振动力学模型

钢丝绳系统的势能可以表示为

$$V = \frac{1}{2} \int_0^{l(t)} \left[P(x,t) y_x^2 + EI y_{xx}^2 \right] dx + \frac{1}{2} k_e y^2 (l(t),t) \tag{4-37}$$

式中，$P(x,t)$ 为空间位置 x 处柔性梁的张力，可以表示为

$$P(x,t) = \left[m_e + \rho(l(t) - x) \right] (g - \dot{v}) + \rho_2 (l_{40} + l_{10} - l(t))(g - \dot{v}) \tag{4-38}$$

式中，$\dot{v}$ 为提升容器及钢丝绳的纵向加速度；l_{40} 为尾绳初始长度；l_{10} 为提升首绳初始长度；ρ_2 为尾绳的线密度。

对式 (4-35) 和 (4-37) 取变分，得到

$$\delta T = \rho \int_0^{l(t)} \left[\frac{Dy}{Dt} (\delta y_t + v \delta y_x) \right] dx + m_e \frac{Dy(l(t),t)}{Dt} \left[\delta y_x (l(t),t) + v \delta y_x (l(t),t) \right]$$

$$+ I_e \frac{Dy(l(t),t)}{Dt} \delta y_x (l(t),t) \tag{4-39}$$

$$\delta V = \int_0^{l(t)} \left[P(x,t) y_x \delta y_x + EI y_{xx}^3 \delta y_x \right] dx \tag{4-40}$$

外力对钢丝绳系统做的虚功可以表示为

$$\delta W = - \int_0^{l(t)} c \frac{Dy}{Dt} \delta y dx - c_e \frac{Dy(l(t),t)}{Dt} \delta y(l(t),t) \tag{4-41}$$

式中，c 为钢丝绳的阻尼系数。

将式（4-39）～式（4-41）代入哈密顿原理表达式

$$\int_{t_1}^{t_2} (\delta T - \delta V + \delta W)\,\mathrm{d}t = 0 \tag{4-42}$$

对式（4-42）中各项应用莱布尼茨定律以及相应的分部积分方法进行整理，最终得到摩擦式提升机的横向振动方程为

$$\rho(y_{tt} + 2vy_{xt} + v^2 y_{xx} + \dot{v}y_x) + c(y_t + vy_x) - [P(x,t)y_x]_x + EIy_{xxxx} = 0, 0 < x < l(t) \tag{4-43}$$

式（4-43）的边界条件为

$$y(0,t) = y_x(0,t) = 0, (x = 0) \tag{4-44a}$$

$$EIy_{xxx}(l,t) = P(l)y_x(l,t) + m_\mathrm{e}\frac{\mathrm{D}^2 y(l(t),t)}{\mathrm{D}t^2} + c_\mathrm{e}\frac{\mathrm{D}y(l(t),t)}{\mathrm{D}t} + k_\mathrm{e}y(l(t),t), (x = l) \tag{4-44b}$$

4.2.3 摩擦式提升机的横向振动能量分析

在任意时刻 t，提升系统总的机械能由三部分组成：重力势能、柔性梁在垂直方向上的与刚性运动相关的动能、水平方向上的振动能。其中振动能又由两部分组成，分别为柔性梁的振动能和质点的振动能，分别用 $E_\mathrm{beam}(t)$ 和 $E_\mathrm{mass}(t)$ 表示。则系统的振动能量可以表示为

$$E_v(t) = E_\mathrm{beam}(t) + E_\mathrm{mass}(t) \tag{4-45}$$

其中

$$E_\mathrm{beam} = \frac{1}{2}\int_0^l \left[\rho(y_t + vy_x)^2 + Py_x^2 + EIy_{xx}^2\right]\mathrm{d}x \tag{4-46}$$

对式（4-46）取积分，得到

$$\varepsilon_v(x,t) = \frac{1}{2}\rho(y_t + vy_x)^2 + \frac{1}{2}Py_x^2 + \frac{1}{2}EIy_{xx}^2 \tag{4-47}$$

式（4-47）表示单位长度钢丝绳的振动能量，称为能量密度。

提升容器即质点的振动能量为

$$E_\mathrm{mass}(t) = \frac{1}{2}m_\mathrm{e}\left[\frac{\mathrm{D}y(l(t),t)}{\mathrm{D}t}\right]^2 + \frac{1}{2}I_\mathrm{e}\left[\frac{\mathrm{D}y_x(l(t),t)}{\mathrm{D}t}\right]^2 + k_\mathrm{e}y^2(l(t),t) \tag{4-48}$$

重力势能可以表示为

$$E_g(t) = \int_0^{l(t)} -\rho gx\,\mathrm{d}x - m_\mathrm{e}gl(t) = -\frac{1}{2}\rho gl^2(t) - m_\mathrm{e}gl(t) \tag{4-49}$$

系统与刚性运动相关的动能可以表示为

$$E_r(t) = \int_0^{l(t)} \frac{1}{2}\rho v^2 \mathrm{d}x + m_e v^2 = \frac{1}{2}\rho v^2 l + \frac{1}{2}m_e v^2 \qquad (4-50)$$

系统总的振动能量可以用下式表示

$$E(t) = E_v(t) + E_g(t) + E_r(t) \qquad (4-51)$$

4.2.4 摩擦式提升机横向振动方程的求解

本文利用分布参数模型构建摩擦式提升机横向振动模型的目的是研究提升机的提升容器和提升钢丝绳的横向振动特性。可将研究对象看作一个忽略钢丝绳抗弯刚度和底部质点转动惯量的弹性 – 质量 – 阻尼系统，即 $EI = I_e = 0$，如图 4-6 所示。

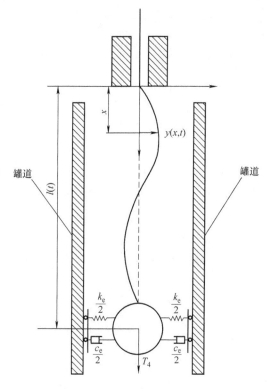

图 4-6 弹性 – 质量 – 阻尼系统

图 4-6 中的系统横向振动方程可以表示为

$$\rho(y_{tt} + 2vy_{xt} + v^2 y_{xx} + \dot{v}y_x) + c(y_t + vy_x) - [P(x,t)y_x]_x = 0, 0 < x < l(t) \qquad (4-52)$$

相应的边界条件变为

$$y(0,t) = 0, (x = 0) \qquad (4-53\mathrm{a})$$

$$P(l)y_x(l,t) + m_e \frac{D^2 y(l(t),t)}{Dt^2} + c_e \frac{Dy(l(t),t)}{Dt} + k_e y(l,t) = 0, (x = l)$$

$$(4\text{-}53b)$$

系统的振动能量变为

$$E_v(t) = E_{\text{beam}}(t) + E_{\text{mass}}(t)$$

$$= \frac{1}{2}\int_0^l [\rho(y_t + vy_x)^2 + Py_x^2]\,dx$$

$$+ \frac{1}{2}m_e\Big[\frac{Dy(l(t),t)}{Dt}\Big]^2 + k_e y^2(l(t),t) \quad (4\text{-}54)$$

系统振动能量的变化率为

$$\dot{E}_v = -\frac{v}{2}[P(0,t) - \rho v^2]y_x^2(0,t) - \frac{1}{2}\ddot{v}\int_0^{l(t)}[m_e + \rho(l(t)-x)]y_x^2\,dx$$

$$- c\int_0^{l(t)}\Big(\frac{Dy}{Dt}\Big)^2\,dx - c_e\Big[\frac{Dy(l(t),t)}{Dt}\Big]^2$$

$$(4\text{-}55)$$

式（4-52）表示的摩擦式提升机横向振动方程是一个具有无限多个自由度的偏微分方程组，其参数多为时变参数，所以方程没有精确的解析解。对此类方程求解，可以采用伽辽金方法将无限维的偏微分方程转化为有限维的常微分方程，然后再通过数值方法对常微分方程进行求解。

Galerkin 方法的具体思想可简单描述为：用有限个单自由度三角信号的叠加来模拟所期望获得的无限自由度信号。柔性梁的振动信号可以扩展为标准的信号叠加的形式

$$\phi_j(x,t) = \sqrt{2/l}\sin[(2j-1)\pi x/2l] \quad (4\text{-}56)$$

为了分析的方便，对上式做进一步的简化，引入新的参数 ξ 使得相对于 x 的时变域由 $[0, l(t)]$ 转化成了关于 ξ 的固定域 $[0, 1]$，式（4-56）变为

$$\phi_j(x,t) = \psi_j(\xi)/\sqrt{l(t)} \quad (j = 1,2,3\cdots) \quad (4\text{-}57)$$

式中，$\psi_i(\xi)$ 为特征模函数

$$\xi = \frac{x}{l(t)} \quad (4\text{-}58)$$

假定式（4-57）的解为

$$y(x,t) = \sum_{j=1}^n q_j(t)\phi_j(x,t) = \frac{1}{\sqrt{l(t)}}\sum_{j=1}^n q_j(t)\psi_j\Big(\frac{x}{l(t)}\Big) \quad (4\text{-}59)$$

式中，$q_j(t)$ 为系统的广义坐标；n 为所包含的模数。

将式（4-59）代入到式（4-52）和边界条件式（4-53）中，再乘以（1/$\sqrt{l(t)})\psi_i(\xi)$，并对方程在 $\xi = [0,1]$ 范围内取积分，这样系统运动方程就由无限自由度的偏微分方程组转化为一个常微分方程组

$$M(t)\ddot{\boldsymbol{q}}(t) + [C(t) + G(t)]\dot{\boldsymbol{q}}(t) + [K(t) + H(t)]\boldsymbol{q}(t) = 0 \tag{4-60}$$

式中，$\boldsymbol{q} = (q_1, q_2, \cdots, q_n)^{\mathrm{T}}$ 为广义坐标矢量，M，C，K 为对称的质量、阻尼、刚度矩阵；G，H 为斜循环对称矩阵，分别表示为

$$M_{ij} = \rho\delta_{ij} + m_e l^{-1}(t)\psi_i(1)\psi_j(1) \tag{4-61}$$

$$C_{ij} = c_e l^{-1}(t)\psi_i(1)\psi_j(1) - m_e l^{-2}(t)\dot{l}(t)\psi_i(1)\psi_j(1) \tag{4-62}$$

$$
\begin{aligned}
K_{ij} = {} & \frac{1}{4}\rho l^{-2}(t)\dot{l}^{-2}(t)\delta_{ij} - \rho l^{-2}(t)\dot{l}^{-2}(t)\int_0^1 (1-\xi)^2\psi'_i(\xi)\psi'_j(\xi)\mathrm{d}\xi \\
& + \rho l^{-1}(t)[g - \ddot{l}(t)]\int_0^1 (1-\xi)\psi'_i(\xi)\psi'_j(\xi)\mathrm{d}\xi + \\
& m_e l^{-2}(t)[g - \ddot{l}(t)]\int_0^1 \psi'_i(\xi)\psi'_j(\xi)\mathrm{d}\xi \\
& + EI l^{-4}(t)\int_0^l \psi''_i(\xi)\psi''_j(\xi)\mathrm{d}\xi + \left[m_e\left(\frac{3}{4}\dot{l}(t)\right)l^{-3}(t) - \frac{1}{2}\ddot{l}(t)l^{-2}(t)\right] \\
& - \frac{1}{2}c_e l^{-2}(t)\dot{l}(t) + k_e l^{-1}(t)\psi_i(1)\psi_j(1)
\end{aligned}
\tag{4-63}
$$

$$G_{ij} = \rho l^{-1}(t)\dot{l}(t)\left[2\int_0^1 (1-\xi)\psi_i(\xi)\psi'_i(\xi)\mathrm{d}\xi - \delta_{ij}\right] \tag{4-64}$$

$$H_{ij} = \rho\left[l^{-2}(t)\dot{l}_2(t) - l^{-1}(t)\ddot{l}(t)\right]\left[\frac{1}{2}\delta_{ij} - \int_0^1 (1-\xi)\psi_i(\xi)\psi'_j(\xi)\mathrm{d}\xi\right] \tag{4-65}$$

相对于广义坐标矢量来说，系统运动方程的初始条件为

$$q_j(0) = \sqrt{l(0)}\int_0^1 y(\xi l(0),0)\psi'_j(\xi)\mathrm{d}\xi \tag{4-66}$$

则，

$$
\begin{aligned}
\dot{q}_j(0) = {} & \sqrt{l(0)}\int_0^1 y_t(\xi l(0),0)\psi'_j(\xi)\mathrm{d}\xi \\
& + \frac{\dot{l}(0)}{l(0)}\sum_{i=1}^n q_i(0)\int_0^1 \xi\psi'_i(\xi)\psi'_j(\xi)\mathrm{d}\xi + \frac{\dot{l}(0)}{2l(0)}q_j(0)
\end{aligned}
\tag{4-67}
$$

这时系统振动能量可以表示为

$$E_v(t) = \frac{1}{2}\left[\dot{\boldsymbol{q}}^{\mathrm{T}}(t)M(t)\dot{\boldsymbol{q}}(t) + \dot{\boldsymbol{q}}^{\mathrm{T}}(t)R(t)\dot{\boldsymbol{q}}(t) + \dot{\boldsymbol{q}}^{\mathrm{T}}(t)S(t)\dot{\boldsymbol{q}}(t)\right] \tag{4-68}$$

其中

$$
\begin{aligned}
R_{ij}(t) = {} & -\rho l^{-1}(t)\dot{l}(t)\delta_{ij} + 2\rho l^{-1}(t)\dot{l}(t)\int_0^1 (1-\xi)\psi_i(\xi)\psi'_j(\xi)\mathrm{d}\xi \\
& - m_e l^{-2}(t)\dot{l}(t)\psi_i(1)\psi_j(1)
\end{aligned}
\tag{4-69}
$$

$$S_{ij}(t) = \frac{1}{4}\rho l^{-2}(t)\dot{l}^{-2}(t)\delta_{ij} - \rho l^{-2}(t)\dot{l}^{-2}(t)\int_0^1 (1-\xi)^2 \psi'_i(\xi)\psi'_j(\xi)\mathrm{d}\xi$$

$$+ \rho l^{-1}(t)[g - \ddot{l}(t)]\int_0^1 (1-\xi)\psi'_i(\xi)\psi'_j(\xi)\mathrm{d}\xi + k_e l^{-1}(t)\psi_i(1)\psi_j(1)$$

$$+ EI l^{-4}(t)\int_0^1 \psi''_i(\xi)\psi''_j(\xi)\mathrm{d}\xi + m_e l^{-2}(t)[g - \ddot{l}(t)]\int_0^1 \psi'_i(\xi)\psi'_j(\xi)\mathrm{d}\xi$$

$$+ \frac{1}{4}m_e l^{-1}(t)\dot{l}^2(t)\psi_i(1)\psi_j(1) \tag{4-70}$$

利用莱布尼茨定律求微分，得到系统振动能量的变化率为

$$\dot{E}_v(t) = \frac{1}{2}[\dot{\boldsymbol{q}}^{\mathrm{T}}(t)F(t)\dot{\boldsymbol{q}}(t) + \dot{\boldsymbol{q}}^{\mathrm{T}}(t)U(t)\dot{\boldsymbol{q}}(t) + \dot{\boldsymbol{q}}^{\mathrm{T}}(t)W(t)\dot{\boldsymbol{q}}(t)] \tag{4-71}$$

其中

$$F_{ij} = -c_e l^{-1}(t)\psi_i(1)\psi_j(1) \tag{4-72}$$

$$U_{ij} = c_e l^{-2}(t)\dot{l}(t)\psi_i(1)\psi_j(1) \tag{4-73}$$

$$W_{ij} = \frac{1}{2}\rho l^{-1}(t)\ddot{l}(t)\int_0^1 \xi\psi'_i(\xi)\psi'_j(\xi)\mathrm{d}\xi - \frac{1}{2}[m_e + \rho l(t)]l^{-2}(t)\ddot{l}(t)\int_0^1 \psi'_i(\xi)\psi'_j(\xi)\mathrm{d}\xi$$

$$- \frac{1}{4}c_e l^{-3}(t)\dot{l}^2(t)\psi_i(1)\psi_j(1) + EI l^{-5}(t)\dot{l}(t)\psi''_i(0)\psi''_j(0)$$

$$- \frac{1}{2}l^{-3}(t)\dot{l}(t)\{[m_e + \rho l(t)][g - \ddot{l}(t)] - \rho\dot{l}^2(t)\}\psi'_i(0)\psi'_j(0) \tag{4-74}$$

分别令提升系统的速度 $\dot{l}(t)$、加速度 $\ddot{l}(t)$ 和外载荷等于零，式（4-60）就成了系统固有振动方程，利用数值计算方法可以得到提升系统振动的固有振动特性。

对常微分方程组式（4-60）进行求解，可得到广义坐标矢量的值，代回式（4-68）即可得到系统振动能量的实时值。

4.3　JKM4.5×6（Ⅳ）摩擦式提升机的振动特性仿真分析

以 JKM4.5×6（Ⅳ）摩擦式提升机为研究对象，对应图 4-2 中各主要参数如下：$m_1 = 90$t；$m_2 = 50$t；摩擦轮直径为 4.5m；各段初始长度非别为 $l_{10} = 640.5$m，$l_{20} = 25$m，$l_{30} = 30$m，$l_{40} = 650.5$m。提升首绳钢丝绳根数 $n = 6$，单根钢丝绳密度 $\rho = 8.58$kg/m³，单根钢丝绳横截面积 $A = 927.5$mm²；尾绳为两根，按照等重尾绳计算，即两根尾绳的总线密度同六根首绳的总线密度相同。按照设计方提供的设计参数取 $k_e = 400000$N/m，阻尼采用比例阻尼取 $c_e = 4000$N/(m/s)。

由于梯形加速度控制曲线能够有效地限制或消除提升钢丝绳的弹性振动，

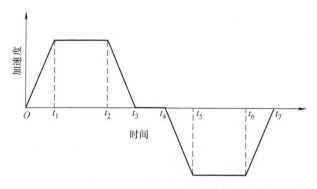

图 4-7　梯形加速度控制曲线

所以在国内提升机的速度控制中得到广泛应用。梯形加速度控制曲线如图 4-7 所示。设定整个提升时间为 60s，摩擦轮各段的加速度（rad/s²）见式（4-75）。

$$
\begin{cases}
a_1 = \dfrac{2}{4.5}t & 0 \leqslant t \leqslant 2 \\[2mm]
a_2 = \dfrac{4}{4.5} & 2 < t \leqslant 14 \\[2mm]
a_3 = \dfrac{4}{4.5} - \dfrac{2}{4.5}(t - 14) & 14 < t \leqslant 16 \\[2mm]
a_4 = 0 & 16 < t \leqslant 44 \\[2mm]
a_5 = -\dfrac{2}{4.5}(t - 44) & 44 < t \leqslant 46 \\[2mm]
a_6 = -\dfrac{4}{4.5} & 46 < t \leqslant 58 \\[2mm]
a_7 = \dfrac{2}{4.5}(t - 58) - \dfrac{4}{4.5} & 58 < 5 \leqslant 60
\end{cases}
\tag{4-75}
$$

4.3.1　JKM4.5×6（Ⅳ）摩擦式提升机的纵向振动分析

1. JKM4.5×6（Ⅳ）摩擦式提升机纵向振动的模态分析

利用 MATLAB 作为求解工具，对 4.2 节下摩擦提升机系统的五自由度和四自由度纵向振动方程进行求解，利用矩阵迭代法求解系统的固有频率，计算流程如图 4-8 所示。系统的瞬态动力学求解采用四阶龙格－库塔算法，流程如图 4-9 所示。

由于动力学方程中刚度矩阵、质量矩阵、阻尼矩阵都是随时间变化的，也就是说它们是位移或时间的函数，因此系统的固有频率是随时间变化的。在初始提升位置处，摩擦式提升系统的模态分析计算结果见表 4-1。

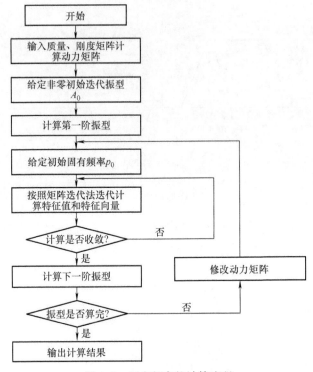

图 4-8 固有频率的计算流程

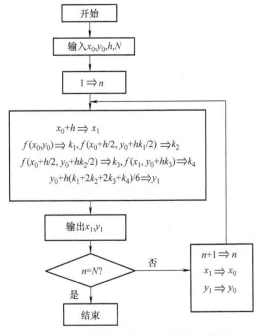

图 4-9 四阶龙格－库塔算法的流程图

注:"⇒"表示迭代。

表 4-1　模态分析计算结果

阶数	四自由度模型		五自由度模型	
	空载/Hz	满载/Hz	空载/Hz	满载/Hz
1	4.4142	4.9464	4.1412	4.5564
2	9.4842	9.0404	9.0951	8.4421
3	72.5689	70.4059	128.1244	126.4121
4	140.1245	127.4422	68.9985	67.0128
5	—	—	127.4542	125.5676

在整个提升过程中，四自由度和五自由度振动方程的满载工况下的一阶、二阶振频随时间变化的曲线如图 4-10 所示。

图 4-10 表明摩擦式提升机提升容器的纵向振动与提升容器到摩擦轮之间的钢丝绳长度有密切的关系，随着上升容器的上升，其振动频率明显增大，下降容器出现相反的变化趋势；四自由度和五自由度纵向振动方程计算得到的一阶、二阶振频计算结果的相对误差也与提升钢丝绳长度有密切的关系，随着提升钢丝绳长度的增大其振频计算结果的相对差别更为明显。

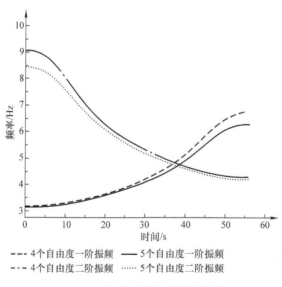

图 4-10　振频随时间变化的曲线

2. JKM4.5×6（Ⅳ）摩擦式提升机纵向振动的瞬态动力学特性分析

用龙格－库塔方法，将式（4-75）作为系统动力学方程求解的输入条件，得到提升系统在整个提升过程的动态特性。其中，图 4-11～图 4-14 分别为由式（4-75）确定的摩擦轮的角加速度、角加速度越度、角速度、角位移曲线图。

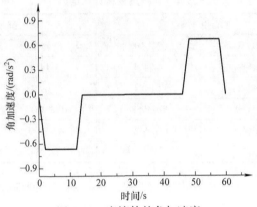

图 4-11　摩擦轮的角加速度

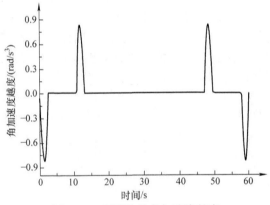

图 4-12　摩擦轮的角加速度越度

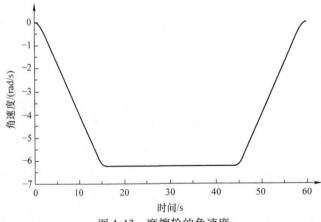

图 4-13　摩擦轮的角速度

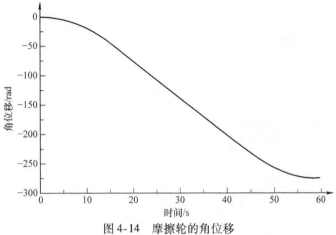

图 4-14 摩擦轮的角位移

利用四自由度振动方程得到的上升提升容器和下降提升容器的加速度、速度变化曲线分别如图 4-15 ~ 图 4-18 所示。

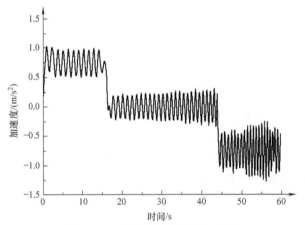

图 4-15 上升提升容器的加速度

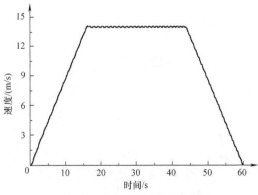

图 4-16 上升提升容器的速度

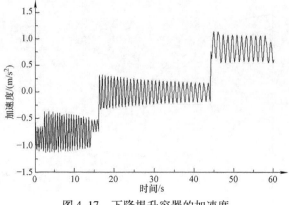

图 4-17 下降提升容器的加速度

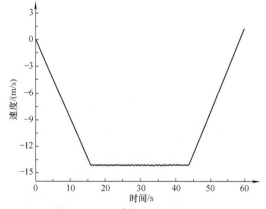

图 4-18 下降提升容器的速度

以相同的初始条件对系统的五自由度振动方程进行求解，相应的上升提升容器和下降提升容器的加速度、速度变化曲线分别如图 4-19 ~ 图 4-22 所示。

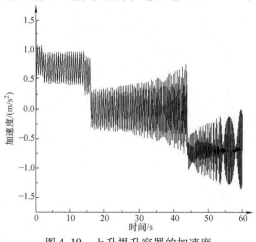

图 4-19 上升提升容器的加速度

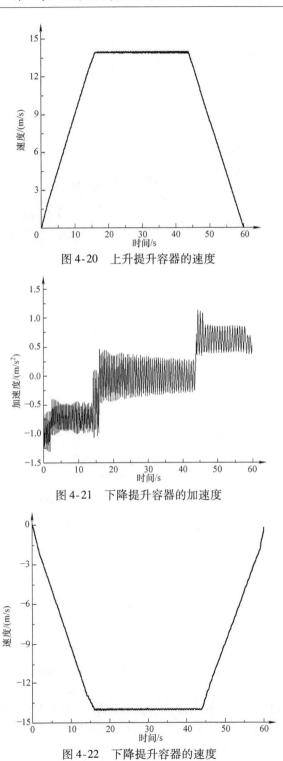

图 4-20　上升提升容器的速度

图 4-21　下降提升容器的加速度

图 4-22　下降提升容器的速度

图 4-23 和图 4-24 分别为不考虑主轴弹性及考虑主轴弹性时，摩擦轮两侧奔离点钢丝绳的张力比。

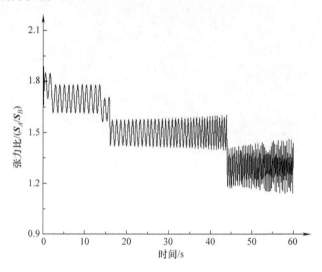

图 4-23　钢丝绳的张力比（不考虑主轴弹性）

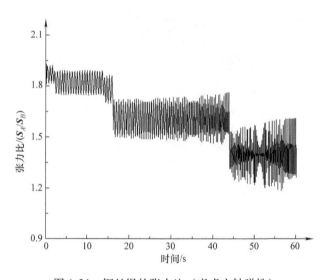

图 4-24　钢丝绳的张力比（考虑主轴弹性）

图 4-25 和图 4-26 分别为考虑主轴弹性时，在提升过程中，主轴纵向振动的速度和加速度曲线。

对比两种力学模型的模态分析和瞬态分析结果可以得到以下 4 项结论：

1）由模态分析结果可知：考虑主轴弹性的摩擦式提升机的五自由度模型和

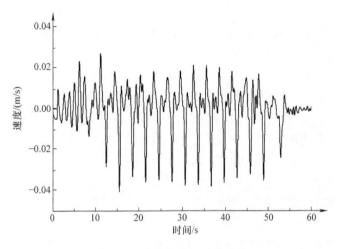

图 4-25 主轴纵向振动的速度

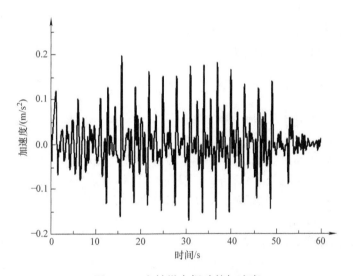

图 4-26 主轴纵向振动的加速度

不考虑主轴弹性的四自由度模型，两系统的固有频率比较接近。可以得出结论，主轴弹性对系统固有频率的影响较小，影响的程度同提升容器到摩擦轮的钢丝绳的长度有着密切的关系，绳体长度越短，钢丝绳的弹性系数越大，这时主轴弹性对系统固有频率的影响越明显；由提升系统的瞬态动力学特性分析结果可知：在提升过程中上升容器、下降容器的最大振幅、最大振速（振动位移与时间的比值）、加速度的值也是比较接近的。这说明在工程中，当分析系统的固有频率和提升容器的速度、加速度时可以不考虑主轴的弹性。

2）在提升过程中，提升容器的振动主要以低频振动为主，两个系统在提升过程中的振动频率有明显的不同，五自由度模型的振动频率明显快于四自由度模型。这是因为当系统的自由度增多时，由于其相互之间的影响，提升容器振动的速度、加速度相对更为复杂，结果也更为精确。因此，当对提升机进行更为精确的动力学设计的时候应该采用五自由度模型的计算结果。

3）由提升系统瞬态动力学特性分析可知，提升容器最大振幅、速度、加速度的值同摩擦轮的角速度、角加速度的值有着密切的关系；同时可知提升容器的纵向振动同提升容器到摩擦轮之间的钢丝绳的长度有着密切的关系，钢丝绳长度越小振动越明显，这时主轴的弹性对振动的影响也越明显。这说明当计算提升容器在接近摩擦轮位置时的振动特性时，需要考虑主轴弹性的影响。

4）主轴弹性对摩擦轮两侧的钢丝绳的张力比有一定的影响。在相同条件下，考虑主轴弹性得到的值要比不考虑主轴弹性得到的值要略大些。从工程安全角度考虑，计算两侧钢丝绳张力比时需要考虑主轴弹性对提升钢丝绳张力的影响。计算结果同时表明，在考虑主轴弹性时，在提升过程中由于提升容器加速度的变化对摩擦轮的冲击要比不考虑主轴弹性时的要大，所以在进行相关的疲劳设计时也需要考虑主轴弹性对结构造成的冲击的影响。

4.3.2 JKM4.5×6（Ⅳ）摩擦式提升机的横向振动分析

本节是在 4.2 节建立的横向振动动力学模型的基础上进行的，利用数学计算软件 MATLAB 采用伽辽金方法进行求解。

当提升系统的速度、加速度及外界的激振力分别为零时，式（4-60）便成为提升系统在某一位置处的固有振动方程，可以计算系统模型的横向振动固有特征值。由振动方程的近似解函数式（4-59）可知，近似解采用不同的阶数，计算结果的精度是不同的，针对系统模型分别对不同的长度 l 和近似解采用不同的阶数，计算得到的前五阶的固有振动频率分别见表 4-2 ~ 表 4-4。同时利用相对已经成熟的有限元方法来检验模型及其计算结果的正确性：利用有限元方法建立图 4-6 中的有限元计算模型，其中钢丝绳处理为柔索单元，提升容器处理为集中质量单元，对有限元模型进行横向模态分析。有限元计算的结果分别见表 4-2 ~ 表 4-4 的最后一列。表中的 m、n 分别表示摩擦提升系统横向振动的阶数和近似解函数的阶数。

表 4-2 $l = 640.5\mathrm{m}$ 时提升系统的横向固有振动频率

m	$n=2$	$n=3$	$n=4$	$n=10$	$n=20$	$n=50$	$n=100$	有限元
1	0.4521	0.4429	0.4122	0.4082	0.4051	0.4044	0.4041	0.4026
2	—	1.0122	0.9855	0.9242	0.8642	0.8124	0.8055	0.8046

（续）

m	$n=2$	$n=3$	$n=4$	$n=10$	$n=20$	$n=50$	$n=100$	有限元
3	—	—	1.4451	1.2511	1.2162	1.2088	1.2064	1.2049
4	—	—	—	2.8945	2.6452	2.4877	2.4421	2.4094
5	—	—	—	—	4.0112	4.4562	4.2444	4.2124

表 4-3　$l=420\mathrm{m}$ 时提升系统的横向固有振动频率

m	$n=2$	$n=3$	$n=4$	$n=10$	$n=20$	$n=50$	$n=100$	有限元
1	1.0124	1.0001	0.9256	0.8547	0.8444	0.8124	0.8041	0.8014
2	—	1.9842	1.8652	1.7421	1.6102	1.6064	11.6022	1.6010
3	—	—	4.04421	2.7811	2.5621	2.4410	2.4044	2.4010
4	—	—	—	5.4480	5.0246	4.9241	4.8247	4.8024
5	—	—	—	7.2245	6.8211	6.4862	6.4042

表 4-4　$l=46\mathrm{m}$ 时提升系统的横向固有振动频率

m	$n=2$	$n=3$	$n=4$	$n=10$	$n=20$	$n=50$	$n=100$	有限元
1	1.2144	1.2017	1.1956	1.1885	1.1788	1.1764	1.7588	1.1755
2	—	12.4081	12.2889	12.2756	12.1421	12.0844	11.9786	11.9761
3	—	—	24.4421	24.2511	24.1169	24.1056	24.0422	24.0252
4	—	—	—	46.4444	46.4401	46.2910	46.2444	46.2224
5	—	—	—	49.4211	48.9886	48.7012	48.6424

　　对比表 4-2 ~ 表 4-4 中 JKM4.5×6（Ⅳ）摩擦式提升机横向固有振动频率的数值解和有限元解，可知利用数值计算方法（伽辽金法）得到的结果收敛于有限元解，且具有比较高的求解精度，这表明，用本文的方法构建的提升系统的横向振动数学模型是正确的。

　　提升系统前五阶固有振动频率与钢丝绳长度之间的关系如图 4-27 所示。

　　提升位移、速度、加速度、加速度越度分别如图 4-28 ~ 图 4-31 所示。

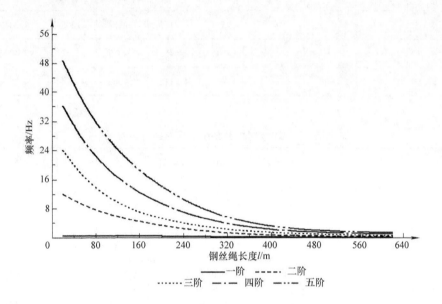

图 4-27　提升系统前五阶固有振动频率与钢丝绳长度之间的关系

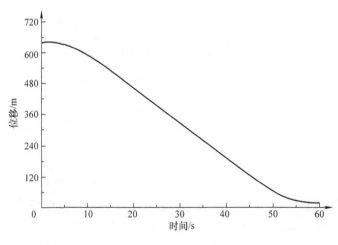

图 4-28　提升位移

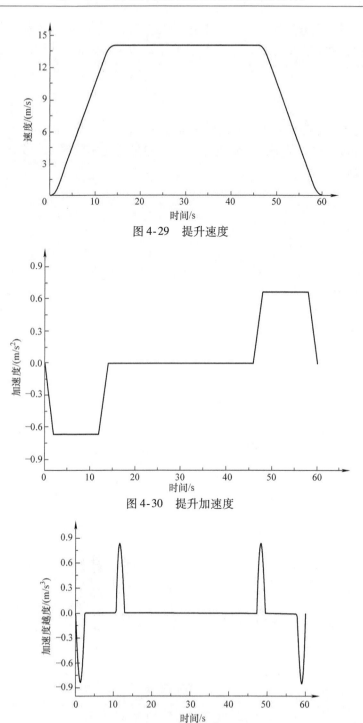

图 4-29　提升速度

图 4-30　提升加速度

图 4-31　提升加速度越度

提升容器在提升过程中，提升罐道的制造安装误差、变形及接头处的误差是产生其横向振动的主要原因。在计算过程中，假定罐道的变形按照正弦规律变化，将罐道对提升容器的约束处理为一个按照正弦规律变化的激振力，即

$$F(t) = k_e \left| \sin \frac{\pi [640.5 - l(t)]}{l_0} \right| \qquad (4-76)$$

式中，l_0 为单根罐道的长度，这里设 $l_0 = 25\text{m}$。

在提升过程中，系统的振动能量、振动能量变化率与时间的关系如图 4-32 和图 4-33 所示。

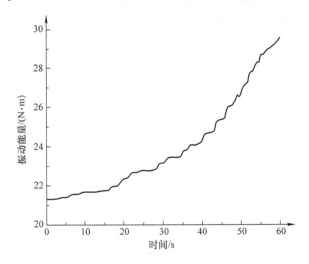

图 4-32　提升系统的振动能量

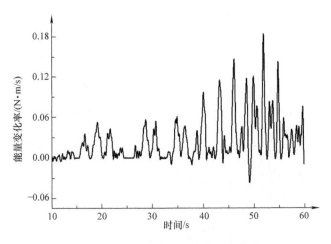

图 4-33　提升系统的振动能量变化率

　　提升容器（质点）的横向振动位移和横向振动速度分别如图 4-34 和图 4-35 所示；图 4-36 和图 4-37 则显示了距离提升容器 15m 处钢丝绳的横向振动位移和横向振动速度变化情况。

　　由计算结果可知，无论是从振动能量、振动能量变化率还是从振动位移和振动速度来看，提升容器和钢丝绳的横向振动同钢丝绳的长度有着密切的关系，越接近其提升极限其横向振动越明显；另外，振动还同钢丝绳的当量刚度、提升速度等因素有关系。

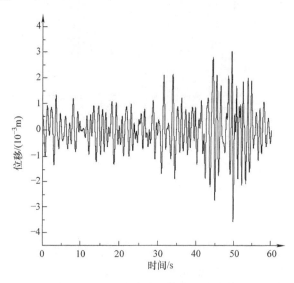

图 4-34　提升容器的横向振动位移

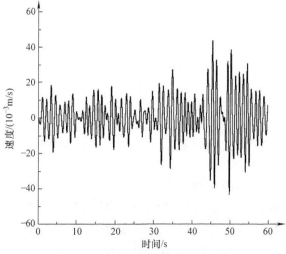

图 4-35　提升容器的横向振动速度

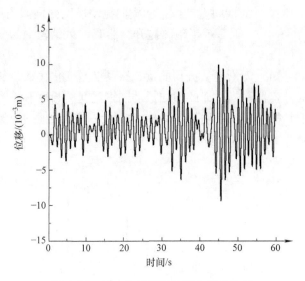

图 4-36　15m 处钢丝绳的横向振动位移

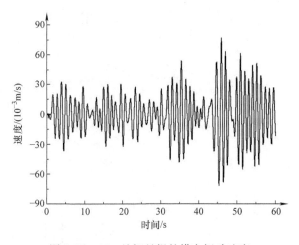

图 4-37　15m 处钢丝绳的横向振动速度

　　提升容器的振动同提升机的乘坐舒适性和运行的安全平稳性有着直接的关系。探讨影响横向振动同影响因素的关系，对找到抑制振动方法、改善提升机运行平稳性具有重要的理论和指导意义。

　　本文分别从提升钢丝绳的线密度、罐道刚度、提升容器质量、提升速度 4 个方面，从振动能量的角度对以上影响因素的影响程度进行分析。

　　图 4-38 ~ 图 4-41 分别给出了在工程应用范围内，在同等条件下，不同的提升钢丝绳的线密度、罐道刚度、提升容器质量、提升速度与系统振动能量的

关系。

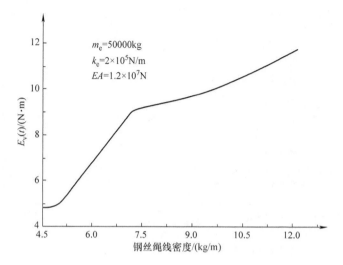

图 4-38 钢丝绳的线密度与系统振动能量的关系

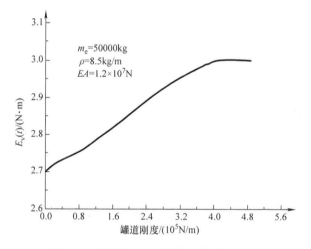

图 4-39 罐道刚度与系统振动能量的关系

分析以上结果可知：

1）由图 4-38 可知：在钢丝绳常用的线密度值范围内，随着钢丝绳线密度的增加，系统的振动能量有增加的趋势，且变化明显。这说明在满足使用能力的基础上尽量选用线密度小的钢丝绳，能够有效地减小系统的横向振动。

2）由图 4-39 可知：随着罐道刚度的增加，系统的振动能量有增加的趋势，但是相对增加的趋势并不明显，这说明罐道刚度对系统的横向振动影响较小，通过改变罐道刚度的方法来改善提升系统的振动效果不明显。

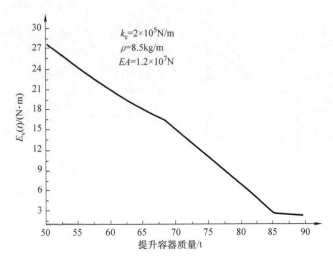

图 4-40　提升容器质量与系统振动能量的关系

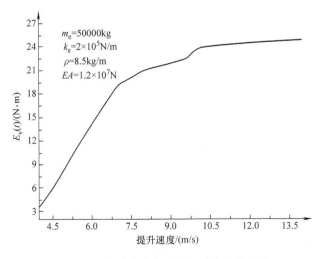

图 4-41　提升速度与系统振动能量的关系

3）由图 4-40 可知：随着提升容器质量（包括自重和载重）的增加，系统振动能量有减小的趋势，且其影响比前两者都要更大；随着提升质量的增加，系统的振动显著减小，这与提升机的实际运行情况相符：提升质量越小，越容易发生明显的振动。

4）由图 4-41 可知：系统振动能量与提升速度有着密切的关系，随着提升速度的增加，振动能量有明显增加，速度越大产生的振动越明显。在设计高速提升机时需要考虑由于速度而产生的振动，从而把提升速度控制在合理的范围之内。

4.4　摩擦式提升机的摩擦传动动力学模型

摩擦式提升机利用提升钢丝绳与摩擦衬垫之间的摩擦力来传递动力，摩擦式提升机在工作过程中保证足够摩擦力的能力称为摩擦式提升机的提升能力。在各种工况下，摩擦式提升机提升能力的满足是摩擦式提升机安全运行的基础。当提升能力不能被满足时，在摩擦轮两侧钢丝绳张力差的作用下，钢丝绳就会产生打滑现象，发生跑车事故。钢丝绳打滑是摩擦式提升机最重要的失效形式，国内已经发生过多次严重的打滑跑车事故，造成了重大的经济损失和人员伤亡。摩擦式提升机的提升能力、钢丝绳打滑、钢丝绳在非正常工作状态下的张力都与摩擦式提升机的摩擦传动特性有着紧密的联系。对摩擦式提升机的摩擦传动特性的研究，对于保证摩擦式提升机的安全运行具有重要的理论意义和工程使用价值。

迄今有关摩擦式提升机提升能力的研究大多为依据欧拉公式下的静态分析，大多数的方法没有考虑摩擦式提升机动态工作条件下对其性能的影响，从而导致不同方法下的计算结果出入也较大。期间也有学者采用简化的动力学方法分析摩擦轮两侧的钢丝绳张力，进而对动态条件下的摩擦式提升机的提升能力进行研究，但是由于摩擦式提升机的摩擦接触过程非常复杂，摩擦力对钢丝绳张力的影响、包围角的变化无法在计算模型中得以体现，因此影响了结果的可靠性，分析结果也同工程实际存在较大的差异。由相关的研究资料看，国外对摩擦式提升机的摩擦传动特性进行研究的较少，国内还没有相关的研究资料。其原因主要是传统的计算方法在构建摩擦式提升机的摩擦接触传动模型时，存在着较大的困难。

本节在综合考虑钢丝绳的柔性体效应、钢丝绳与摩擦轮之间的动态接触、摩擦轮转速、摩擦系数等工作状态条件的基础上，构建了摩擦式提升机的摩擦传动性能分析模型，并通过具体的算例对摩擦式提升机的摩擦传动动态性能进行了研究。本节的主要内容有：首先在绝对节点坐标方程的基础上，通过引入修正参数，建立了提升钢丝绳的多体动力学计算模型；采用修正后的摩擦接触模型建立了提升钢丝绳与摩擦轮的摩擦接触模型；将钢丝绳与摩擦轮刚性结构摩擦接触作为动力学方程的边界条件，有效地模拟了钢丝绳与摩擦轮的摩擦接触情况，获得了摩擦式提升机的摩擦传动动力学模型，并通过一个具体的算例对摩擦式提升机的摩擦传动特性进行了研究。

4.4.1　平面梁单元的绝对节点坐标方程

在绝对节点坐标方程中，节点的坐标包含着节点在总体坐标系中的变形以及节点斜率的变化。描述二维梁单元的变形的函数是一个关于空间坐标值 x、y 的三阶插值多项式。平面梁单元中任意一点变形前后的绝对节点坐标系在总体坐标系中的位置矢量如图 4-42 所示。

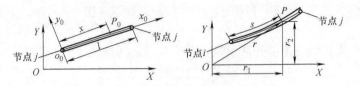

图 4-42　绝对节点坐标系中梁变形前后

图 4-42 中 r 为该梁中轴线上任意点 P 关于节点坐标系的坐标列阵，用型函数可表示为

$$r = \begin{pmatrix} r_1 \\ r_2 \end{pmatrix} = \begin{pmatrix} a_0 + a_1x + a_2y + a_3xy + a_4x^2 + a_5x^3 \\ b_0 + b_1x + b_2y + b_3xy + b_4x^2 + b_5x^3 \end{pmatrix} = S(x,y)e \quad (4\text{-}77)$$

式中，r_1、r_2 为关于总体坐标系 XOY 的绝对位移；S 为梁单元的型函数矩阵；x、y 为单元在局部坐标系 $x_0y_0o_0$ 中的位置；e 为单元节点坐标列阵。由式（4-77）可知，共有 12 个待定的系数。相应的梁单元每个节点（i，j）有 6 个自由度，节点 i、j 的节点坐标可以分别表示为

$$
\begin{aligned}
e_i &= \left(r_i^{\mathrm{T}} \ \frac{\partial r_i^{\mathrm{T}}}{\partial x} \ \frac{\partial r_i^{\mathrm{T}}}{\partial y} \right)^{\mathrm{T}} \\
e_j &= \left(r_j^{\mathrm{T}} \ \frac{\partial r_i^{\mathrm{T}}}{\partial x} \ \frac{\partial r_j^{\mathrm{T}}}{\partial y} \right)^{\mathrm{T}}
\end{aligned}
\quad (4\text{-}78)
$$

式中，r_i、r_j 分别表示节点 i、j 在总体坐标系中的位置矢量；$\partial r_i^{\mathrm{T}}/\partial x$ 表示节点 i 的斜率；$\partial r_j^{\mathrm{T}}/\partial y$ 表示节点 j 的斜率。

则整个梁单元的单元节点坐标方向矢量定义为

$$
\begin{aligned}
e^n &= (e_1 \ e_2 \ e_3 \ e_4 \ e_5 \ e_6 \ e_7 \ e_8 \ e_9 \ e_{10} \ e_{11} \ e_{12}) \\
&= \left(r_i^{\mathrm{T}} \ \frac{\partial r_i^{\mathrm{T}}}{\partial x} \ \frac{\partial r_i^{\mathrm{T}}}{\partial y} \ r_j^{\mathrm{T}} \ \frac{\partial r_j^{\mathrm{T}}}{\partial x} \ \frac{\partial r_j^{\mathrm{T}}}{\partial y} \right)^{\mathrm{T}}
\end{aligned}
\quad (4\text{-}79)
$$

节点位移为

$$
\begin{aligned}
e_1 &= r_1 \big|_{x=0}, \quad e_2 = r_2 \big|_{x=0}, \\
e_7 &= r_1 \big|_{x=l}, \quad e_8 = r_2 \big|_{x=l}
\end{aligned}
\quad (4\text{-}80)
$$

节点斜率为

$$
\begin{aligned}
e_3 &= \frac{\partial r_1}{\partial x} \bigg|_{x=0}, e_4 = \frac{\partial r_2}{\partial x} \bigg|_{x=0}, e_5 = \frac{\partial r_1}{\partial y} \bigg|_{x=0}, e_6 = \frac{\partial r_2}{\partial y} \bigg|_{x=0}, \\
e_9 &= \frac{\partial r_1}{\partial x} \bigg|_{x=l}, e_{10} = \frac{\partial r_2}{\partial x} \bigg|_{x=l}, e_{11} = \frac{\partial r_1}{\partial y} \bigg|_{x=l}, e_{12} = \frac{\partial r_2}{\partial y} \bigg|_{x=l}
\end{aligned}
\quad (4\text{-}81)
$$

则对于整个梁 AB，单元坐标系中的方向矢量可以表示为

$$e = (e^{A^T} \quad e^{B^T}) \tag{4-82}$$

式中，A、B 分别表示单元的第一个和第二个节点。

在梁单元的局部坐标系中，节点 i、j 的位置矢量为

$$r_i = \begin{pmatrix} x = 0 \\ y = 0 \end{pmatrix}, \quad r_j = \begin{pmatrix} x = l \\ y = 0 \end{pmatrix} \tag{4-83}$$

利用单元的绝对节点坐标表示的梁单元的等参单元型函数可以表示为

$$S = \begin{pmatrix} S_1 & 0 & S_2 l & 0 & S_3 l & 0 & S_4 & 0 & S_5 l & 0 & S_6 l & 0 \\ 0 & S_1 & 0 & S_2 l & 0 & S_3 l & 0 & S_4 & 0 & S_5 l & 0 & S_6 l \end{pmatrix} \tag{4-84}$$

其中

$$S_1 = 1 - 4\xi^2 + 2\xi^4, \ S_2 = \xi - 2\eta^2 + \xi^4, S_3 = \eta - \xi\eta,$$
$$S_4 = 4\xi^2 - 2\xi^4, \ S_5 = -\xi^2 + l\xi^4, S_6 = \xi\eta$$

式中，$\xi = \dfrac{x}{l}$；$\eta = \dfrac{y}{l}$；l 为梁单元的长度。

单元的应变可以利用单元的变形梯度得到。假定单元的最初的局部坐标同总体坐标一致，根据非线性理论，则单元的梯度可以表示为

$$J = \frac{\partial r}{\partial X} = \frac{\partial}{\partial x} \frac{\partial x}{\partial X} = \begin{pmatrix} \dfrac{\partial r_1}{\partial x} & \dfrac{\partial r_1}{\partial y} \\ \dfrac{\partial r_2}{\partial x} & \dfrac{\partial r_2}{\partial y} \end{pmatrix} J_0^{-1} = \begin{pmatrix} S_{1x}e & S_{1y}e \\ S_{2x}e & S_{2y}e \end{pmatrix} J_0^{-1} \tag{4-85}$$

其中

$$S_{ix} = \frac{\partial S_i}{\partial x}, \ S_{iy} = \frac{\partial S_i}{\partial y},$$
$$J_0 = \frac{\partial X}{\partial x}, \ X = Se_0 \tag{4-86}$$

式中，e_0 为在总体坐标系中的初始构型矢量。

格林 - 拉格朗日应变（Green - Lagrange Strain）张量可以表示为

$$\boldsymbol{\varepsilon}_m = \frac{1}{2}(J^T - J - I) = \frac{1}{2}\begin{pmatrix} e^T S_a e - 1 & e^T S_c e \\ e^T S_c e & e^T S_b e - 1 \end{pmatrix} \tag{4-87}$$

式中，I 为单位矩阵。

$$S_a = S_{1x}^T S_{1x} + S_{2x}^T S_{2x}, \ S_b = S_{1y}^T S_{1y} + S_{2y}^T S_{2y}, S_c = S_{1x}^T S_{1y} + S_{2x}^T S_{2y} \tag{4-88}$$

应变张量是个对称阵，应变矢量可以根据应变张量写成矩阵的形式

$$\boldsymbol{\varepsilon} = (\varepsilon_1 \ \varepsilon_2 \ \varepsilon_3)^T \tag{4-89}$$

其中

$$\varepsilon_1 = \varepsilon_{xx} = \frac{1}{2}(e^T S_a e - 1), \ \varepsilon_2 = \varepsilon_{yy} = \frac{1}{2}(e^T S_b e - 1), \varepsilon_3 = \varepsilon_{yy} = \frac{1}{2}e^T S_c e$$

则单元的应变能可以表示为

$$U = \frac{1}{2} \int_V \boldsymbol{\varepsilon}^{\mathrm{T}} E \boldsymbol{\varepsilon} \mathrm{d}V \qquad (4\text{-}90)$$

式中，E 为关于材料的弹性常数矩阵。

$$E = \begin{pmatrix} \lambda + 2\mu & \lambda & 0 \\ \lambda & \lambda + 2\mu & 0 \\ 0 & 0 & 2\mu \end{pmatrix}$$

$$\lambda = \frac{EV}{[(1+\nu)(1-2\nu)]}, \mu = \frac{E}{[2(1+\nu)]}$$

式中，E 为材料的弹性模量，ν 为材料的泊松比。

由于单元边是直边，单元的应变分量 ε_1、ε_2、ε_3 有可能会引起伪切应力，即剪力自锁现象。所谓剪力自锁，就是对单元挠度和转角独立插值，精确积分时，不能保证与型函数有关的刚度矩阵奇异，导致方程只有零解。为了避免此种情况的发生，必须对单元的型函数做相应的变化。因为钢丝绳主要受到的载荷为轴向拉力，在大多数情况下，钢丝绳的挠度变形相对轴向变形要小得多。根据欧拉－伯努力梁单元假设，由于不考虑剪切变形，忽略剪切效应，可以认为变形时梁的横截面仍保持为平面且与中轴线垂直。假设的平面梁上任意一点在总体坐标系中的位置矢量由式（4-91）表示。

$$\boldsymbol{r} = \begin{pmatrix} \boldsymbol{r}_1 \\ \boldsymbol{r}_2 \end{pmatrix} = \begin{pmatrix} a_0 + a_1 x + a_2 x^2 + a_3 x^3 \\ b_0 + b_1 x + b_2 x^2 + b_3 x^3 \end{pmatrix} = S(x, y,) \boldsymbol{e} \qquad (4\text{-}91)$$

这时梁单元的每个节点包含有四个节点坐标，$\boldsymbol{e}$ 为节点坐标列阵。

$$\boldsymbol{e} = (\boldsymbol{e}_1 \ \boldsymbol{e}_2 \ \boldsymbol{e}_3 \ \boldsymbol{e}_4 \ \boldsymbol{e}_5 \ \boldsymbol{e}_6 \ \boldsymbol{e}_7 \ \boldsymbol{e}_8)^{\mathrm{T}} \qquad (4\text{-}92)$$

$$\boldsymbol{e}_i = \left(\boldsymbol{r}_i^{\mathrm{T}} \frac{\partial \boldsymbol{r}_i^{\mathrm{T}}}{\partial x} \right)^{\mathrm{T}} \qquad (4\text{-}93)$$

则节点的绝对位移为

$$\boldsymbol{e}_1 = \boldsymbol{r}_1 |_{x=0}, \ \boldsymbol{e}_2 = \boldsymbol{r}_2 |_{x=0}, \qquad (4\text{-}94)$$

$$\boldsymbol{e}_5 = \boldsymbol{r}_1 |_{x=l}, \ \boldsymbol{e}_6 = \boldsymbol{r}_2 |_{x=l}$$

节点斜率为

$$\boldsymbol{e}_3 = \frac{\partial \boldsymbol{r}_1}{\partial x} \bigg|_{x=0}, \ \boldsymbol{e}_4 = \frac{\partial \boldsymbol{r}_2}{\partial x} \bigg|_{x=0},$$

$$\boldsymbol{e}_7 = \frac{\partial \boldsymbol{r}_1}{\partial x} \bigg|_{x=l}, \ \boldsymbol{e}_8 = \frac{\partial \boldsymbol{r}_2}{\partial x} \bigg|_{x=l} \qquad (4\text{-}95)$$

等参单元的型函数 S 为

$$S = \begin{pmatrix} S_1 & 0 & S_2 l & 0 & S_3 & 0 & S_4 l & 0 \\ 0 & S_1 & 0 & S_2 l & 0 & S_3 & 0 & S_4 l \end{pmatrix} \qquad (4\text{-}96)$$

式中

$$s_1 = 1 - 3\xi^2 + 2\xi^3, s_2 = \xi - 2\xi^2 + \xi^3$$
$$s_3 = 3\xi^2 - 2\xi^3, s_4 = \xi^3 - \xi^2 \tag{4-97}$$

式中，$\xi = \dfrac{x}{l}$，l 为梁单元的长度。

显然在此型函数中斜率及位移的变化是连续的，能满足研究的要求。所以以上型函数可以比较准确地表达结构在节点位置的位移变化。

在绝对节点坐标方程中，利用虚功原理得到系统的外力。

式（4-91）表示单元中任意一点的位置矢量，则其速度矢量可以表示为

$$\dot{\boldsymbol{r}} = S(x)\dot{\boldsymbol{e}} \tag{4-98}$$

由此可以得到单元的动能

$$T = \frac{1}{2}\int_V \rho \dot{\boldsymbol{r}}^{\mathrm{T}}\dot{\boldsymbol{r}}\mathrm{d}V = \frac{1}{2}\dot{\boldsymbol{e}}^{\mathrm{T}}\left(\int_V \rho S^{\mathrm{T}}\mathrm{d}V\right)\dot{\boldsymbol{e}} = \frac{1}{2}\dot{\boldsymbol{e}}^{\mathrm{T}}M_a\dot{\boldsymbol{e}} \tag{4-99}$$

式中，M_a 为单元质量矩阵

$$M_a = \int_V \rho S^{\mathrm{T}}S\mathrm{d}V \tag{4-100}$$

由式（4-100）可知，单元的质量矩阵为常质量对称矩阵。

在本章的研究中只考虑轴向刚度和弯曲刚度，忽略扭转刚度。利用格林应变张量，则梁单元轴向应变为

$$\boldsymbol{\varepsilon}_{xx}^a = \frac{1}{2}\left[\left(\frac{\partial \boldsymbol{r}}{\partial x}\right)^{\mathrm{T}}\frac{\partial \boldsymbol{r}}{\partial x} - 1\right] \tag{4-101}$$

利用欧拉 – 伯努力梁单元型函数得到梁单元轴向变形能为

$$U_1 = \frac{1}{2}\int_0^l EA(\boldsymbol{\varepsilon}_{xx}^a)\mathrm{d}x \tag{4-102}$$

变形后梁中轴线曲线的曲率 k 为

$$k = \frac{|\boldsymbol{r}_x \times \boldsymbol{r}_{xx}|}{|\boldsymbol{r}_x|^3} \tag{4-103}$$

则梁单元的弯曲变形能为

$$U_2 = \frac{1}{2}\int_0^l EIk^2\mathrm{d}x \tag{4-104}$$

则梁单元总的应变能可以表示为

$$U = \frac{1}{2}\int_0^l (EA(\boldsymbol{\varepsilon}_{xx}^a) + EIk^2)\mathrm{d}x \tag{4-105}$$

根据应变能可以得到梁单元弹性力矢量为

$$\boldsymbol{Q}_e = -\left(\frac{\partial U}{\partial \boldsymbol{e}}\right)^{\mathrm{T}} \tag{4-106}$$

在摩擦式提升机的摩擦传动过程中，钢丝绳的动力学行为表现为一个典型的大变形柔性体的运动。由第 2 章的相关理论可知，绝对节点坐标方程由于保留了有限元模型中单元的纵向应变和弹性力的高阶项，所以能够用于分析钢丝绳的摩擦传动动力学行为。不过需要说明的是，对于 Shabana、Omar 等（参考文献 [127]）提出的二维两节点剪变梁单元得到的钢丝绳的柔性多体动力学方程必须做必要的修正才能够用于钢丝绳的动力学分析。这是因为利用 Shabana、Omar 等提出的二维两节点剪变梁单元的绝对节点坐标方程有可能存在剪变自锁的现象；同时，采用梁单元的绝对节点坐标方程获得的钢丝绳模型的刚度有可能同实际的钢丝绳的刚度有较大的出入。因此有必要对钢丝绳的动力学模型做出必要的修正，避免以上问题的产生。

4.4.2　平面梁单元的绝对节点坐标方程的修正

1. 钢丝绳多体动力学模型剪变自锁的修正

Dufva 和 Daniel Garc'ıa – Vallejo（参考文献 [142，144]）等在研究中发现，Shabana、Omar 等提出的二维两节点剪变梁单元的绝对节点坐标方程存在剪变自锁现象，并各自提出了相应的修正措施。所谓剪变自锁，就是在对单元挠度和转角独立插值精确积分时，不能保证与型函数有关的刚度矩阵非奇异，导致方程只有零解。

本文采用 Dufva 等提出的二维两节点剪变梁单元构造摩擦式提升机的钢丝绳动力学模型。Dufva 通过采用更为精确的位移场描述，将梁横截面的变形转动角从弯曲变形和剪切变形两个方面分别进行描述；采用三次插值函数描述梁单元的弯曲曲率；采用线性插值函数描述梁单元的剪切应变，从而解决了梁单元的绝对节点坐标方程中的剪切自锁问题。具体方法如下：

图 4-43 中，XOY 为惯性坐标系，r_c 为梁中线在惯性坐标系中的位置矢量。任取单元上一点 P，点 P 的位置矢量可以表示为

$$r_P = r_c + A_\gamma A_\psi v \qquad (4\text{-}107)$$

式中，A_γ、A_ψ 分别表示剪切变形和梁中线旋转的转换矩阵；v 为点 P 在梁单元横截面上的矢量，可以表示为

$$v = \begin{pmatrix} 0 & y \end{pmatrix}^T \qquad (4\text{-}108)$$

式中，y 表示点 P 在梁单元横截面上的位置。

矩阵 A_γ、A_ψ 用节点坐标可表示为

$$A_\psi = \begin{pmatrix} t_\psi & n_\psi \end{pmatrix} \qquad (4\text{-}109)$$

式（4-109）中的两个矢量可以分别表示为

$$t_\psi = \frac{\partial r_c}{\partial x} \Big/ \left\| \frac{\partial r_c}{\partial x} \right\| \qquad (4\text{-}110)$$

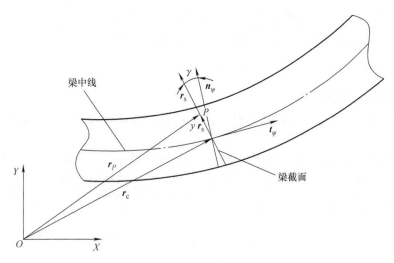

图 4-43　二维梁单元变形图

$$\boldsymbol{n}_{\psi} = \widetilde{I}\boldsymbol{t}_{\psi} \tag{4-111}$$

式中，$\widetilde{I} = \begin{pmatrix} 0 & -1 \\ 1 & 0 \end{pmatrix}$；$\| \cdot \|$ 表示矢量的模。

由于剪应变角 γ 很小，旋转矩阵 A_{γ} 可以写成

$$A_{\gamma} \approx (I + \widetilde{I}\sin\gamma) \tag{4-112}$$

点 P 的位置矢量 $\boldsymbol{r}_P$ 可以表示为

$$\boldsymbol{r}_P = \boldsymbol{r}_c + y\boldsymbol{r}_s \tag{4-113}$$

其中

$$\boldsymbol{r}_c = S\boldsymbol{e}\bigg|_{y = 0} \tag{4-114}$$

$$\boldsymbol{r}_s = (I + \widetilde{I}\sin\gamma)\widetilde{I}\boldsymbol{t}_{\psi} \tag{4-115}$$

式（4-114）中，S 为梁单元的型函数矩阵。

利用混合插值方法，单元轴向的剪变角可以表示为

$$\sin\gamma \approx (\sin\gamma)^I \left(1 - \frac{x}{l}\right) + (\sin\gamma)^J \frac{x}{l} \tag{4-116}$$

梁单元任意点在总体坐标中的位置矢量表示为

$$\boldsymbol{r} = \begin{pmatrix} \boldsymbol{r}_1 \\ \boldsymbol{r}_2 \end{pmatrix} = \begin{pmatrix} a_0 + a_1 x + a_2 y + a_3 xy + a_4 x^2 + a_5 x^3 \\ b_0 + b_1 x + b_2 y + b_3 xy + b_4 x^2 + b_5 x^3 \end{pmatrix} = S(x,y)\boldsymbol{e} \tag{4-117}$$

两节点梁单元等参型函数矩阵 S 可以写成如下形式

$$S = (S_1 I \quad l S_2 I \quad S_3 I \quad S_4 I \quad l S_5 I \quad l S_6 I) \tag{4-118}$$

式中

$$S_1 = 1 - 3\xi^2 + 2\xi^3, S_2 = \xi - 2\eta^2 + \xi^3, S_3 = \eta - \xi\eta,$$
$$S_4 = 3\xi^2 - 2\xi^3, S_5 = -2\xi^2 + \xi^3, S_6 = \xi\eta \tag{4-119}$$

式中，$\xi = \dfrac{x}{l}$；$\eta = \dfrac{y}{l}$；l 为梁单元的长度。

2. 钢丝绳刚度的修正

对钢丝绳动力学模型刚度的修正是采用引入修正参数的方法完成的，方法如下。

假定梁单元在初始位置的方向矢量同惯性坐标平行，应用右柯西 - 格林变形张量定律，格林 - 拉格朗日应力张量 $\boldsymbol{\varepsilon}^m$ 写成矢量矩阵的形式为

$$\boldsymbol{\varepsilon} = (\boldsymbol{\varepsilon}_{xx}^m \quad \boldsymbol{\varepsilon}_{yy}^m \quad 2\boldsymbol{\varepsilon}_{xy}^m)^{\mathrm{T}} \tag{4-120}$$

式中

$$\boldsymbol{\varepsilon}_{xx}^m = \frac{1}{2}\Big(\frac{\partial \boldsymbol{r}^{\mathrm{T}}}{\partial x}\frac{\partial \boldsymbol{r}}{\partial x} - 1\Big) \tag{4-121}$$

$$\boldsymbol{\varepsilon}_{xy}^m = \frac{1}{2}\Big(\frac{\partial \boldsymbol{r}^{\mathrm{T}}}{\partial x}\frac{\partial \boldsymbol{r}}{\partial x}\Big) \tag{4-122}$$

$$\boldsymbol{\varepsilon}_{yy}^m = \Big(1 - \frac{x}{l}\Big)\Big|\frac{\partial \boldsymbol{r}^I}{\partial y}\Big| + \frac{x}{l}\Big|\frac{\partial \boldsymbol{r}^J}{\partial y}\Big| - 1 \tag{4-123}$$

单元应变能表示为

$$U = \frac{1}{2}\int_V (E\boldsymbol{\varepsilon}_{xx}^{m2} + E\boldsymbol{\varepsilon}_{yy}^{m2} + 4k_s G\boldsymbol{\varepsilon}_{xy}^{m2})\mathrm{d}V \tag{4-124}$$

式中，E 为材料的弹性模量；ν 为材料的泊松比；k_s 为剪切修正系数；$G = \dfrac{E}{2(1+\mu)}$ 为材料的剪切模量。

对式 (4-124) 中的 $(\boldsymbol{\varepsilon}_{xx}^m)^2$，$(\boldsymbol{\varepsilon}_{xy}^m)^2$ 做进一步的变换

$$(\boldsymbol{\varepsilon}_{xx}^m)^2 = \frac{1}{4}(\boldsymbol{r}_{c,x}^{\mathrm{T}}\boldsymbol{r}_{c,x} - 1)^2 + (\boldsymbol{r}_{c,x}^{\mathrm{T}}\boldsymbol{r}_{c,x} - 1)(\boldsymbol{r}_{c,x}^{\mathrm{T}}\boldsymbol{r}_{c,s})y +$$
$$\Big[(\boldsymbol{r}_{c,x}^{\mathrm{T}}\boldsymbol{r}_{c,s})^2 + \frac{1}{2}(\boldsymbol{r}_{c,x}^{\mathrm{T}}\boldsymbol{r}_{c,x} - 1)(\boldsymbol{r}_{s,x}^{\mathrm{T}}\boldsymbol{r}_{s,x})\Big]y^2 +$$
$$(\boldsymbol{r}_{c,x}^{\mathrm{T}}\boldsymbol{r}_{s,x})(\boldsymbol{r}_{s,x}^{\mathrm{T}}\boldsymbol{r}_{s,x})y^3 + \frac{1}{4}(\boldsymbol{r}_{s,x}^{\mathrm{T}}\boldsymbol{r}_{s,x})^2 y^4 \tag{4-125}$$

$$(\boldsymbol{\varepsilon}_{xy}^m)^2 = \frac{1}{4}(\boldsymbol{r}_{c,x}^{\mathrm{T}}\boldsymbol{r}_s)^2 + \frac{1}{2}(\boldsymbol{r}_{c,x}^{\mathrm{T}}\boldsymbol{r}_s)(\boldsymbol{r}_{s,x}^{\mathrm{T}}\boldsymbol{r}_s)y + \frac{1}{4}(\boldsymbol{r}_{s,x}^{\mathrm{T}}\boldsymbol{r}_s)^2 y^2 \tag{4-126}$$

式中，$\boldsymbol{r}_{c,x}$、$\boldsymbol{r}_{s,x}$ 分别表示相应矢量对 x 取偏微分。

梁中线的拉伸应变可以表示为

$$\boldsymbol{\varepsilon}_l = \frac{1}{2}(\boldsymbol{r}_{c,x}^{\mathrm{T}}\boldsymbol{r}_{c,x} - 1) \tag{4-127}$$

由式 (4-127) 可以辨别出式 (4-125) 中梁单元中的拉伸的应变项。

为了修正梁单元的刚度，使柔性梁的刚度能够描述钢丝绳的刚度，需要在梁单元的应变能表达式中引入两个系数来修正单元的刚度，从而使得其力学行为同钢丝绳更为接近；同时注意到，由于梁单元的截面是对称的，所以式（4-125）和式（4-126）中关于 y 的幂次数为奇数的项，沿着 y 向进行积分时结果为零。因此式（4-124）中的第1项和第3项积分变为

$$\frac{1}{2}\int_V E(\varepsilon_{xx}^m)^2 \mathrm{d}V = \frac{E}{2}\int_V \left\{ \left[\frac{\alpha_1}{4}(r_{c,x}^T r_{c,x} - 1)^2 \right] + \alpha_2 \left[(r_{c,x}^T r_{c,s})^2 + \frac{1}{2}(r_{c,x}^T r_{c,x} - 1) \right. \right.$$
$$\left. \left. (r_{s,x}^T r_{s,x}) \right] y^2 + \frac{\alpha_2}{4}(r_{s,x}^T r_{s,x})^2 y^4 \right\} \mathrm{d}V \qquad (4\text{-}128)$$

$$\frac{1}{2}\int_V 4k_s G(\varepsilon_{xy}^m)^2 \mathrm{d}V = 2k_s G \int_V \frac{\alpha_2}{4} \left\{ (r_{c,x}^T r_s)^2 + (r_{s,x}^T r_s)^2 y^2 \right\} \mathrm{d}V \qquad (4\text{-}129)$$

在得到单元总的势能后，单元节点弹性力可以表示为

$$Q_e^T = -\frac{\partial U}{\partial e} \qquad (4\text{-}130)$$

式中，Q_e 为单元弹性力矢量矩阵；e 为节点坐标矢量。

4.4.3　钢丝绳与摩擦轮的摩擦接触模型

摩擦式提升机是利用钢丝绳与摩擦衬垫之间的摩擦力来传递动力的。摩擦传动是摩擦式提升机最基本的动态特征，从本质上说，钢丝绳与摩擦轮的摩擦传动是提升钢丝绳与摩擦轮之间的约束与反约束的动态行为。Leamy、Wasfy（参考文献［82］）与 Kerkkänen、García – Vallejo（参考文献［144］）等先后提出了一种利用有限法计算摩擦接触的动力学模型。在这个摩擦接触模型中，他们在接触区域利用大量的有限低阶单元，将力直接加载到单元的节点上。本文对 Leamy 等提出的摩擦接触模型做了必要的修正，应用到摩擦式提升机的摩擦接触模型中。

同 Leamy 等提出的摩擦接触模型相比，本文的绝对节点坐标方程采用了二维高阶单元，所以用相对较少的单元数就能够描述柔性体发生的曲线变形。这样搭载在摩擦轮表面的钢丝绳的接触力就可以看作是沿着单元长度方向分布，利用积分的方法可以得到摩擦轮上相应的接触力的分布情况。

在钢丝绳与摩擦轮发生接触时，钢丝绳主要受到法向接触力及沿着接触位置切向的摩擦力，钢丝绳与摩擦轮的接触模型如图 4-44 所示。与摩擦轮发生接触的绳体处于不断交替变化的过程中，判定接触情况对运算至关重要。

图 4-44 中，将以摩擦轮外径为半径的圆作为接触的约束边界。钢丝绳同摩擦轮发生接触时，接触包含法向的接触以及切向接触。发生接触与否取决于钢丝绳任意一点与接触边界最近的距离，当这个距离 $d > 0$ 时，就认为产生了浸入现

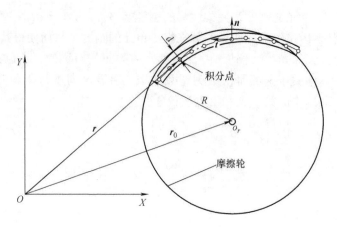

图 4-44　钢丝绳与摩擦轮的接触模型

象，接触产生，当这个距离 $d < 0$ 时，不产生接触。

在动力学方程中引入型函数对接触进行描述，设法向接触力 d 与穿透值 $\dot{d}_t$（d 相对于时间的导数）成比例变化。由于在绝对节点坐标方程中采用的是高阶平面梁单元，所以可以用绝对节点坐标方程描述单元的曲线变形，这样接触力可以描述为沿着单元轴向变化的函数，其中法向接触力的分布可以表示为

$$f_n = \begin{cases} (k_p d + c_p \dot{d})\,\boldsymbol{n}, & d \geqslant 0 \\ 0, & d < 0 \end{cases} \tag{4-131}$$

式中，$\boldsymbol{n}$ 为接触单位法向矢量；k_p、c_p 分别表示接触刚度系数和阻尼系数；d 为钢丝绳上任意一点与接触边界的最近的距离，可以表示为

$$d = R - \sqrt{(\boldsymbol{r} - \boldsymbol{r}_0)^{\mathrm{T}}(\boldsymbol{r} - \boldsymbol{r}_0)} \tag{4-132}$$

式中，R 为摩擦轮的外径（约束半径）；$\boldsymbol{r}$ 为钢丝绳上任意一点在惯性坐标系中的位置矢量；$\boldsymbol{r}_0$ 为摩擦轮圆心在惯性坐标系中的位置矢量。

法向接触矢量 $\boldsymbol{n}$ 可以定义为：

$$\boldsymbol{n} = \frac{\boldsymbol{r} - \boldsymbol{r}_0}{\sqrt{(\boldsymbol{r} - \boldsymbol{r}_0)^{\mathrm{T}}(\boldsymbol{r} - \boldsymbol{r}_0)}} \tag{4-133}$$

摩擦式提升机的摩擦是一种动态的接触摩擦，不可避免地需要考虑钢丝绳的滑动。接触点由滑动状态变为黏合状态时，切向速度突变为零，这时采用库仑摩擦模型（见图 4-45a）计算法向接触力，会造成方程的求解困难。本文采用三线摩擦模型，如图 4-4b 所示，图中 v_s 表示在滑动区域内摩擦力关于切向速度的斜率。三线摩擦模型在避免了库仑摩擦模型的缺陷的同时，也能够更真实地反映提升钢丝绳实际的工作状态，可用于钢丝绳与摩擦轮黏着和滑动状态的研究。

摩擦轮切向摩擦力 f_t 可以表示为

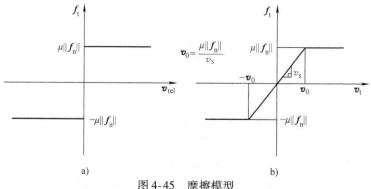

图 4-45　摩擦模型

a) 库仑摩擦模型　b) 三线摩擦模型

$$\boldsymbol{f}_t = -\mu(v(t))\|\boldsymbol{f}_n\|\boldsymbol{t} \tag{4-134}$$

式中，$\mu(v(t))$ 为取决于相对速度切向速度 $v(t)$ 的摩擦系数；$\boldsymbol{t}$ 表示垂直于法矢量 $\boldsymbol{n}$（见图 4-44）的单位矢量，可以表示为

$$\boldsymbol{t} = \widetilde{I}\boldsymbol{n} = \frac{\boldsymbol{v}_t}{\|\boldsymbol{v}_t\|} \tag{4-135}$$

式中，$\widetilde{I} = \begin{pmatrix} 0 & -1 \\ 1 & 0 \end{pmatrix}$。

假定摩擦轮的角速度为 ω，钢丝绳中心线上任意一点相对于摩擦轮的速度为

$$\boldsymbol{v}_t = \boldsymbol{t}^T(\dot{\boldsymbol{r}} - \omega R\boldsymbol{t}) \tag{4-136}$$

钢丝绳上的摩擦力可以表示为

$$\left.\begin{aligned} \boldsymbol{f}_t &= -\mu(v(t))\|\boldsymbol{f}_n\|\boldsymbol{t}, & \|\boldsymbol{v}_t\| > \boldsymbol{v}_0 \\ \boldsymbol{f}_t &= -\|\boldsymbol{v}_t\|v_s\boldsymbol{t}, & \|\boldsymbol{v}_t\| < \boldsymbol{v}_0 \end{aligned}\right\} \tag{4-137}$$

钢丝绳总的接触力可以表示为

$$\boldsymbol{f}_c = \boldsymbol{f}_n + \boldsymbol{f}_t \tag{4-138}$$

在此摩擦模型中，采用绝对节点坐标能够描述钢丝绳大的弯曲变形，同时由于钢丝绳的中心线上没有施加任何阻止滑移的约束，从而使得即使在同一个单元内，不同的位置点的法向接触力和摩擦力也是不同的。正是基于以上的动力学特征，此模型才能够对钢丝绳动态的黏着和滑动接触特性进行研究。

摩擦轮在惯性坐标系中的平衡方程为可以表示为

$$\ddot{\theta}I = T - \sum_{i=1}^{m} \int_0^{L_i} ((R-d)\boldsymbol{n}(-f_t)_i)\,\mathrm{d}x \tag{4-139}$$

式中，I 为摩擦轮的惯性矩；$\ddot{\theta}$ 为摩擦轮的角加速度；m 为搭载在摩擦轮上的单元个数；L_i 为第 i 个单元的单元长度；T 为加载在摩擦轮上的扭转力矩。

利用虚功原理，单元总的摩擦力做的虚功表示为

$$\delta W = \int_0^l \delta \boldsymbol{r}^{\mathrm{T}}(\boldsymbol{f}_{\mathrm{n}} + \boldsymbol{f}_{\mathrm{t}})\,\mathrm{d}x = \delta \boldsymbol{e}^{\mathrm{T}}\int_0^l S_0^T(\boldsymbol{f}_{\mathrm{n}} + \boldsymbol{f}_{\mathrm{t}})\,\mathrm{d}x = \delta \boldsymbol{e}^{\mathrm{T}}\boldsymbol{Q}_{\mathrm{c}} \qquad (4\text{-}140)$$

式中，S_0 为关于钢丝绳中线的单元型函数；$\boldsymbol{Q}_{\mathrm{c}}$ 为单元广义接触力矢量。

单元广义接触力可以表示为

$$\boldsymbol{Q}_{\mathrm{c}} = \int_0^l S_0^T(\boldsymbol{f}_{\mathrm{n}} + \boldsymbol{f}_{\mathrm{t}})\,\mathrm{d}x \qquad (4\text{-}141)$$

由式（4-141）可知，单元的接触力为单元在长度方向上的积分，可以采用高斯求积公式对式（4-141）进行求解，并把求解得到的分布式摩擦力转化为广义摩擦力（节点力）。系统动力学方程由于采用的是绝对节点坐标方程，所以在计算接触的过程中，相对很容易确定钢丝绳单元与摩擦轮发生接触的条件。

4.4.4　摩擦式提升机的摩擦传动动力学方程

图 4-46 所示为带尾绳的摩擦式提升机计算模型。摩擦轮沿着顺时针方向运转，A 为提升上升容器，图中左侧为重载侧；C 为下降容器；摩擦轮的半径为 R_1，在初始状态下，假定尾绳下端沿着半径为 R_2 的圆分布（在这里由于包围角为 $180°$，此时的 $R_1 = R_2$）；以 $O_1 O_2$ 为总体坐标系的 Y 轴，以摩擦轮的圆心作为总体坐标系的原点；l_{AEBFC} 为提升首绳，l_{CDA} 为提升尾绳。

提升容器和下降容器与钢丝绳的约束关系如图 4-47 所示。提升容器分别与提升首绳、提升尾绳端点的节点用旋转副进行连接，同时提升容器与刚性罐道存

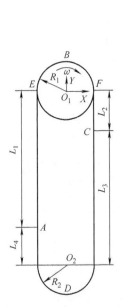

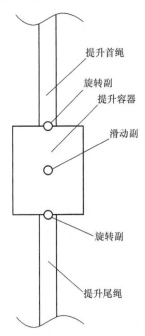

图 4-46　摩擦式提升机计算模型　　　图 4-47　提升容器和下降容器与钢丝绳的约束关系

在一个滑动副，即上升容器沿着直线 $X = R_1$、下降容器沿着直线 $X = -R_1$ 上下运动。为了计算方便，对模型做进一步的简化。将提升容器及下降容器的质量均匀分布于提升首绳首、尾两个单元上，用这两个单元模拟提升容器和下降容器，并分别在这两个单元的节点处施加滑动约束。经过处理后的动力学模型成为一个首尾相连的闭环结构，为求解带来了方便。

可以按照经典有限元法进行单元的组装。在得到系统的弹性力后，当只考虑重力的影响时，得到系统在无约束情况下的运动方程为

$$M_b \ddot{e} = Q_e + Q_k \tag{4-142}$$

式中，M_b 为系统的质量矩阵；$\ddot{e}$ 为节点的加速度矢量；Q_k 为弹性力矩阵；Q_e 为施加于系统的外力矩阵。

在研究中，由于考虑了接触、滑动副等约束，需要建立含有约束条件的提升系统的动力学方程。将约束条件引入无约束运动方程的一种常用的方法就是拉格朗日乘子法，即将约束条件的加速度形式和拉格朗日乘子以增广矩阵的方式加入原来的运动方程中。

在绝对节点坐标法中，多体系统动力学方程中的约束可以表示为关于节点坐标矢量和时间的函数：

$$C(e, t) = 0 \tag{4-143}$$

引入约束条件后系统的动力学方程可以表示为

$$M_b \ddot{e} + \lambda C_e^{\mathrm{T}} = Q_e + Q_k \tag{4-144}$$

式中，C_e^{T} 为关于节点坐标矢量的约束雅可比矩阵；λ 为拉格朗日乘子。

将约束方程式（4-143）对时间做两次微分，得到

$$C_e \ddot{e} = -C_{tt} - 2C_{ct} \dot{e} - (C_e \dot{e})_e \dot{e} = Q_d \tag{4-145}$$

则系统动力学方程写成矩阵的形式为

$$\begin{pmatrix} M & C_e^{\mathrm{T}} \\ C_e & 0 \end{pmatrix} \begin{bmatrix} \ddot{e} \\ \lambda \end{bmatrix} = \begin{pmatrix} Q \\ Q_d \end{pmatrix} \tag{4-146}$$

式中，$Q = Q_e + Q_k$；C_e 表示约束方程对广义坐标的偏导数矩阵。

利用绝对节点坐标方程建立摩擦式提升机的动力学模型时，由于使用的位置矢量都是在惯性坐标系下的节点坐标，描述浸透量、接触法矢量等的接触参数同样都是关于惯性坐标系的参数，这在处理接触边界条件上有着明显的优势。在计算的过程中认为摩擦轮的转动角速度是已知的，将摩擦轮处理为一个半圆形的约束边界，从而不需要考虑摩擦轮的转动惯量。

大多数运动系统都可以简化为由若干刚体和若干柔性体组成的运动系统。当把提升容器考虑成刚体时，系统动力学方程用增广拉格朗日方程表示，写成矩阵的形式为

$$\begin{pmatrix} M_r & 0 & C_{qr}^T \\ 0 & M_e & C_e^T \\ C_{qr} & C_e & 0 \end{pmatrix} \begin{pmatrix} \ddot{q}_r \\ \ddot{e} \\ \lambda \end{pmatrix} = \begin{pmatrix} Q_r \\ Q \\ Q_d \end{pmatrix} \qquad (4\text{-}147)$$

式中，M_r 表示刚体运动的质量子矩阵；M_e 表示关于绝对节点坐标（柔性体）运动的质量子矩阵；C_{qr} 表示刚体的约束矢量矩阵。

4.4.5　摩擦式提升机的摩擦传动动力学方程求解

以 MATLAB 作为计算工具，对提升机的摩擦传动数学模型进行求解，求解程序如图 4-48 所示。动力学方程式（4-147）为微分 – 代数方程组（DAES），很难直接求解，一般需要做进一步的变换才能够求解。

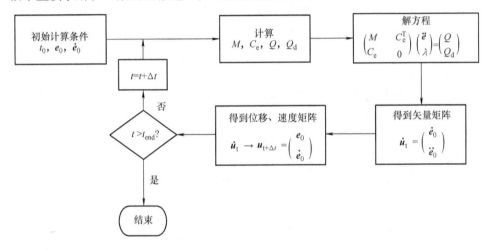

图 4-48　求解程序

许多学者针对式（4-147）此类的非线性微分 – 代数混合方程组的解法进行研究，大量的研究，形成了许多经典的算法。在实际工程中主要有降阶法、直接积分法，广义坐标分离法、约束罚函数法[64]等。

在本文中对方程（4-147）的求解采用基于纽马克的直接积分方法，结合牛顿 – 拉弗森迭代法进行求解：首先采用纽马克直接积分求解每一时刻步的迭代初始值，然后对运动方程及约束方程进行泰勒级数展开，推导出方程的牛顿 – 拉弗森迭代公式，最后对位移及拉格朗日乘子进行修正，保证计算过程中满足约束方程。对于数值积分过程中约束方程的破坏，引用 Blajer 提出的违约修正法进行违约修正以增加数值积分的稳定性。

应用到本文研究的问题，具体步骤如下：

1）在第 $n+1$ 时刻步，计算迭代初始值

$$\begin{pmatrix} \ddot{\boldsymbol{e}}_{n+1}^{(1)} \\ \lambda^{(1)} \end{pmatrix} = \begin{pmatrix} I & C_e^{\mathrm{T}} \\ C_e & 0 \end{pmatrix}^{-1} \begin{pmatrix} Q \\ Q_d \end{pmatrix} \tag{4-148}$$

$$\dot{\boldsymbol{e}}_{n+1}^{(1)} = \dot{\boldsymbol{e}}_n + (1-\gamma)h\ddot{\boldsymbol{e}}_n + \gamma h\ddot{\boldsymbol{e}}_{n+1}^{(1)} \tag{4-149}$$

$$\boldsymbol{e}_{n+1}^{(1)} = \boldsymbol{e}_n + h\dot{\boldsymbol{e}}_n + h^2(1-\beta)\ddot{\boldsymbol{e}}_n + \beta\ddot{\boldsymbol{e}}_{n+1}^{(1)} \tag{4-150}$$

式 (4-149) 和式 (4-150) 中，h 为时间步长；γ、β 为积分系数。

2）利用牛顿 – 拉弗森迭代法修正位移及拉格朗日乘子，式 (4-146) 改写为

$$\Phi(\boldsymbol{e}) + C_e^{\mathrm{T}}\lambda = 0 \tag{4-151}$$

其中

$$\Phi(\boldsymbol{e}) = M_b\ddot{\boldsymbol{e}} - Q_e - Q_k$$

在上一步中迭代值 $(\boldsymbol{e}_{n+1}^{(m)},\ \lambda^{(m)})$ 的附近，对式 (4-147) 作泰勒级数展开

$$[\Phi(\boldsymbol{e}) - C_e^{\mathrm{T}}\lambda](\boldsymbol{e}_{n+1}^{(m)},\lambda^m) + \left(\frac{\partial\Phi}{\partial\boldsymbol{e}} - \frac{\partial(C_e^{\mathrm{T}}\lambda)}{\partial\boldsymbol{e}}\right)\Bigg|_{(\boldsymbol{e}_{n+1}^{(m)},\lambda^m)}\Delta\boldsymbol{e} - C_e^{\mathrm{T}}\Bigg|_{\boldsymbol{e}_{n+1}^{(m)}}\Delta\lambda = 0 \tag{4-152}$$

$$C\Bigg|_{\boldsymbol{e}_{n+1}^{(m)}} + C_e\Bigg|_{\boldsymbol{e}_{n+1}^{(m)}}\Delta q = 0 \tag{4-153}$$

将式 (4-152) 和式 (4-153) 联立得到下一步的迭代值

$$\begin{pmatrix} \boldsymbol{e}_{n+1}^{(m+1)} \\ \lambda^{(m+1)} \end{pmatrix} = \begin{pmatrix} \boldsymbol{e}_{n+1}^{(m)} \\ \lambda^{(m)} \end{pmatrix} + \begin{pmatrix} \dfrac{\partial\Phi}{\partial\boldsymbol{e}} - \dfrac{\partial(C_e^{\mathrm{T}}\lambda)}{\partial\boldsymbol{e}} & -C_e^{\mathrm{T}} \\ -C_e & 0 \end{pmatrix}^{-1}\Bigg|_{(\boldsymbol{e}_{n+1}^{(m)},\lambda^m)}$$

$$\begin{pmatrix} -\Phi(\boldsymbol{e}) + C_e^{\mathrm{T}}\lambda \\ C \end{pmatrix}\Bigg|_{(\boldsymbol{e}_{n+1}^{(m)},\lambda^m)} \tag{4-154}$$

采用上面的方法，反复迭代计算，直至满足收敛条件

$$\begin{cases} \left\| [\Phi(\boldsymbol{e}) - C_e^{\mathrm{T}}\lambda]_{\boldsymbol{e}_{n+1}^{(m)},\lambda^m} \right\| < \delta \\ \|C\| \leqslant \delta_c \end{cases} \tag{4-155}$$

3）计算速度和加速度

$$\dot{\boldsymbol{e}}_{n+1} = \frac{\gamma}{\beta h}(\boldsymbol{e}_{n+1} - \boldsymbol{e}_n) + \left(1 - \frac{\gamma}{\beta}\right)\dot{\boldsymbol{e}}_n + \left(1 - \frac{\gamma}{2\beta}\right)h\ddot{\boldsymbol{e}}_n \tag{4-156}$$

$$\ddot{\boldsymbol{e}}_{n+1} = \frac{1}{\beta h^2}(\boldsymbol{e}_{n+1} - \boldsymbol{e}_n) - \frac{1}{\beta h}\dot{\boldsymbol{e}}_n - \left(\frac{1}{2\beta} - 1\right)\ddot{\boldsymbol{e}}_n \tag{4-157}$$

4）若 $t \geqslant T$（计算的时间终点），则计算结束，否则进行新一轮的迭代计算。

5）运算结束。

式 (4-154) 中只包含约束方程对时间的两次导数项，由于截断误差，q 的数值解会破坏低阶约束方程，应用 Blajer 方法对广义坐标列阵和广义速度进行违

约修正。

首先，对广义坐标列阵 e 进行修正

$$\Delta e = - M_{\mathrm{b}}^{-1} C_e^{\mathrm{T}} (C_e M_{\mathrm{b}}^{-1} C_e^{\mathrm{T}})^{-1} C \qquad (4\text{-}158)$$

一般需要几次迭代，修正后的广义坐标列阵 $e' = e + \Delta e$ 能够满足约束方程。

其次，对广义速度 $\dot{e}' = \dot{e} + \Delta \dot{e}$ 进行修正

$$\dot{e}' = \dot{e} + \Delta \dot{e} \qquad (4\text{-}159)$$

$$\Delta \dot{e} = - M_{\mathrm{b}}^{-1} C_{e'}^{\mathrm{T}} (C_{e'} M_{\mathrm{b}}^{-1} C_{e'}^{\mathrm{T}})^{-1} C_{e'} \dot{e} \qquad (4\text{-}160)$$

做出修正后

$$C_{e'} \dot{q}' = C_{e'} (\dot{e} + \Delta \dot{e}) = C_{q'} \dot{q} - C_{q'} M_{\mathrm{b}}^{-1} C_{e'}^{\mathrm{T}} (C_{e'} M_{\mathrm{b}}^{-1} C_{e'}^{\mathrm{T}})^{-1} C_{e'} \dot{e} = C_{q'} \dot{q} - C_{q'} \dot{q} = 0$$

$$(4\text{-}161)$$

4.4.6　JKM4.5×6（Ⅳ）摩擦式提升机的摩擦传动仿真分析

1. JKM4.5×6（Ⅳ）摩擦式提升机的仿真参数及条件

本节以 JKM4.5×6（Ⅳ）井塔式多绳提升机为研究对象。主要参数为：$m_1 = 90\mathrm{t}$；$m_2 = 50\mathrm{t}$；摩擦轮直径为 $4.5\mathrm{m}$；各段初始长度分别为 $l_{10} = 640.5\mathrm{m}$；$l_{20} = 25\mathrm{m}$，$l_{30} = 30\mathrm{m}$，$l_{40} = 650.5\mathrm{m}$；提升首绳钢丝绳根数 $n = 6$，单根钢丝绳密度 $\rho = 8.58\mathrm{kg/m}$，单根钢丝绳横截面积 $A = 927.5\mathrm{mm}^2$；提升尾绳有两根，按照等重尾绳计算，即两根尾绳的总线密度与 6 根首绳的总线密度相同。假定在提升过程中，6 根提升钢丝绳的张力相同，提升容器与下降容器的计算载荷均取原重量的六分之一，其中首绳划分为 2000 个单元共 2001 个节点，尾绳划分为 1000 个单元共 1001 个节点，共有单元 4000 个，节点 4000 个（首绳、尾绳共用两个节点）；钢丝绳材料的弹性模量 $E = 1.08 \times 10^{11} \mathrm{MPa}$；接触刚度 $k_{\mathrm{p}} = 1 \times 10^{19}$（N/m²）；阻尼系数 $c_{\mathrm{p}} = 1$（Ns/m²）；摩擦系数 $\mu = 0.25$；在滑动区域内摩擦力关于切向速度的斜率 $v_{\mathrm{s}} = 1 \times 10^6$（kg/m·s）；轴线刚度修正系数 $\alpha_1 = 0.9$，弯曲刚度修正系数 $\alpha_2 = 0.01$。

在计算过程中，摩擦式提升机的最大提升速度为 $8\mathrm{m/s}$，即摩擦轮的最大角速度为 $4.555\mathrm{rad/s}$。以顺时针方向旋转为正，前后休止时间为 $5\mathrm{s}$，采用梯形加速曲线，加速和减速阶段均为 $20\mathrm{s}$，匀速提升过程为 $65\mathrm{s}$，整个提升过程运行时间为 $115\mathrm{s}$，提升容器的提升高度为 $649\mathrm{m}$。摩擦轮的角加速度及角速度分别如图 4-49 和图 4-50 所示。

2. JKM4.5×6（Ⅳ）摩擦式提升机的仿真结果及分析

（1）运动特性分析　图 4-51 和图 4-52 分别为提升容器的纵向位移和纵向（Y 向）加速度的变化情况，图 4-53 显示的是在提升过程中，提升容器的纵向速度的变化情况，图 4-54 则给出了距离上、下提升容器 15m 处的钢丝绳横向（X

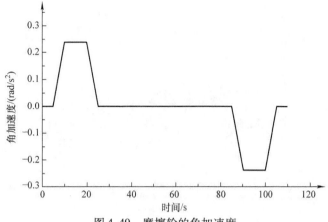

图 4-49　摩擦轮的角加速度

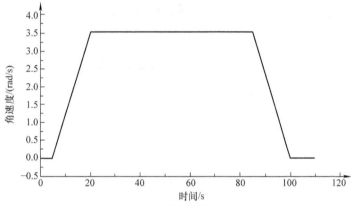

图 4-50　摩擦轮的角速度

向）加速度的变化情况。

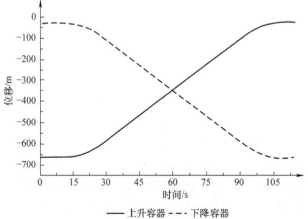

——上升容器 - - - 下降容器

图 4-51　提升容器的纵向位移

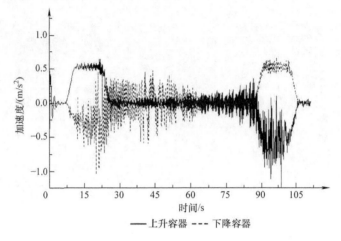

图 4-52　提升容器的纵向加速度

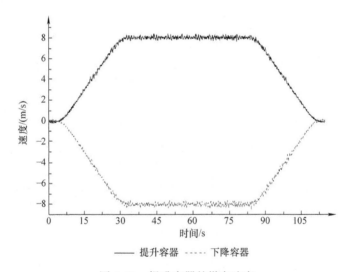

图 4-53　提升容器的纵向速度

图 4-51 所示为提升容器的纵向位移曲线图，结果显示上升容器的位移为 648.56m，相对于理论值要小一些，这是由于考虑了钢丝绳的弹性变形情况；下降容器的位移为 648.88m，两者几乎相同，因为考虑了钢丝绳的弹性伸长，所以下降容器的位移由于钢丝绳的弹性比上升容器要多 0.32m。

由图 4-52 可知，上升容器和下降容器均在加速和减速阶段出现了较大的加速度，在匀速提升过程中，加速度以 0 为中心变化，上升容器与下降容器呈现的加速度变化趋势相反，上升容器的加速度随着时间的增加有变大的趋势，下降容器的加速度则呈现相反的变化趋势，这说明提升容器的加速度同其与摩擦轮之间

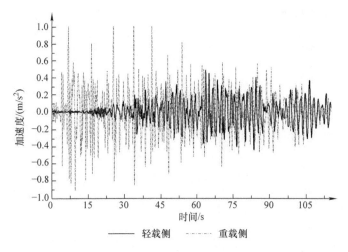

图 4-54　距离容器 15m 处的钢丝绳横向加速度

钢丝绳的长度有着密切的关系，钢丝绳的长度越大，钢丝绳的当量弹性系数越小，提升容器的加速度越小；当钢丝绳的长度变小时，钢丝绳的当量弹性系数变大，提升容器的加速度变大。这同前文得到的结论是一致的，由此说明利用绝对节点坐标方程分析摩擦式提升机的动态特性是切实可行的。

图 4-54 所示为轻重两侧距离提升容器 15m 处的钢丝绳横向（X 向）加速度变化情况。由图可知，钢丝绳在横向的加速度振动同钢丝绳的长度及所受到的载荷有着密切的关系，载荷越大，长度越长，钢丝绳横向的加速度振动越小；当载荷越小，长度越小时，加速度的振动变化趋势相反。这同前文相关的理论计算相吻合，这也从一方面证明了计算方法的正确性。

（2）接触特性分析　摩擦式提升机是利用摩擦力来传递动力的，摩擦轮与提升钢丝绳的摩擦接触状态、接触力的分布状态、轻重两侧钢丝绳的张力这些指标对摩擦式提升机的安全运行有着极为重要的意义。

当钢丝绳的节点与摩擦轮发生接触时，接触力有使绳体的速度减小的趋势，从而钢丝绳的速度相对摩擦轮的线速度要略小一些。另外，当摩擦轮两侧的张力不满足欧拉公式时，会引起钢丝绳相对于摩擦轮的滑动。

钢丝绳与摩擦轮之间的相对速度 $\boldsymbol{v}_r$ 可以表示为

$$\boldsymbol{v}_r = \boldsymbol{v}_e - \boldsymbol{v}_p \tag{4-162}$$

式中，$\boldsymbol{v}_e = S\dot{\boldsymbol{e}}$，表示钢丝绳上任意点的速度矢量；$\boldsymbol{v}_p$ 表示摩擦轮上与钢丝绳相接触的对应点的速度矢量。

图 4-55 所示为加速提升阶段 $t = 5\text{s}$ 时，钢丝绳与摩擦轮的相对速度沿着摩擦轮圆周角分布的情况；图 4-56 所示为不同时刻，钢丝绳与摩擦轮发生接触产

生的接触力的分布情况。

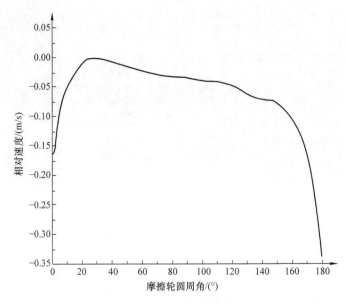

图 4-55　相对速度沿圆周角的分布

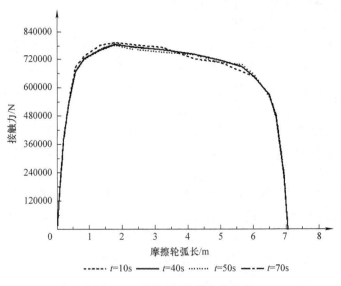

图 4-56　不同时刻接触力的分布

图 4-55 表明，摩擦轮上不同角度的相对速度是不同的，轻载侧的相对速度更大一些；由图 4-56 可知在提升过程中的不同时刻接触力的分布是不同的，相对匀速提升来说，接触力在加速阶段要大一些，在减速阶段要小一些。

（3）钢丝绳张力分析　在提升过程中，提升首绳的张力也是很重要的性能指标。利用柯西应力张量 $\boldsymbol{\sigma}$ 可以求钢丝绳的张力。

由第 2 类 Piola - Kirchhoff（皮奥拉 - 基尔霍夫）应力张量 $\boldsymbol{S}$ 与柯西应力张量的关系可以得到

$$\boldsymbol{\sigma} = \frac{1}{|J|} J \boldsymbol{S} J^{\mathrm{T}} \tag{4-163}$$

式中，J 为位置矢量变形梯度，详见第 2 章的相关内容。

钢丝绳的张力 T 可以表示为

$$T = \boldsymbol{t}^{\mathrm{T}} \boldsymbol{\sigma} \boldsymbol{t} A_d \tag{4-164}$$

式中，A_d 为当前状态下钢丝绳的横截面面积；$\boldsymbol{t}$ 为当前状态下钢丝绳横截面的单位切矢量。

A_d 与最初梁单元的横截面的关系为

$$A_d = A \frac{|J|}{(\boldsymbol{t} J J^{\mathrm{T}} \boldsymbol{t}^{\mathrm{T}})^{0.5}} \tag{4-165}$$

图 4-57 所示为计算得到的钢丝绳（与上升容器连接的节点）的张力随时间变化的情况。

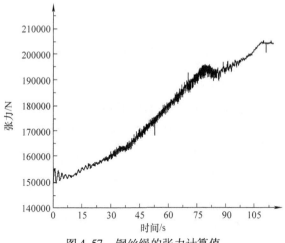

图 4-57　钢丝绳的张力计算值

在提升过程中的任意时刻，钢丝绳首绳不同位置的张力的分布是不同的。以上升容器连接处作为提升首绳长度的原点，在不同时刻提升首绳张力分布与长度的关系如图 4-58 所示，图中张力发生跳跃的位置为搭载在摩擦轮上的钢丝绳的张力。

在提升过程中两侧的钢丝绳的张力差要小于摩擦力才不会发生滑动，即

$$F_{\mathrm{S}} - F_{\mathrm{X}} < F_{\mathrm{X}}(e^{\mu\alpha} - 1) \tag{4-166}$$

方程两边同时除以 F_{X} 得到

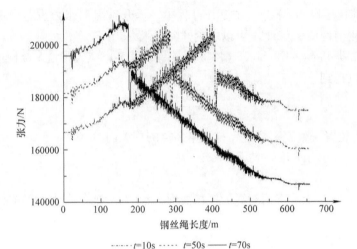

-·-·- $t=10$s　　····· $t=50$s　　——— $t=70$s

图 4-58　不同时刻提升首绳张力分布与长度的关系

$$\frac{F_{\mathrm{S}}}{F_{\mathrm{X}}} - 1 < e^{\mu\alpha} - 1 \tag{4-167}$$

即

$$\frac{F_{\mathrm{S}}}{F_{\mathrm{X}}} < e^{\mu\alpha} \approx 2.19(\mu = 0.25, \alpha = \pi) \tag{4-168}$$

式 (4-168) 表明，当摩擦式提升机摩擦轮钢丝绳的包围角为 180°，钢丝绳与摩擦轮摩擦衬垫之间的摩擦系数为 0.25 时，钢丝绳不产生滑动的必要条件是两侧钢丝绳张力比应小于 2.19。

图 4-59 为摩擦轮两侧钢丝绳张力的比值随时间变化的曲线图，图中 S_a 表示重载侧的提升首绳奔离点的钢丝绳张力，S_b 表示轻载侧的提升首绳奔离点的钢丝绳张力。由计算值可知在本计算工况下钢丝绳不会产生滑动。

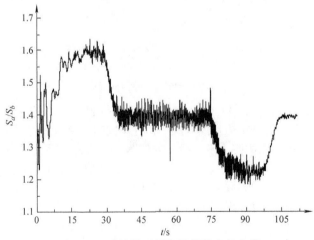

图 4-59　摩擦轮两侧钢丝绳张力的比值

（4）钢丝绳局部运动分析　钢丝绳对摩擦轮的接触是一个不断接触分离的过程，利用此模型可以对钢丝绳的接触分离状态进行研究，如图 4-16 所示。

图 4-60 中点 P 为钢丝绳上任意一点，当钢丝绳与摩擦轮发生接触时，点 P 到摩擦轮中心的距离 d_P 可以作为钢丝绳与摩擦轮是否发生接触的依据。当 $d_P \leqslant R$ 时产生接触；当 $d_P > R$ 时，钢丝绳与摩擦轮分离。由于使用绝对节点坐标很容易描述点 P 在总体坐标系中的位置矢量，结合点 P 在总体坐标系中 X 轴、Y 轴的位置很容易判定在提升过程中钢丝绳的运动状态。

图 4-61 和图 4-62 分别为在不同提升速度下，分离点的 X 轴、Y 轴坐标值，由计算值可知，由不同速度引起的惯性对钢丝绳的分离位置产生了影响。随着速度的增加，分离点呈现向右上偏的现象，即这时钢丝绳的包围角变小。

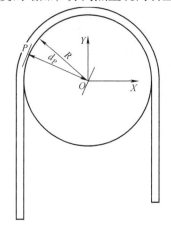

图 4-60　钢丝绳的接触分离示意

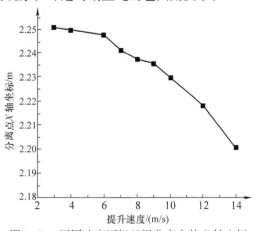

图 4-61　不同速度下钢丝绳分离点的 X 轴坐标

应用此数学模型可以对钢丝绳的滑动进行研究，图 4-63 所示为摩擦系数为 0.25 时，钢丝绳与摩擦轮接触点接触分离的情况。图 4-64 所示为摩擦系数为 0.18 时，钢丝绳产生了滑动的情况。

图 4-63 和图 4-64 表示的是钢丝绳与摩擦轮在接触后各接触点的运动轨迹，由图 4-63 可知在满足摩擦提升能力的情况下，钢丝绳上进入接触的点与摩擦轮相对应的接触点在接触的过程中，运动轨迹几乎是一致的。图 4-64 显示当摩擦

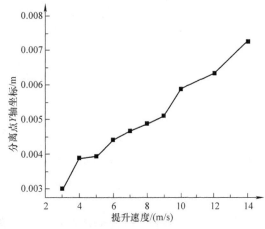

图 4-62　不同速度下钢丝绳分离点的 Y 轴坐标

力不足以满足提升能力时，钢丝绳与摩擦轮上的接触点出现了明显的相对运动，

滑移现象产生。

综上分析可知，本文构建的摩擦式提升机的多点动态摩擦接触模型不但可以分析摩擦式提升机整体钢丝张力的分布，还可以用于不同摩擦系数的情况下，提升钢丝绳局部的动态特性的分析。这对于摩擦式提升机提升能力的计算、预防跑车事故，以及事故原因的分析都有重要的参考价值。

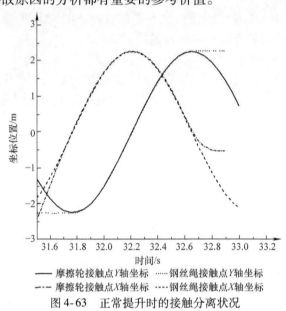

图 4-63　正常提升时的接触分离状况

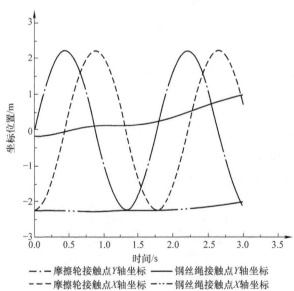

图 4-64　钢丝绳滑动时的接触分离状况

第 5 章　有限元法和虚拟样机技术

计算机数值仿真法，是指在计算机上利用系统的数学模型进行仿真性试验研究的方法，例如设计阶段对未来系统的仿真。它是一种描述性技术，是一种定量分析方法。通过建立某一过程或某一系统的模式，来描述该过程或该系统，然后用一系列有目的、有条件的计算机仿真试验来刻画系统的特征，从而得出数量指标，为决策者提供关于这一过程或系统的定量分析结果，作为决策的理论依据。

数值仿真法采用数字仿真的形式进行虚拟产品的设计开发，仿真模型的参数就是物理样机的设计参数，仿真模型能代替物理样机进行设计参数的测试评估。数值仿真模型的参数修改方便，相比物理样机而言是"软模型"，能轻易地实现原型的多样化，柔性好。利用数值仿真法无需制造实物样机就可以预见和预测产品的性能，节省了物理样机的制造装配时间，减免了成本高昂的物理样机制造过程，降低了成本开发费用，同时减少了盲目实施不合理方案的危险。

其中应用最广泛、理论和方法也最成熟的就是有限元法和虚拟样机技术。

5.1　有限元法

5.1.1　概述

有限元法（Finite Element Method）是一种高效能、常用的数值仿真法。有限元法的起源可追溯到 20 世纪 40 年代，当时 Hremkoff 提出了网格法，即将平面的弹性体看作是杆和梁的组合。1943 年，R. Courant 首次在其论文中定义三角形域上的分片连续函数，同时还利用最小势能的原理来研究 St. Wenant 的扭转问题。从那之后，很多工程技术人员、大批数学学者及专家由于某些问题都研究过有限元法。1954 年联邦德国阿亨大学 J. H. Argiris 教授基于系统最小势能原理，推算出了系统刚度方程，使得矩阵分析法在杆系结构上的应用更加成熟，可以用来分析连续介质。为了更好地发展航空事业，有限元方法也得到了更好的发展，1956 年美国波音公司的 M. J. Turner 和 R. W. Clough 等人在研究大型的飞机结构并对其进行分析时，基于直接刚度法，采用三角形单元求解出平面应力问题，从而开创了利用电子计算机求解复杂弹性平面问题的新局面。有限元法这一名称是 1960 年美国的 R. W. Clough 在一篇名为《平面应力分析的有限元法》的论文中首先使用的。此后，有限元法开始受到工程技术专家的关注。20 世纪 60 年代中后期，数学家开始对有限元法进行研究，从而为有限元的发展奠定夯实的数学基础。1965 年，O. C. Zienkiewicz 和他的同事 Y. K. Ceung 宣布，有限元法能被应用于所有按变分形式来计算的场问题，从此有限元法被推广到更广阔的应用范围。有限元法最先被应用在航空工程领域，后来才被迅速推广到机械、汽车、船舶、建筑等其他工程技术领域，从固体力学领域拓展到流体、振动、电磁场等各学科。从 20 世纪 70 年代开始，伴随着硅谷大容量计算机的出现以及美国国家航空航天局（NASA）的结构分析程序的成功开发，美国三大汽车制造商开始进入一场汽车结构设计革命。自从 20 世纪 80 年代以来，计算机软、硬件的快速发展以及计算方法的革新使有限元模型建立的方法和技术日臻完善，主要体现在有限元模型的单元规模及类型，以及分析对象的拓展。在汽车领域 CAD/CAE（计算机辅助设计/计算机辅助工程）技术中，有限元的分析方法及软件技术占据了一个重要的位置。对汽车的各零部件和整体结构进行仿真和分析，是研究其可靠性及寻求最优设计方案的重要手段。

5.1.2　有限元法的思想

有限元法常应用于流体力学、电磁力学、结构力学的计算中。有限元法最初是为了解决结构计算而被提出来的，并最终成功地应用到工程实践。有限元法在工程领域有着广泛的应用，比如结构力学、结构工程学、宇航工程学、土力学、基础工程学、岩土力学、热传导、流体力学、水利工程学和水源学、核子工程学和电磁学等。

有限元法在工程技术领域依据分析目的的不同可以分为三大类：

（1）静力分析　即求解不随时间变化的系统平衡问题。比如线弹性系统的应力分析，也可以应用在静磁学、静电学、稳态热传导及多孔介质的流体流动的分析上。

（2）模态分析及稳定性分析　其实质是一种平衡问题的推广。通过分析可以确定一些系统的特征值或者临界值，比如自由模态分析，多自由度复模态分析，结构的稳定性分析等。

（3）进行瞬时动态分析　该分析可用于求解一些随时间变化的传播问题。比如弹性连续体的瞬时动态分析，即动力响应、流体力学等。

有限元法以变分里兹法为基础，由于其理论基础雄厚利用数学近似对研究对象进行模拟分析，把较复杂的问题先进行适当简化。将物理系统（求解域）先离散成多个互不重叠但却依靠节点互相连接的单元，物体原来的边界条件也被转变为各个节点上的边界条件，这个简化过程被称作离散化。简化后的离散模型，在每个单元内使用简单函数来分片近似地求解函数，就是把单元节点选作函数插值点，把微分方程中的变量表示为各个变量和其导数的节点值与所选择的插值函数组成的线性组合，此乃有限元法的核心与精髓，而整个求解域上的解函数就由各个单元上的简单近似求解函数组合而成；接着在变分原理或加权残值法的基础之上建立物体的有限元方程，把微分方程转化为以变量和其导数的节点值为未知量的代数方程组，再通过矩阵表示以及计算机求解来得到原物理问题的近似解。

把待求解物体（求解域）离散成单元是有限元分析的基础，采用了差分法的基本思想，同时又做出了相应的改善：差分法对物体进行离散化时，只能将物体进行规则地划分，当遇到复杂机构划分网格时这种方法就暴露出巨大的局限性，而有限元分析中对求解域进行离散化可以不考虑单元是否规则，单元可以大小不一，也可以形状不同，因此有限元法可以对拥有任意不规则形状的复杂系统进行离散化。而分片近似就是有限元分析的精髓，也是区别于加权残值法和里兹法的关键所在。加权残值法和里兹法都是在整个求解域上构造一个近似函数来逼近精确解，如果近似函数与精确解的函数形式在整个求解域上近似时，那么这个近似函数的构造是成功的；相反，如果近似函数在求解域内逼近真实函数时无法达到预定的精度要求，那么这种处理就是不合理的。因此，加权残值法和里兹法只能求解边界条件和函数不复杂的问题。而有限元法与上述两种求解方法不同，它是在单元上选择近似函数，数值计算也是在单元内进行。和整个物体相比，由于单元形状简单，低阶多项式便可很好地逼近单元上的真实解。对于整个物体，只要单个单元的近似函数满足收敛要求，通过有限元分析得到的数值解就收敛于求解域的真实解。

5.1.3　有限元建模

有限元模型必须提供所有需要的信息才能进行有限元计算，而有限元建模就是准备这些信息的过程，构建出一个能通过计算机进行计算的数字模型。该数字模型必须满足两个条件：①其力学性能必须与现实中的实体模型相一致；②该数字模型的可计算性强。有限元建模是有限元分析过程中的重要部分，因为它所给予的信息的好坏直接决定着计算时间的长短、计算结果的正确与否、计算结果文件的大小以及能否进行计算。

1. 建模任务

有限元法的实质就是得到微分方程的数值解，有限元软件是进行计算与分析的通用计算工具，虽然问题各异，分析内容也五花八门，但是有限元分析的过程基本一样。通常将有限元分析过程分为3个阶段：有限元建模、有限元计算、有限元结果显示，也就是有限元软件中指的：前处理、有限元计算、后处理。有限元建模的任务就是提供计算模型。

（1）数学建模　数学建模就是根据实际问题的特性以及物体的结构特点和受力情况，运用力学思维把实际问题分类并简化，构建力学性能与原始模型等价的力学模型，并定义能真实反应实际问题性质的边界条件。力学模型是有限元计算模型的基础，它的准确程度将直接影响着有限元分析结果的准确性。如果将杆问题看作梁问题，将薄板弯曲问题看作平面应力问题，不管接下来的工作做得多么好都将是一无所用，因为数学模型选择错误，问题的性质也就发生改变。数学建模一般是根据计算类型以及操作者的经验进行操作，其中分析要求、材料特性、边界条件等都是要考虑的因素。由于现实问题多种多样，且其外貌形状以及内部结构更是千姿百态，再加上边界条件和受力的多样性，使得准确定义和建立工程问题的力学模型是极其不容易的，它要求分析人员必须具有较强的相关素质、技能和丰富的经验。如果一次有限元分析和实际工程情况不符，则必是分析操作人员对被分析问题的边界条件、受力情况等性质没有把握准确。

（2）区域离散和参数定义　区域离散顾名思义就是把力学模型的求解域按照一定规则进行网格划分，生成所需要的有限元模型的单元和节点信息。参数定义就是定义被分析对象的材料特性、载荷特性以及截面特性等，建立被分析对象的有限元计算模型。若单元划分太少、网格质量降低就会导致分析精度下降甚至使计算不收敛；而单元划分过多，虽然保证了计算精度与收敛性，但是单元节点信息太多、计算量太大，致使计算时间和存储空间过大，对计算机要求高；边界条件处理不当，就会直接产生错误的计算结果。一个合格的有限元计算模型应当既能够满足计算精度要求和工程需要，同时又能充分有效地利用计算机的计算资源。

2. 建模步骤

（1）问题定义　这个过程就是建立研究对象的力学模型，定义相关的有限元模型参数。在进行有限元建模操作之前，需要先对要分析对象的结构类型、材料特性、边界条件以及受力情况进行一定程度地掌握。

1）结构形式。弹性力学中把结构分为：杆梁问题、轴对称问题、薄板弯曲问题、平面问题和空间问题等类型。结构的类型不同，其力学性能千差万别，结构所对应的有限元模型参数也不一样。所以，要依据研究对象的几何外貌、材料特性、边界条件等进行合理分析，做出正确的问题分类。

2）分析类型。有限元分析类型众多，有静力学分析、动力学分析、热分析等单场分析，也有热－结构、热－电－磁等多物理场耦合分析；也可分为弹性分析、塑性分析以及弹塑性分析等。有限元分析的类型不同，其对应的有限元模型（单元类型、网格分布等）也不同。比如：在静力分析中需要选择结构单元，同时要求有限元网格要依据模型中应力的大小与分布采用不同的网格密度；在摩擦生热－结构直接耦合分析中要选择耦合单元，最好使摩擦表面的网格密度比非摩擦表面的网格密度大。

3）计算目的和要求。同一分析对象，其计算目的和要求可以有所差异，相应的计算模型也就有区别。例如：仅仅计算结构变形的对象，可以把其有限元模型的网格划得均匀些，而只要计算应力的对象，其有限元网格应疏密得当；计算大型结构的整体应力水平和局部应力水平的计算要求不同，计算模型也有差异，前者应采用稀疏矩阵抑制规模，后者应采用子结构法或分布计算法来求解局部应力集中问题；对于分析精度要求高的有限元计算，可以使用稠密网格，而对于分析精度要求不高的计算，可使用较稀疏的网格。

（2）几何建模　　几何模型是力学模型求解域的几何表示，是对分析目标的形状和大小的描述。在几何模型的建立过程中应根据具体分析目的和对象的特征，将模型进行适当的简化，以便于进行分析计算。

（3）单元定义　　单元定义就是选择单元类型，根据有限元分析的类型和结构的受力情况进行选择。

（4）单元特性参数定义　　单元特性参数是指单元的截面特征、力学特性和材料特性等，如反映截面特性的惯性矩和截面形状等，表征材料特性的材料密度、导热系数和比热容等，以及表明壳单元几何特性的刚度、厚度等。

（5）网格划分　　网格划分就是把被分析对象的力学模型的求解域进行分割，划分网格时要综合考虑网格的大小、疏密程度和网格质量之间的关系。

（6）边界条件定义　　边界条件表征了被研究对象与所处环境之间的相互作用关系，边界条件的建立一般包括两个步骤：首先是对边界条件进行量化，把边界条件以数字形式施加到模型上，如动态载荷的作用规律、热分析中的对流换热系数和辐射换热系数、压力分布规律等；然后是把量化的边界条件施加在模型的单元或节点上。

（7）求解控制参数定义　　由于一种有限元模型可进行多种类型的分析，而且每一种类型的分析又有不同的计算方法，故要在求解前对求解控制参数进行定义。

5.1.4　有限元常用软件

有限元软件一般包含 3 个部分：前处理部分、有限元分析部分以及后处理部分。常用的有限元软件有：HyperMesh，OptiStruct，ABAQUS，Nastran，ANSYS 等。

5.1.5　ANSYS Workbench 的介绍

ANSYS Workbench 协同仿真环境是一个开放式的 CAE 平台，集成了不同的前后处理器，是一个直观的、便于交互式操作的仿真系统，能方便快捷地对各种工程问题进行分析。

ANSYS Workbench 协同仿真环境作为安世亚太公司开发的一个新的工程分析

平台，集成了 ANSYS 的多个求解器，继承了 ANSYS 软件强大的模拟分析功能，除此之外，ANSYS Workbench 还有以下特点：

基于 Workbench 的仿真环境有三点与传统仿真环境有所不同：

1）客户化：Workbench 像 PDM（产品数据管理）那样，利用与仿真相关的 API（应用程序接口），根据用户的产品研发流程特点开发实施形成仿真环境，而且用户自主开发的 API 与 ANSYS 已有的 API 平等。这一特点也称为"实施性"。

2）集成性：Workbench 把求解器看作一个组件，不论由哪个 CAE 公司提供的求解器都是平等的，在 Workbench 中经过简单开发都可直接调用。

3）参数化：Workbench 与 CAD 系统的关系不同寻常。它不仅直接使用异构 CAD 系统的模型，而且建立了与 CAD 系统灵活的双向参数互动关系。

经典的 ANSYS 软件虽然在有限元模拟上有很强大的功能，但是分析过程烦琐，在几何建模简化和力学建模等前处理方面需要花费很多精力和时间，使用者必须具有较高的相关力学知识以及丰富的分析经验。而在模具的设计过程中，有限元软件作为辅助设计的工具，其使用者一般是模具设计人员，而不是专业的 CAE 分析人员。因此，ANSYS Workbench 能够更方便地进行模具的辅助设计。

ANSYS Workbench Environment（AWE，ANSYS 集成化协同仿真平台）集成了 DesignModele（DM），DesignSimulation（DS），DesignXploer（DX），ANSYSAUTODYN，FE Modeler 等多个模块。

5.1.6　ANSYS Workbench 的分析步骤

1. 模型导入

由于 ANSYS Workbench 与 CAD 软件的无缝连接和相关性，在软件安装时先安装 CAD 软件，再安装 ANSYS Workbench，则会在 CAD 软件的菜单栏的插件中出现 ANSYS Workbench 的接口。在 CAD 软件里完成三维建模后，可以通过软件中的 AWE 接口将当前的零件或装配体模型直接导入到 ANSYS Workbench 中。

2. 材料属性设置

装配体模型导入后，需要定义装配体的各个零件的材料。ANSYS Workbench 有丰富的材料库，对零件材料属性的设置可以直接选择其材料库里已有的材料，也可以在工程数据应用模块（Engineering Data）中编辑材料属性，定义数据库中没有的新材料。

3. 接触对设置

在结构分析中存在很多零件时，需要定义零件之间的相互关系。接触关系能阻止零件之间的穿透，也提供了零件之间载荷传递的方法。

4. 网格划分

ANSYS Workbench 有很强大的网格自动划分功能，能够自动根据实际模型的形状调整网格的大小。用户也可以根据自己的经验选择网格单元类型、划分的方式、网格单元的大小等，还可以对关键区域已经划分的网格进行单元细化。

5. 力的加载和边界条件设置

在 ANSYS Workbench 里可以方便地对有限元模型施加各种载荷和约束，模拟装配体的实际加载情况和外部环境。一般有四类结构载荷可以选择：惯性载荷、结构载荷、结构支撑以及热载荷；惯性载荷如加速度与重力加速度等，作用于整个系统中；结构载荷是作用在系统部分结构上的力或者力矩，利用约束来防止部分范围内的移动；热载荷的加载在结构分析中会导致温度区域生成并且在整个模型上引起热扩散。

6. 结果计算与后处理

完成前处理设置后，用户可以用系统默认的求解器进行求解，也可以自己选择不同的求解器。在后处理中可以得到多种不同的结果，包括应力应变分量、主应力应变、等效应力应变等。

5.2　虚拟样机技术

5.2.1　虚拟样机

虚拟样机（Virtual Prototype）是指利用计算机建立起产品的数字化模型，将物理样机置于虚拟的开发环境中进行试验，并利用计算机技术对一个与物理样机具有功能相似性的系统或者子系统模型进行的基于计算机的仿真，以模拟产品的实际结构及功能，从概念上讲，虚拟样机侧重于产品的数字化模型。

虚拟样机技术是指在产品开发过程中，将分散的零部件设计及分析技术融合到一起，在计算机上构造产品的整体模型，并对该产品在各种实际工况下的工作状态进行预测分析，从而预测产品的性能，其实质就是利用虚拟样机代替物理样机对产品进行创新设计测试和评估，从而达到缩短产品开发周期、降低产品开发成本、改进产品设计质量、提高面向客户与市场需求的能力的目的。从这个意义上讲，我们进行的有限元分析、多体动力学分析都是利用了虚拟样机技术。

虚拟样机技术源于对多体系统的动力学研究，核心是机械系统动力学、运动学和相关的控制理论，它是随着成熟的三维计算机图形技术、基于图形的用户界面技术和相关成熟的市场而成熟起来的。首先在于提供一个友好方便的界面以利于建立多体系统的力学模型，并在系统内部由多体系统力学模型得到动力学数学模型；再者需要有一个优良的求解器对数学模型进行求解，求解器要求效率高、稳定性好，并具有广泛的适应性；最后还需要对求解结果提供丰富的显示查询手段。这其中的关键技术就是自动建模技术和求解器设计，所谓自动建模就是由多体系统力学模型自动生成其动力学数学模型，求解器的设计则必须结合系统的建模，以特定的动力学算法对模型进行求解。

针对工业界产品设计的需要，各国开发了大量的商业通用软件，并在实际工程设计中发挥了巨大的作用。在运动学和动力学特性分析与仿真方面，有美国 MSC/ADAMS、比利时 LMS/DADS、德国 SIMPACK、韩国 RecurDyn 等等，支持多领域物理系统混合建模与仿真成为当今虚拟样机仿真软件的发展方向，如 RecurDyn、MSC/ADAMS 等软件已经在多学科仿真技术方面取得了比较成功的经验。其中 RecurDyn 是最新发展的多学科集成软件，能够将有限元分析，多体计算，系统控制等多学科技术集成在一起，分析机构的运动学和动力学性能，并对机构进行优化。

机械系统动力学分析与仿真主要解决机械系统的运动学、正向动力学、逆向动力学、静平衡 4 种类型的分析与仿真问题。机械系统动力学分析与仿真要经历物理建模、数学建模、问题求解和后处理几个阶段。其中数学建模和问题求解是分析与仿真中最为复杂的过程，但是在通用的动力学仿真软件中，这个过程可以由计算机自动进行，因此通用动力学仿真软件大大推进了多体动力学在实际设计中的应用。

5.2.2　虚拟样机技术的理论基础

1. 多体动力学的发展

多体动力学是虚拟样机技术的理论基础，多体系统动力学的核心问题是建模和求解问题，其系统研究开始于 20 世纪 60 年代。基于多体系统动力学的机械系统动力学分析与仿真技术，随着计算机技术以及计算方法的不断进步，到了 20 世纪 90 年代，在国内外已经成熟并成功地应用于工业界，成为当代进行机械系统设计不可或缺的有力工具之一。工程领域对机械系统的研究主要有两大问题：一个是涉及系统的结构强度分析，由于计算结构力学的理论与计算方法的研究不断深入，加之有限元应用软件的成功开发和应用，这方面的问题已经基本得到解决。另一个是要解决系统的运动学、动力学与控制的性态问题，也就是研究机械系统在载荷作用下各部件的动力学响应。作为研究大多数机械系统的系统，系统部件相互连接方式的拓扑与约束形式多种多样，受力的情况除了外力与系统各部件的相互作用外，还可能存在复杂的控制环节，故称为多体系统。与之相适应的多体动力学的研究已经成为工程领域研究的热点和难点。

多体系统是指由多个物体通过运动副连接的复杂机械系统。多体系统动力学的根本目的是应用计算机技术进行复杂机械系统的动力学分析与仿真。它是在经典力学基础上产生的新学科分支，在经典刚体系统动力学的基础上，经历了多刚体系统动力学和计算多体系统动力学两个发展阶段，特别是前者已经趋于成熟。

多体动力学是以多体系统动力学、计算方法以及软件工程相互交叉为主要特点，面向工程实际问题的新学科。计算多体动力学是指利用计算机数值手段来研究复杂机械系统静力学分析、运动学分析、动力学分析以及控制系统分析的理论和方法。计算多体动力学的产生极大地改变了传统机构动力学分析的面貌，对于原先不能够求解或者求解困难的大型复杂问题，可以借助计算机顺利完成。

Haug 等人在 20 世纪 80 年代初，提出了"计算多体动力学"的概念，并认为其主要任务是：

1）建立复杂机械系统运动学和动力学程式化的数学模型，开发实现这个数学模型的软件系统，在输入少量描述系统特征的数据后由计算机自动建立系统运动学与动力学方程。

2）建立稳定的、有效的数值计算方法，分析弹性变形对静态偏差、稳定性、动态响应的影响，通过仿真由计算机自动产生系统的动力学响应。

3）将仿真结果通过计算机终端以方便直观的形式表达出来。实现有效数据后处理，采用动画显示、图标或者其他方式提供数据后处理。

在多刚体系统的建模理论已经成熟的情况下，多体动力学的研究内容重点由多刚体系统转向了多柔性体系统。由于多柔性体系统能够比刚体更精确地描述系统在实际工作状态下的动态特性，多柔性体系统的建模和分析一直是计算多体动力学的重要内容和研究的热点。国内外的学者提出了许多新的概念和方法，其中应用比较多的有浮动标架法、运动－弹性动力学方法、有限段方法以及最新提出的绝对节点坐标法等。

2. 多刚体系统的建模理论

多刚体系统动力学是基于经典力学理论的，多体系统中最简单的情况——自由质点和一般简单的情况——少数多个刚体是经典力学的研究内容。多刚体系统动力学就是为多个刚体组成的复杂系统的运动学和动力学分析建立适宜于计算机程序求解的数学模型，并寻求高效、稳定的数值求解方法。由经典力学逐步发展形成了多刚体系统动力学，在发展过程中形成了各具特色的多个流派。

对于由多个刚体组成的复杂系统，理论上可以采用经典力学的方法，即以牛顿－欧拉方法为代表的矢量力学方法和以拉格朗日方程为代表的分析力学方法。这种方法对于单刚体或者少数几个刚体组成的系统是可行的，但随着刚体数目的增加，方程复杂度成倍增长，寻求其解析解往往是不可能的。后来由于计算机数值计算方法的出现，使得面向具体问题的程序数值方法成为求解复杂问题的一条可行道路，即针对具体的多刚体问题列出其数学方程，再编制数值计算程序进行求解。对于每一个具体的问题都要编制相应的程序进行求解，虽然可以得到合理的结果，但是这个长期的重复过程是让人不可忍受的，于是寻求一种适合计算机操作的程式化的建模和求解方法的需要变得迫切了。在这个时候，也就是20世纪60年代初期，在航天领域和机械领域，分别展开了对于多刚体系统动力学的研究，并且形成了不同派别的研究方法。如罗伯森－维滕堡（Roberson－Wittenburg）方法、凯恩（Kane）方法、旋量方法和变分方法等。

对于多刚体系统，从20世纪60年代到80年代，在航天和机械两个领域形成了两类不同的数学建模方法，分别称为拉格朗日方法和笛卡儿方法；20世纪90年代，在笛卡儿方法的基础上又形成了完全笛卡儿方法。这几种建模方法的主要区别在于对刚体位形描述的不同。

航天领域形成的拉格朗日方法，是一种相对坐标方法，以罗伯森－维滕堡方法为代表，是以系统每个铰的一对邻接刚体为单元，以一个刚体为参考物，另一个刚体相对参考物的位置由铰的广义坐标（又称拉格朗日坐标）来描述，广义坐标通常为邻接刚体之间的相对转角或位移。这样开环系统的位置完全可由所有铰的拉格朗日坐标阵 q 所确定。其动力学方程的形式为拉格朗日坐标阵的二阶微分方程组，即

$$A(q,t)\ddot{q} = B(q,\dot{q},t) \tag{5-1}$$

这种形式首先在解决拓扑为树的航天器问题时推出。其优点是方程个数最少，树系统的坐标数等于系统自由度，而且动力学方程易转化为常微分方程组（ODEs－Ordinary Differential Equations）。但方程呈严重非线性，为使方程具有程式化与通用性，在矩阵 A 与 B 中常常包含描述系统拓扑的信息，其形式相当复杂，而且在选择广义坐标时需人为干预，不利于计算机自动建模。不过目前对于多体系统动力学的研究比较深入，现在有几种应用软件采用拉格朗日的方法也取得了较好的效果。

对于非树系统，拉格朗日方法要采用切割铰的方法以消除闭环，这引入了额外的约束，使得产生的动力学方程为微分代数方程，不能直接采用常微分方程算法去求解，需要专门的求解技术。

机械领域形成的笛卡儿方法是一种绝对坐标方法，即 Chace 和 Haug 提出的方法。以系统中每一个物体为单元，建立固结在刚体上的坐标系，刚体的位置相对于一个公共参考系基点进行定义，其位置坐标（也可称为广义坐标）统一为刚体坐标系基点的笛卡儿坐标与坐标系的方位坐标，方位坐标可以选用欧拉角或欧拉参数。单个物体位置坐标在二维系统中为3个，三维系统中为6个（如果采用欧拉参数则为7个）。对于由 N 个刚体组成的系统，位置坐标阵 q 中的坐标个数为 $3N$（二维）或 $6N$（或 $7N$）（三维），由于铰约束的存在，这些位置坐标不独立。系统动力学模型的一般形式可表示为

$$\begin{cases} A\ddot{q} + \phi_q^{\mathrm{T}}\lambda = B \\ \phi(q,t) = 0 \end{cases} \tag{5-2}$$

式中，ϕ 为位置坐标阵 q 的约束方程，ϕ_q 为约束方程的雅可比矩阵，λ 为拉格朗日乘子。这类数学模型就是微分 – 代数方程组，也称为欧拉 – 拉格朗日方程组，其方程个数较多，但系数矩阵呈稀疏状，适宜于计算机自动建立统一的模型进行处理。笛卡儿方法对于多刚体系统的处理不区分开环与闭环（即树系统与非树系统），而是统一处理。目前国际上最著名的两个动力学分析商业软件 ADAMS 和 DADS 都是采用这种建模方法。

完全笛卡儿坐标方法，由 Garcia 和 Bayo 于 1995 年提出，是另一种形式的绝对坐标方法。这种方法的特点是避免使用一般笛卡儿方法中的欧拉角或欧拉参数，而是利用与刚体固结的若干参考点和参考矢量的笛卡儿坐标描述刚体的空间位置与姿态。参考点选择在铰的中心，参考矢量沿铰的转轴或滑移轴，通常可由多个刚体共享而使未知变量减少。完全笛卡儿坐标所形成的动力学方程与一般笛卡儿方法在本质上是相同的，只是其雅可比矩阵为坐标线性函数，便于计算。

3. 刚柔耦合多体系统动力学的进展

在实际工程中，绝对的刚性体是不存在的。一个多体系统的构件在运动过程中或多或少地会表现出其柔性体的特征。为了更为真实地模拟机构实际的工作状态，在多刚体建模成熟的今天，刚柔耦合多体系统动力学建模成为多体动力学建模研究的重点。

对于刚柔耦合（柔性）多体系统，从计算多体系统动力学理论上说，刚柔耦合（柔性）多体系统动力学的数学模型能够和多刚体系统与结构动力学存在兼容性，或者说可以将多刚体系统看作刚柔耦合（柔性）多体系统所有部件柔性特性不明显的特例。

在柔性体的建模方法上，在工程界许多学者一致致力于把有限元分析与多体力学的分析统一起来，进行多柔性体动力学建模研究，这也是近年来多体动力学分析的一个研究热点。

模态柔性体是在工程中应用最广的一种柔性体。一般先用有限元程序计算得出部件的模态参数，然后利用包含模态信息的有限元模型代替多体系统中的刚体，该柔性体在多体中受力后的响应是用模态叠加法计算的，高端多体仿真软件模态柔性体方法在其中得以普遍实现。模态柔性体的理论基础是固定界面模态综合法，最早由 Hurty 提出，随后由 R. R. Craig 和 M. C. C. Bampton 在 1966 年对 Hurty 提出的理论进行改进，所以此方法又称为 Craig – Bampton 方法，属于动态子结构方法的一种。一般是先将整个结构划分为若干子结构，并将子结构的界面完全固定，构造由固定界面的分支保留主模态集合全部界面坐标的约束模态集组成的建设分支模态集。在对各子结构分析完成以后，对各子结构做模态坐标变换，将物理坐标变换到缩减后的模态坐标下进行第二次坐标变换，消去非独立的模态坐标，建立系统运动方程，最后返回物理坐标再现子结构。具体详细推导过程见参考文献 [125]。可见模态柔性体是与有限元模态分析技术紧密结合在一起的。模态柔性体用变形体的模态矢量及相应的模态坐标的线性组合来描述物体的弹性变形，同时可以把相对于变形贡献小的模态忽略，从而可以利用较少的模态自由度比较准确地描述系统构件的动态特性。由于缩减了求解规模，大大节省了计算时间，降低了对计算机硬件的要求，因而得到了广泛的应用。模态柔性体最大的缺点就是不能够描述大变形的柔性体的运动特性，只能够用于分析变形相对较小的柔性体的动力学特性。另外其局限性也是很明显的：对接触问题的建模不准确，因为接触是用虚拟的"触点"表述，要提高精度需要静力修正模态；柔体变形后模态模型需要更新，但是需要运行外部有限元程序进行模态分析，这很难实现。

最新提出的有限元多柔性体技术是多体动力学发展的又一个重要成就。它首次实现了有限元技术与多体动力学的有机结合，克服了模态柔性体的缺点，能够精确表达接触力引起的局部变形，并且能够表达柔体累计的非线性变形，可用于结构的大变形的分析，在分析的过程中可以得到结构柔性体上节点应力随时间变化的过程。需要说明的是多柔性体技术不是取代了模态缩减法，而是采用所谓的"节点法"对它进行了补充和扩展，然后应用到真实的有限元结构，从而可以在一个系统中合并两种方法的优点。

同模态柔性体不同的是，有限元柔性体利用柔性体节点之间的相对位移和相对旋转作为描述柔性体变形的量。有限元多柔性体技术是现代最新的多体动力学仿真技术，它在充分考虑了系统动力学的前提下，对柔性体和复杂接触进行了一个正确的表述，首次将多体动力学分析和有限元分析两个单独的领域合并起来，排除了模态缩减的明显弊端。采用此方法，能够精确地预测柔性体之间以及柔性体和刚体之间的接触问题，同时能够直接得到有效的应力结果。采用模态缩减法求解有限元结构问题是通过有限元程序预先求解结构的特征值，进而得到模态缩减的柔性体结构。该方法已经满足了许多应用的需要，但是对于一些重要的应用呈现出了较大的局限性。一方面这些线性化的柔性体不允许出现大变形，另一方面其不具备足够的刚度信息，考虑接触计算比较困难，甚至不能实现。因为结果的好坏直接取决于从有限元程序导入的特征值，评价组件的应力显得非常重要。有限元柔性体新技术不是为了取代模态缩减法，而是采用"节点法"对它进行补充扩展，应用真实的有限元结构，在一个系统中合并两种方法的优点。

采用有限元柔性体，不再需要一个单独的有限元工具预先对柔性体求解，仿真过程中通过反复计算结构矩阵，可以精确地进行应力分析、考虑柔性体结构间的碰撞和接触，以及考虑非线性变形。

5.3　RecurDyn 软件

5.3.1　概述

RecurDyn（Recursive Dynamic）是由韩国 FunctionBay 公司基于其划时代算法——递归算法开发出的新一代多体系统动力学仿真软件。它采用相对坐标系运动方程理论和完全递归算法，非常适合于求解大规模及复杂接触的多体系统动力学问题。

传统的动力学分析软件对于机构中普遍存在的接触碰撞问题解决得远远不够完善，这其中包括过多的简化、求解效率低下、求解稳定性差等问题，难以满足工程应用的需要。基于此，韩国 FunctionBay 公司充分利用最新的多体动力学理论，基于相对坐标系建模和递归求解，开发出 RecurDyn 软件。该软件具有令人震撼的求解速度与稳定性，成功地解决了上述的机构接触碰撞问题，极大地拓展了多体动力学软件的应用范围。RecurDyn 不但可以解决传统的运动学与动力学问题，同时也是解决工程中机构接触碰撞问题的专家。

RecurDyn 借助于其特有的多柔性体技术，可以更加真实地分析出机构运动中部件的变形、应力、应变。RecurDyn 中的多柔性体技术用于分析柔性体的大变形非线性问题，以及柔性体之间的接触、柔性体和刚体之间的相互接触问题。传统的多体动力学分析软件只可以考虑柔性体的线性变形，对于大变形、非线性，以及柔性体之间的相互接触就无能为力了。

RecurDyn 给用户提供了一套完整的虚拟产品解决方案，可以和控制、流体、液压等集合在一起进行分析。形成机、电、液一体化分析，为用户的产品开发提供了完整的产品虚拟仿真、开发平台。

RecurDyn 的专业模块还包括送纸机构模块、齿轮元件模块、链条分析模块、皮带分析模块、高速运动履带分析模块、低速运动履带分析模块、轮胎模块，以及发动机开发设计模块。

鉴于 RecurDyn 的强大功能，软件广泛应用航空、航天、军事车辆、军事装备、工程机械、电器设备、娱乐设备、车辆、铁道、船舶机械及其他通用机械行业。

5.3.2　RecurDyn V8R1 的基本模块

RecurDyn 是 FunctionBay 公司研发和销售的唯一产品。在开发过程中，FunctionBay 公司结合世界各地一流专家共同研发新一代多刚柔体动力学的计算核心，目前共有全球 7 所大学共 10 个研究实验室共同参与研究，市场遍及五大洲，目前设有分公司的国家有日本、韩国、美国、中国、德国、印度等。相对来说，RecurDyn 是 CAE 家庭里一个较为年轻的成员，但是由于突出的 Windows 界面操作特点，更符合东方人的使用习惯，从而具有简单易学、容易上手的特点，在了解了它的基本操作习惯后，用户就能够在短时间内进入实际应用状态，解决自己的应用问题。

RecurDyn 最新推出的 V8R1 版本相对于过去的版本做了较大的改进，界面风格也发生了重大的变化。最新版本的 RecurDyn V8R1 的主要特点如下：

1）RecurDyn V8R1 的建模仿真环境更为友好方便。

2）RecurDyn V8R1 对老用户来说其界面操作更容易，分析问题更有效；对新用户来说更容易掌握。

3）RecurDyn V8R1 采用最新式的 Windows 风格的彩带式用户界面，彩带式用户界面相对于原先的界面更为直观有效。

4）大幅度地改进了图像引擎显示技术，使得模型、数据图像显示更为出色，能够更方便地显示和修改大型仿真模型。

5）提供了多种更快捷方便的功能：改进了传感器功能，新增加了能够测量干涉物体之间最短距离的功能，以及切平面功能等，这些新功能大大缩短了设计分析的时间。

6）RecurDyn V8R1 的求解器相对于先前的求解器而言，求解更快、更稳定，不但能够求解多柔性体（MFBD）模型，还能求解包含 MFBD 模型的刚柔耦合动力学计算模型。

7）在专业领域工具箱中首次提供了一体疲劳分析模块 RecurDyn/Durability，使得用户能够在 RecurDyn 的仿真环境下采用 MBD（基于模型设计） + MFBD + Durability 完成结构的疲劳寿命分析及损伤预测。

其他更多的功能可以参考相关软件的帮助及官网的相关介绍。

RecurDyn 软件使用交互式图形环境和零件库、约束库、力库，创建完全参数化的机械系统几何模型，其求解器采用相对坐标系，建立系统动力学方程，利用递归算法对虚拟机械系统进行静力学、运动学和动力学分析，输出位移、速度、加速度和反作用力曲线，递归算法是一种高级计算理论，以其高效而著称，因此比应用绝对坐标的其他软件具有更快的求解速度，尤其适用于求解大规模、高速刚性问题。RecurDyn 软件的仿真可用于预测机械系统的性能、运动范围、碰撞检测、峰值载荷，以及计算有限元的输入载荷等。

RecurDyn 一方面是虚拟样机分析的应用软件，用户可以运用该软件非常方便地对虚拟机械系统进行静力学、运动学和动力学分析；另一方面又是虚拟样机的分析开发工具，其开放性的程序结构和多种接口，可以成为特殊行业用户进行特殊类型虚拟样机分析的二次开发工具平台。

5.3.3　建模和仿真的步骤

利用 RecurDyn 进行仿真分析的一般流程如图 5-1 所示。

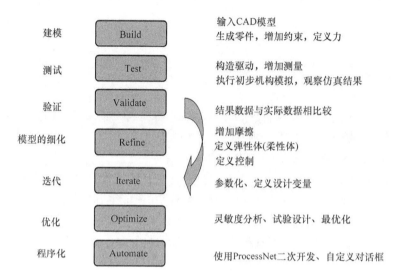

图 5-1　RecurDyn 仿真分析的流程

由图 5-1 可知，利用 RecurDyn 建模和仿真的步骤大体上可以分为下面几步：

1）建模：生成零件（body）、增加约束（joint）、定义作用在零件上的力（force）。

2）测试：对模型进行检测，测试研究对象的动力学特征，进行仿真，察看动画、察看结果曲线。

3）验证：对仿真模型进行验证，通常采用试验仿真分析的方法：输入测试数据、在绘制的曲线图上添加测试数据。

4）模型的细化：对一个复杂的系统进行分析，在建立其仿真模型的过程中，往往不是一次就建立起精确的仿真模型，而是先构建整个模型的部分模型或者将整个系统划分为若干个子系统，然后运行简单的仿真以测试它们的运动，确保它们正确运动。一旦模型正确，再在其上添加更复杂的模型。如，添加摩擦、定义柔性体、施加作用力函数、定义控制等。

5）迭代：建立仿真模型的参变量、定义设计变量，为优化设计做准备。

6）优化：进行设计敏感性研究、完成试验设计、进行优化研究。

7）序化：用户可以利用 ProcessNet 作为二次开发工具，自定义对话框，创建用户菜单、以宏的形式记录并重新进行模型操作，从而使研究对象的分析实现自动化。

第6章　有限元法在矿井提升机设计中的应用

6.1　引言

有限元法作为一种成熟的数值计算方法，得到越来越多的应用。有限元分析在矿井提升机设计中的应用主要有以下几个方面：

1. 提升设备的强度分析

对提升机主轴装置结构强度和刚度进行计算。传统设计计算方法采用实体结构解析法，该方法只能以简化方式做粗略的计算，只能得到局部的应力、位移、强度、刚度情况，需要通过加大安全系数的方法来保证结构的强度、刚度。用有限元软件进行计算能够准确、直观地得到结构各部位的应力、应变等参数的分布情况。因此，不论从速度上或计算的准确度等方面讲，传统方法都无法和它相比。

2. 提升设备的优化设计

借助电子计算机，应用一些精确度较高的力学的数值分析方法进行分析计算，人们就可以从众多可行的设计方案中寻找出最佳设计方案，从而实现用理论设计代替经验设计，用精确计算代替近似计算，用优化设计代替一般的安全寿命可行设计，大大提高设计效率和质量。

3. 多场耦合计算分析

提升机盘形制动器的制动过程是一段多体、多物理场耦合过程，同时也是瞬态非线性系统。为获得提升机紧急制动工况下制动器的温度场和应力场的大小与分布情况，采用耦合分析法对紧急制动过程中的盘形制动器进行热－结构耦合分析，可以研究提升容器在井中不同位置处的紧急制动所得制动器的温度场/应力场，以及提升容器在井中同一位置处的紧急制动由于施加不同的制动比压和不同的闸瓦摩擦特性对制动器温度场/应力场的影响，为超深井提升机盘形制动器的设计提供参考。

6.2　有限元法在矿井提升机主轴装置设计中的应用

6.2.1　矿井提升机的主轴装置

作为提升机关键工作机构的主轴装置，是多绳摩擦式提升机的主要承载部件，国内外一些学者对主轴装置中摩擦轮的强度问题非常重视，进行了很多理论研究。但是从壳体理论的角度看，由于摩擦轮的结构和受力状态相当复杂，很难得到精确的理论解。几个广泛使用的经验计算公式都是建立在较大简化的基础上，公式烦琐且误差较大，不能很好指导摩擦轮的开发研制工作。本文以 JKMD－4.6×4（Ⅲ）型为对象，建立提升机主轴装置有限元分析模型，通过对该大型提升机进行有限元分析计算，找出主轴和摩擦轮在各种工况作用下的变形趋势和应力分布规律，利用现代的计算手段和计算方法对多绳摩擦式提升机的结构进行强度分析和方案设计，为多绳摩擦式提升机的设计提供理论依据。

典型的主轴装置结构如图 6-1 所示。

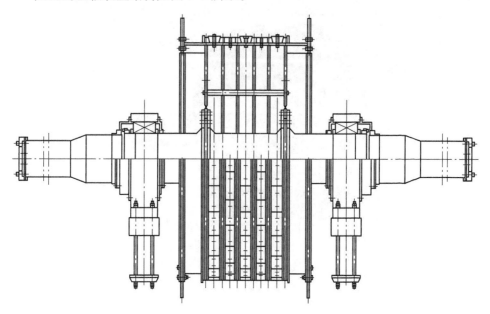

图 6-1　主轴装置结构

6.2.2　主轴装置建模

多绳摩擦式提升机的主轴装置主要由主轴、摩擦轮、滚动轴承、轴承座、轴承盖、轴承梁、摩擦衬垫、固定块、压块、高强度螺栓等部件组成是一个复杂的装配系统。在进行有限元建模计算时需要进行必要的简化。在进行建模时只考虑摩擦轮和主轴两部分，它由板、壳和轴的组合结构。

利用大型有限元分析软件 ANSYS 建立主轴装置的有限元计算模型。由于摩擦轮卷筒壳的厚度只有 20mm，实体网格单元只能划分得较小，而其整体特别大（卷筒中径 4280mm），故产生数量巨大的单元，使计算非常的繁复，难以实现，或者计算结果会同真实结果存在很大的差异。故采用把卷筒简化为薄壳的形式建立模型。由于卷筒上的小孔对计算结果并无多大影响，且容易造成单元畸变，使计算难以进行，故在本次计算中忽略小孔。主轴利用实体单元进行划分，建立由实体单元（solid 187）和板壳单元（shell 63）组合而成的主轴装置的有限元计算模型。对于壳单元、实体单元组成的混合计算模型，必须保证壳单元、实体单元的边界处有公共边界。划分单元后的有限元实体模型如图 6-2 所示。材料参数的定义：主轴材料为 45 钢，摩擦轮材料为 Q345B，其弹性模量均取 200GPa，故 EX 取 2×10^{11}，泊松比 PRXY 为 0.3。单元总数 336199 个，其中壳单元数 219377 个，其余为实体单元。

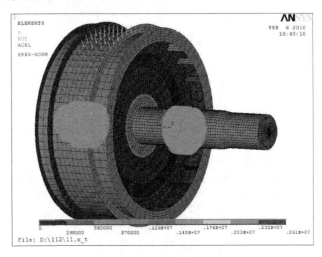

图 6-2　划分单元后的有限元实体模型

（彩图见书后插页）

摩擦式提升机摩擦轮的外载荷主要由钢丝绳的拉力所产生。摩擦轮在工作状态时所受的力主要有：摩擦轮上钢丝绳对摩擦轮的径向压力和切向摩擦力、起动与制动过程中产生的动拉力、闸瓦制动时摩擦热造成的热胀力（可忽略）、主轴旋转时产生的离心力、电动机作用在主轴上的扭矩、结构的自重等。

摩擦轮上的外载荷来自钢丝绳的静张力，每根钢丝绳都搭挂在摩擦轮的摩擦衬垫上，通过衬垫将径向压力和摩擦力传递到摩擦轮筒壳上。在计算时衬垫将钢丝绳作用于其上的线分布载荷转化成作用于筒壳上的面分布载荷。

对主轴装置分析时，选取摩擦轮的正常工作状态，主要参数为：摩擦轮名义直径 $D = 4600mm$；卷筒中径 $d = 4280mm$；钢丝绳最大静张力 $F = 1360kN$；钢丝绳最大静张力差 $\Delta F = 360kN$；钢丝绳根数 $n = 4$；钢丝绳围包角 $\alpha = 180°$；摩擦衬垫底宽 $t = 100mm$；最大提升加速度 $a = 0.7m/s^2$；导向轮装置变位质量 $G_b =$

11860kg；电动机偏心磁拉力 $G_偏 = 67.3\text{kN}$；电动机转子质量 $G_转 = 22100\text{kg}$；钢丝绳间距 $B = 260\text{mm}$。

根据提升机力学特性，考虑两种工况进行强度分析：正常提升情况下，在最大静张力、最大静张力差的条件下，提升加速；正常提升情况下，在钢丝绳两端都为最大静张力的条件下，提升加速。上述工况摩擦轮上的外载荷分布规律如图6-3所示，图中的 θ 为变围包角，下降侧钢丝绳的切出点 $\theta = 0°$，通过切出点的子午面与模型0°的子午面重合。

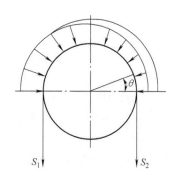

图6-3　摩擦轮上的外载荷分布规律

在两种工况下，上升侧钢绳动张力由式（6-1）得到

$$F_t = (1 + a/g)F + K_1\Delta F + G_b(a/g) \tag{6-1}$$

式中，K_1 为冲击系数。

在第一、二种工况下下降侧的钢丝绳张力式（6-2）和式（6-3）得到

$$F_x = (1 - a/g)(F - \Delta F) - \Delta FK_1 - G_b(a/g) \tag{6-2}$$

$$F_x = (1 - a/g)F - \Delta FK_1 - G_b(a/g) \tag{6-3}$$

筒壳各受载圆环面上，径向压力沿圆周的分布由欧拉公式求得

$$q(\theta) = \begin{cases} \dfrac{2F_x}{nDt}e^{\mu\theta} & (0 \leqslant \theta \leqslant \pi) \\ 0 & (\pi \leqslant \theta \leqslant 2\pi) \end{cases} \tag{6-4}$$

式中，F_x 为下降侧钢绳动张力；μ 为传递动张力所需要的摩擦系数。

筒壳各受载圆环面上，假定摩擦力沿圆周的分布为

$$f(\theta) = uq(\theta) \tag{6-5}$$

电动机作用在主轴上的力有 $G_偏$ 和转子质量 $G_转$，电动机作用在主轴上的扭矩与钢丝绳作用在摩擦轮上的扭矩大小相等，方向相反。

6.2.3　计算结果及分析

1. 主轴装置的模态分析

模态分析技术是现代机械产品结构动态设计、分析的基础。在机械设计中，研究弹性体振动的主要目的是避免共振，机械结构可看成是多自由度的振动系统，具有多个固有频率，对应该固有频率的振动形状就是该阶主振型。固有频率和主振型只与结构的刚度特性和质量分布有关，与外界因素无关。

典型的无阻尼结构自由振动的运动方程为

$$M\ddot{X} + KX = \{0\} \tag{6-6}$$

式中，M 为质量刚度矩阵；$\ddot{X}$ 为加速度矩阵；K 为刚度矩阵；X 为位移矩阵。

如果令 $X = \{\phi\}\sin(\omega t + \varphi)$，则有 $\ddot{X} = -\omega^2\{\phi\}\sin(\omega t + \varphi)$，代入式（6-6）得到

$$[K - \omega^2 M]\{\phi\} = \{0\} \tag{6-7}$$

式（6-7）称为结构振动的特征方程，模态分析就是计算该方程的特征值 ω 及与其相对应的特征矢量 $\{\phi\}$。

在进行结构的模态分析求解结构的固有频率时，不需要添加载荷，只需要处理结构的边界条件，消除结构的刚性位移就可以了。具体就是在主轴与轴承支座结合的面进行全约束。用子空间迭代法（Subspace Method）进行模态求解，取其低 10 阶模态。得到的前 10 阶固有频率见表 6-1，对应的振型的相对变形情况如图 6-4 所示。

表 6-1　模态分析计算结果

阶次	频率/Hz	阶次	频率/Hz
1	6.0266	6	77.606
2	36.911	7	77.610
3	46.619	8	77.788
4	46.623	9	82.104
5	73.681	10	82.107

在工程实际中，影响结构力学性能的主要是其低阶模态，高阶模态对于结构的影响比较小。所以常常关注前几阶扩展模态。图中的振型大小只是一个相对的量值，它表征的是各点在某阶固有频率上振动量的相对比值，反映了该固有频率上振动的传递情况，并不反映实际振动的数值。

图 6-4 所示为主轴装置一阶、三阶振型的相对变形情况。

图 6-4　主轴装置的一阶、三阶振型的相对变形情况

（彩图见书后插页）

从表 6-1 以及图 6-4 可以看出：结构的固有频率随阶次增大而增大，而且前几阶各阶的各向位移也相差不大。一阶振型主要表现为主轴装置在 ZOY 平面内

的弯曲振动，结构整体前后摆动，摩擦轮顶部最为明显；二阶振型主要表现为绕 X 轴的扭转振动，同时伴有 XOZ 平面内的二阶弯曲振动，以摩擦轮上部的振动幅度最大；三阶振型主要表现为绕 Y 轴的扭转振动，同时伴有 YOZ 平面内的二阶弯曲振动；四阶振型主要表现为在 YOZ 平面内的二阶弯曲振动。前 3 阶振型反映了结构整体的振动形式，说明了结构的失稳形式为局部失稳。低阶振型大多源于摩擦轮壁厚方向，即壁厚是影响结构的动态特性的很重要的因素之一。通过增加摩擦轮的壁厚可以提高结构刚度，从而提高固有频率。但增加壁厚会增加机体的重量，因此，常规的机体设计是通过结构的优化来提高机体表面的弯曲刚度；也可以通过增加摩擦轮支环厚度的方式来提高结构刚度，从而提高其固有频率。

作用在主轴上的电动机最大转速为 47r/min，模态分析的结果表明，在其工作状态下，不会产生结构的共振现象。

2. 结构的强度分析

为了确定结构任意位置在随时间变化的载荷作用下的动力学响应，对主轴装置进行瞬态动力学分析。瞬态动力学分析求解的基本动力学方程为

$$M\ddot{X} + C\dot{X} + KX = F(t) \tag{6-8}$$

式中，M 为质量矩阵；$\ddot{X}$ 为节点加速度矩阵；C 为阻尼矩阵；$\dot{X}$ 为节点速度矩阵；K 为刚度矩阵；X 为节点位移矩阵；$F(t)$ 为 t 时刻的载荷矩阵。

瞬间动力学分析可采用三种方法：完全法、缩减法及模态叠加法。本文利用模态叠加法进行瞬态动力学分析，模态叠加法通过对模态分析得到振型乘上模态参与因子并求和来计算结构的动力学响应。在模态叠加法瞬态动力学分析中施加的载荷有力、平移加速度，以及模态分析中生成的载荷矢量。瞬态分析的第 1 个载荷步是模型的初始条件，采用模态叠加时唯一需要明确建立的初始位移一般以一次给定载荷下的静力学求解作为初始求解。结构的阻尼采用质量阻尼（Alpha）。整个加速过程为 17.9s。

3. 边界条件的处理

筒壳与主轴一起建模及使用的轴承为调心轴承，外部约束仅是主轴轴承中心处的约束。其中主轴一端为固定端，约束此处的径向和轴向位移及沿主轴轴线方向的转动，不约束在其他两个方向的转动；另一端为自由端，仅约束其径向位移及沿轴向的转动，可沿其他两个方向转动及沿主轴轴向移动，以模拟调心轴承及主轴一端轴向定位的实际结构，约束、载荷示意图如图 6-5 所示。

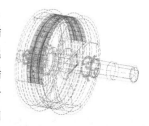

图 6-5　约束、载荷示意图

4. 载荷的处理

摩擦轮上的外载荷来自钢丝绳的静张力，每根钢丝绳都搭挂在摩擦轮的摩擦衬垫上，通过衬垫将径向压力和摩擦力传递到摩擦轮筒壳上。衬垫将钢丝绳作用于其上的线分布载荷转化成作用于筒壳上沿衬垫底宽均匀分布的面载荷。为了尽最大可能地模拟实际工作状态，计算时考虑以下几种载荷：对摩擦轮的径向压力和切向摩擦力、起动与制动过程中产生的动拉力、主轴旋转时摩擦轮产生的离心力、电动机作用在主轴上的力，以及结构的自重等。

摩擦轮上的径向压力和切向摩擦力利用 ANSYS 提供的表面效应单元进行加载。ANSYS 提供的三维结构表面效应单元 SURF164（见图 6-6）可以覆盖于任何三维实体单元的表面，主要用于模拟各种表面载荷及表面效应，图中的数字编号代表压力作用的方向位置。

以提升加速度 $a = 0.7\text{m/s}^2$ 设定主轴装置的惯性离心载荷，在主轴连接电动机的位置通过转换节点坐标系的方法把扭矩转化为沿着主轴切向的节点力进行扭矩加载的模拟，设定沿着 Y 轴方向的重力加速度 $g = 10\text{m/s}^2$。

载荷步一共有 60 步，可以在 ANSYS 的后处理中分别查看这 60 步载荷所对应的卷筒及主轴的应力应变情况。为了加载的方便，各个载荷步采用 ANSYS 参数化设计语言（APDL）进行加载。

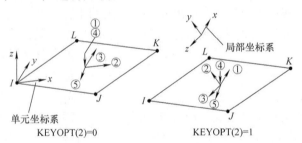

图 6-6　单元 SURF 164 示意图

注：KEYOPT 为关键号。

5. 计算结果

图 6-7 和图 6-8 分别是主轴装置在工况 1、2 下（米泽斯屈服准则）提升加速结束后的综合应力和变形云图；图 6-9 所示为工况 2 中摩擦轮滚筒中截面上的应力和变形图。

做进一步的分析可以知道：同一种工况条件下，在整个加速过程中卷筒大部分横断面上的径向位移分布规律、环向位移分布规律相同。在工况 1 下，幅板上最大的径向位移为 -0.101mm，最大的环向位移为 0.170mm，最大的综合位移为 0.189mm。在工况 2 下，幅板上最大的径向位移为 -0.112mm，最大的环向位移为 0.208mm，最大的综合位移为 0.221mm。在工况 1 下，主轴在左、右轮毂中

图 6-7　工况 1 结构的综合应力和变形云图

（彩图见书后插页）

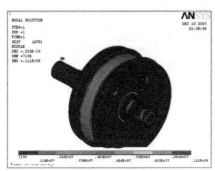

图 6-8　工况 2 结构的综合应力和变形云图

（彩图见书后插页）

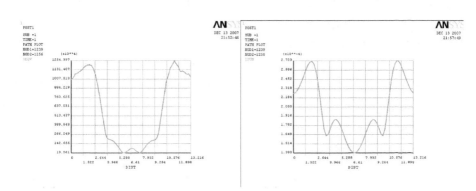

图 6-9　工况 2 摩擦轮滚筒中截面上的应力和变形图

间处有较大的综合位移，最大值为 0.781mm；在工况 2 下，主轴在左、右轮毂中间处的最大综合位移为 934mm。

两种工况条件下，卷筒上最大的环向、径向和综合位移见表 6-2。

表 6-2　卷筒最大位移　　　　　　　　（单位：mm）

工况	径向位移	环向位移	综合位移
工况 1	0.141	0.230	0.236
工况 2	-0.162	0.248	0.301

通过计算得到卷筒在两种工况下整个加速过程的应力变化曲线，并可以迅速找到应力最大的位置和时刻，如图 6.10 所示。在工况 1 下卷筒应力最大的位置发生在 17.62s，最大值为 11.1MPa；在工况 2 下卷筒应力最大的位置发生在 17.64s，最大值为 16.3MPa。

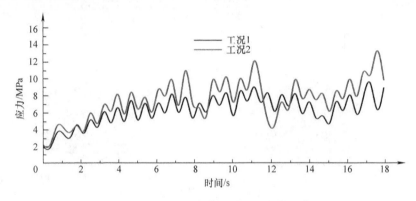

图 6-10　提升过程中应力随时间变化的曲线

在同一种工况下，卷筒各横断面上的应力分布情况大体可分为两类：卷筒大部分横断面上的径向应力较小，钢丝绳处卷筒横断面上的径向应力较大；卷筒各横断面上的环向应力分布规律基本相同。

在工况 1 下，环向应力最大值出现在 $\alpha = 146°$ 左右的地方，综合应力和轴向应力最大值出现在 $\alpha = 120°$ 左右的地方；在工况 2 下，环向应力最大值出现在 $\alpha = 146°$ 左右的地方，轴向应力最大值出现在 $\alpha = 120°$ 在左右的地方，综合应力最大值出现在 $\alpha = 60°$ 左右的地方。在两种工况条件下，卷筒上最大的环向应力、轴向应力和综合应力见表 6-3。

表 6-3　卷筒最大应力值　　　　　　　　（单位：MPa）

工况	径向应力	轴向应力	综合应力
工况 1	-3.80	10.2	11.1
工况 2	-4.63	13.2	16.3

卷筒最大的工作应力为 16.3MPa，远小于 Q345B 的许用应力，此设计安全可靠，并有一定的优化设计的空间。

主轴在工况 1 的作用下，在与电动机转子连接锥面上靠近卷筒侧有较大的切应力和综合应力；主轴在工况 2 的作用下，在左、右轮毂处有较大的切应力和综合应力。最大应力（分别为 33.1MPa 和 36.6MPa）均出现在卷筒与主轴的连接处，存在应力集中现象。所以必须保证主轴在此处有一定的倒角以避免应力集中现象。

主轴是主要承载部件，在设计时充分考虑了安全性，一般采用的是无限寿命设计的方法。计算结果表明，其等效应力为 33.6MPa，而所用材料为 45 钢的屈服强度 $R_e = 266$MPa，主轴最大应力远小于许用应力，符合无限寿命的设计准则。

随着计算机技术以及有限元法本身的发展，在结构设计分析中有限元法已经成为一种重要而且相对成熟的分析方法。利用有限元法预测结构的动态特性、应力、变形的情况，可以在设计初期就获得产品的静态、动态性能；在设计中有限元分析技术的运用不但可以缩短开发周期，而且设计质量和效率也得到了提高，从而提高了结构设计的合理性和可靠性。

6.3　有限元法在钢丝绳张力耦合变化特性分析中的应用

钢丝绳绕经天轮弯曲或经卷筒缠绕时，由于各丝轴向应变不同，其张力也不相同，导致各丝之间产生内摩擦力。在多次循环反复弯曲及承载超过钢丝绳强度极限时，就会发生断丝失效等严重故障。因此，研究分析钢丝绳弯曲受载时各丝张力的变化对提高矿井的安全生产和延长钢丝绳的使用寿命都具有十分重要的理论意义。

6.3.1　钢丝绳缠绕模型的建模

本文分别选取 1 + 6 型钢丝绳和 6 × 7IWRC 型钢丝绳为对象开展研究，在对模型进行简化的基础上，分别建立了两种钢丝绳的有限元仿真模型。图 6-11 所示为两种型号钢丝绳的截面示意图。

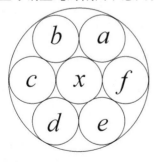
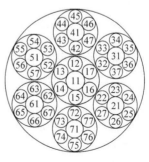

a)　　　　　　　　　　　　　　b)

图 6-11　钢丝绳截面示意图

a) 1 + 6 型钢丝绳　b) 6 × 7IWRC 型钢丝绳

仿真中，通过对钢丝绳两端施加大小相同的张力，并将天轮放置在钢丝绳中心处下方，对天轮施加向上位移来模拟钢丝绳在绕过天轮时弯曲的过程，钢丝绳和天轮发生接触，并绕天轮弯曲。简化的钢丝绳缠绕模型如图 6-12 所示。

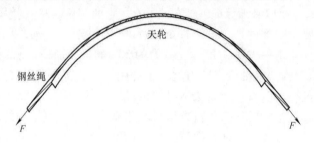

图 6-12　简化的钢丝绳缠绕模型

1. 1 + 6 型钢丝绳的建模

在深井与超深矿井提升机中，天轮起到的主要作用是导向与支撑，另外一个作用就是改变钢丝绳的拉力方向。钢丝绳在绕经天轮受载时不仅受到弯曲应力的作用，钢丝绳与天轮之间还存在着由于相对运动引起的摩擦。在钢丝绳中心处放置一个和钢丝绳接触的天轮，由于天轮和钢丝绳作用区域仅为其中的一段弧长，整个天轮作用在模型中会增加划分网格时的单元和节点个数，使得分析时间增加，因此仅将作用的有效区域提取出来，切除天轮不必要的部分。将钢丝绳两端同时施加拉力，钢丝绳和天轮形成弯曲的弧形接触。

此次仿真的研究对象为 1 + 6 型钢丝绳，其详细参数见表 6-4。根据 2016 年国家安全监管总局令（第 87）号煤矿安全规程第四百一十九条，选用天轮直径与钢丝绳直径比值必须不小于 80，以此来确定天轮直径。

表 6-4　1 + 6 型钢丝绳及天轮的主要技术参数

参数	单位	数值
钢丝绳主要技术参数		
密度 ρ	kg/m³	7850
摩擦系数 μ	—	0.1
泊松比 ν	—	0.28
弹性模量 E	GPa	205
中心钢丝直径 d_1	mm	3.333
外侧钢丝直径 d_2	mm	3.333
钢丝绳直径 d	mm	10
捻距 S	mm	140
绳股截面积 A	mm²	60.962
天轮主要技术参数		
天轮直径 D_r	mm	810
绳槽直径 d_r	mm	11

　　在 CATIA 界面中绘制出中心钢丝的截面圆，然后通过拉伸扫掠的指令来生成中心钢丝实体，绘制外侧钢丝中心线，以外侧钢丝端点处法平面绘制外侧钢丝截面圆，沿外侧钢丝中心线扫掠生成外侧钢丝实体，最后按上述步骤依次生成其余 5 根外侧钢丝。钢丝绳实体模型如图 6-12 所示。重复上述步骤，绘制包角 133° ~ 180° 上的实体模型，如图 6-13 所示。

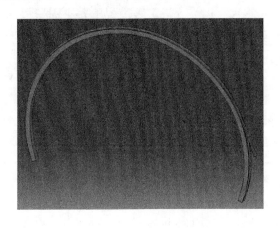

图 6-13　钢丝绳实体模型

　　ABAQUS 是基于有限元分析方法的工程分析软件，它既可以对简单的模型进行有限元分析，又可以胜任复杂且庞大的模型分析，尤其适合解决实际工程问题中的非线性问题。因此，它十分适合处理提升钢丝绳这种具有极其复杂的几何结构与天轮产生复杂接触的强非线性问题。

　　建立钢丝绳绕经天轮弯曲受载的有限元模型，其难点在于处理钢丝绳绳股内各丝之间的接触。在 ABAQUS 软件中，不同实体之间力的传递并不会由计算机自动添加，而是通过用户为发生相互作用的实体之间施加接触对来实现相互之间力的传递。当实体表面间存在相互的摩擦作用时，那么 ABAQUS 还会沿接触表面的切向方向传递切向力，但这同时也增加了处理问题的时间。

　　对于钢丝绳弯曲这种复杂的接触行为，主要需要注意以下两个问题：

　　1）在求解计算问题之前，并不知道接触表面之间是接触或是分离。

　　2）需要考虑钢丝绳绳股内各个钢丝之间、股与股的侧面钢丝之间以及钢丝绳与天轮绳槽之间的摩擦作用。

　　对于第 1 个问题，可以运用 ABAQUS 软件中相互作用模块中的接触对查找功能，通过自定义搜索接触区域与参数的功能来定义接触面之间的接触关系。但是通过这种方法得到的相互作用的接触面往往较多，需要用户一一地进行筛选，并把那些不可能接触的接触对删去。

　　对于第 2 个问题，可以运用 ABAQUS 中的 Explicit 求解器直接进行求解。ABAQUS/Explicit 主要运用中心差分算法显式地在时间域上对运动方程进行积分，从上一个增量步的平衡方程快速动态地计算到下一个。无论是否为线性分析，ABAQUS/Explicit 的求解与否仅取决于一个稳定的增量步长，而它的结果与载荷的类型和载荷的持续时间皆无关。ABAQUS/Explicit 的每个增量步都比较小，但它的总增量步很大，因为分析求解过程中并不需要形成总体的刚度矩阵，所以也不必去求解总的平衡方程，每个增量步只需要付出较小的计算代价。因此，ABAQUS/Explicit 可以快速且高效地求解复杂的强非线性问题。

　　综上所述，将生成的模型导入 ABAQUS 中，并进行以下设置来建立有限元模型。

　　1）定义中心钢丝与外侧钢丝之间、外侧相邻钢丝之间、外侧钢丝与天轮之间均为摩擦接触。

　　2）定义单元类型为 C3D8R 八节点的线性六面体单元，并对钢丝绳进行网格划分。减缩积分和沙漏控制将被应用于网格的生成。完全积分的意思是具有较为规则的形状单元在进行数值积分的过程中，其高斯积分点的数量可以对单元刚度矩阵中的插值多项式进行快速而精确的积分。但是当其承受弯曲的载荷作用时，完全积分单元容易出现剪切闭锁的现象，使得单元过于刚硬，导致即使划分很细的网格，计算精度依然很差；而减缩积分相对于完全积分来说，在每个方向上都少使用了一个积分点，这样可以有效地缓解完全积分所造成的单元过于刚硬和其计算挠度较小的问题。选用八节点六面体的减缩积分实体单元 C3D8R，将钢丝绳在长度方向分割为 80 份，各丝沿截面的周长方向分成 20 份，并使用扫掠命令沿钢丝绳各丝中心线方向生成钢丝绳有限元模型。

　　3）钢丝绳两端端面采用运动耦合分别耦合到端面中心参考点上。在 ABAQUS 中，耦合约束（coupling）主要包含运动耦合（kinematic coupling）与分布耦合（distributing coupling）。运动耦合是直接将参考点上的自由度刚性传递到从节点上，这种传递不存在差异，所以从节点是没有相对位移的。分布耦合和运动耦合所起的作用是一致的，但分布耦合在传递的过程中考虑了权重影响，使得各个从节点传递到的自由度不一定是一致的，因此会发生变形，即分布耦合允许面上的各部分之间发生相对变形，比运动耦合中的面更加柔软。在实际工况下，钢丝绳的一侧绳端一般都是固定在罐笼之上，所以耦合方式应该选择运动耦合。

　　4）两端同时以端面法向方向为 y 轴建立局部坐标系，限制参考点在 x 轴和 z 轴方向的移动自由度和旋转自由度，由于钢丝绳在受载过程中本身会发生旋转，所以不能限制在 y 轴方向的旋转自由度。

　　5）施加集中力 $F = 10\mathrm{kN}$。

6）将天轮设置为刚体，以天轮上的任意一点为参考点进行耦合。以全局坐标系为基准，限制天轮在 x 轴、y 轴和 z 轴方向的移动自由度以及在 y 轴和 z 轴方向的旋转自由度，仅留下天轮轴向的旋转自由度，模拟天轮实际的运转情况。生成如图 6-14 所示的钢丝绳有限元模型。

2. 6×7IWRC 型钢丝绳的建模

图 6-15 所示是多股钢丝绳绕过天轮弯曲承载时的简化截面模型。在钢丝绳中心处放置一个和钢丝绳接触的天轮，由于天轮和钢丝绳作用区域仅为其中的一段弧长，整个天轮作用在模型中，会增加划分网格时的单元节点。由多股钢丝绳的中心股和侧股的轨迹方程，以 6×7IWRC 型钢丝绳为多股钢丝绳建模对象，建立模型。其截面形状如图 6-15 所示，中心股为麻绳。6×7IWRC 型钢丝绳的几何结构参数见表 6-5。

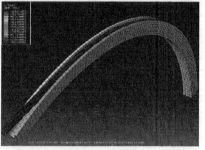

图 6-14　钢丝绳有限元模型

（彩图见书后插页）

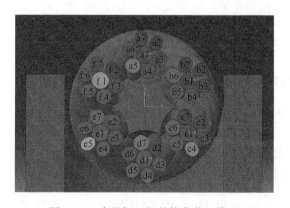

图 6-15　多股钢丝绳的简化截面模型

表6-5　6×7IWRC型钢丝绳的几何结构参数

参数	股直径/mm	股捻角/ (°)	股捻距/mm	钢丝层	钢丝直径/mm	丝捻角/ (°)	丝捻距/mm
外层股	2.5	15.4	60.44	外层股芯丝	0.9	15.4	20.111
				外层股侧丝	0.8		

由6×7IWRC型钢丝绳特征参数创建钢丝参数方程,其实体模型创建过程如下:通过表达式将方程写入,生成各丝中心线的空间曲线;以中心线空间曲线的端点法平面为基准平面,在该基准平面上绘制钢丝截面圆;通过扫掠指令,以基准平面上绘制的截面圆为扫掠截面,对应的中心线为引导线,生成钢丝实体模型。根据钢丝在绳股中的不同位置,可以分为中心钢丝和外层钢丝;通过构建中心股和外层股钢丝的螺旋线方程,使用螺旋线扫掠生成钢丝绳绳股模型,随后通过阵列就可以得到钢丝绳实体模型。

将生成的钢丝绳实体模型导入 ABAQUS中,进行设置建立有限元模型。边界条件、接触条件、单元类型、分析步均与1+6型完全一致,但对于多股钢丝绳端面耦合的处理方法,与之前的简单单股钢丝绳完全不同。对于多股钢丝绳端面耦合的处理主要有两种方法:①将各个钢丝的端面直接耦合到整根钢丝绳的中心参考点上;②将每一股钢丝的端面分别耦合到该股钢丝的中心参考点,然后再将这些参考点耦合到整根钢丝绳的中

图6-16　多股钢丝绳端面耦合示意图

心处的参考点上。因为在钢丝绳加工生产中,其绳股通常是绕绳芯捻制而成,所以每一股钢丝其实是一个整体,因此采用方法②,如图6-16所示。多股钢丝绳弯曲仿真示意图如图6-17所示。

6.3.2　不同包角下钢丝绳股内各丝张力分布的仿真分析

钢丝绳在不同包角下弯曲承载,对各丝张力的分布进行仿真分析。钢丝绳施加轴向载荷为10kN,以过天轮圆心的纵垂面为基准,沿弯曲钢丝绳径向进行等角度切割求出各丝张力。以切割面与纵垂面的夹角为横坐标,张力值为纵坐标,得到不同包角下1+6型钢丝绳股内各丝张力分布如图6-18所示。

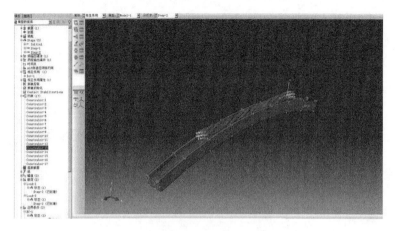

图 6-17　多股钢丝绳弯曲仿真示意图

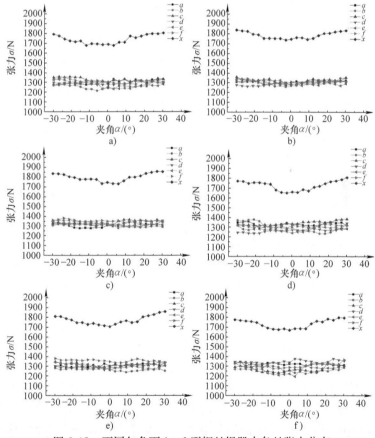

图 6-18　不同包角下 1 + 6 型钢丝绳股内各丝张力分布

a）钢丝绳与天轮的包角为 133°时　　b）钢丝绳与天轮的包角为 137°时　　c）钢丝绳与天轮的包角为 140°时

d）钢丝绳与天轮的包角为 143°时　　e）钢丝绳与天轮的包角为 147°时　　f）钢丝绳与天轮的包角为 150°时

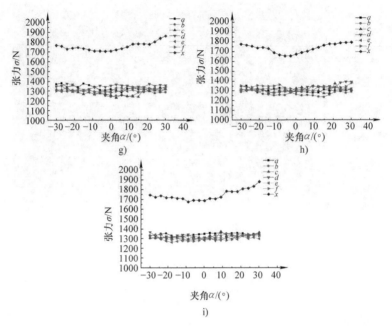

图6-18 不同包角下1+6型钢丝绳股内各丝张力分布（续）

g）钢丝绳与天轮的包角为153°时 h）钢丝绳与天轮的包角为157°时 i）钢丝绳与天轮的包角为160°时

由图6-18可以看出1+6型钢丝绳在弯曲之后，中心钢丝内张力有明显的变化。同时，处于不同位置的外侧钢丝的张力曲线出现明显的离散分层，具体分析如下：

1）包角度数为133°，即接触弧长为940mm，接触弧长与捻距比值为6.71，此时钢丝绳内各个侧丝张力与直线受拉状态下相比，有较大差异，同一截面的张力差由原来的2N迅速增大到80N。

2）包角度数增大至137°，即接触弧长为968mm，接触弧长与捻距比值为6.91，各个外层钢丝的张力分布曲线明显向中间集中，出现大面积交叉。同一截面的张力平均最大差值由80N变化到54N。

3）包角度数增大至150°，即接触弧长为1060mm，接触弧长与捻距比值为7.57，此时外侧钢丝张力分布曲线开始向两侧分散，曲线发生了明显的分层现象。同一截面的张力平均最大差值由54N变化到111N。

4）包角度数增大至160°，即接触弧长为1130mm，接触弧长与捻距比值为8.07，外侧钢丝张力分布曲线又开始向中间集中，多组钢丝对应的张力分布曲线再度发生大面积交叉。同一截面的张力平均最大差值由111N变化到60N。

5）各个分图中的中心丝张力曲线总是中间偏低两侧偏高，这主要是由钢丝绳与天轮间的摩擦力造成的。

从 1 + 6 型钢丝绳的仿真结果可以看出，钢丝绳在不同包角下弯曲拉伸时，各丝张力分布有着较大的差异。当包角度数从 133°增大至 137°，外侧钢丝的张力曲线分布由分散分布过渡到集中分布；当包角度数从 137°增大至 150°时，外侧钢丝的张力曲线由集中分布过渡到分散分布；最后包角增加至 160°，再度变化为集中分布。

提取各组钢丝绳在不同包角下的张力最大值和最小值，并计算出侧丝的张力变化差值。以包角所对应的接触弧长与捻距的比值为横坐标，各丝张力差值为纵坐标，绘制张力差值随接触弧长与捻距比值的变化关系，如图 6-19 所示。

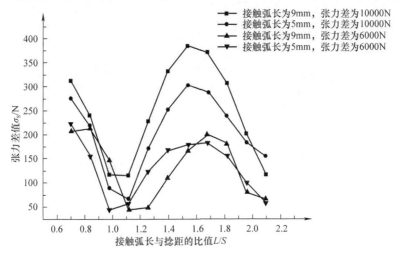

图 6-19　张力差值随接触弧长与捻距比值的变化关系

图 6-19 中纵坐标代表张力分布的集中程度。数值越小，表示各丝之间的张力差值越小；数值越大，则表示各丝之间的张力差值越大，差值的大小从侧面决定了钢丝绳的寿命。从图中可以看出，两组不同的钢丝绳在不同受力情况下，其外侧钢丝张力曲线分布都表现出相同的周期性变化规律：由分散到集中再到分散再到集中。即当接触弧长为钢丝绳捻距一半的偶数倍时，钢丝绳中各丝的张力差值较小；接触弧长为钢丝绳捻距一半的奇数倍时，张力差值较大。

不同包角下 6×7IWRC 型钢丝绳股内各丝张力分布如图 6-20 所示。

在不同的包角下，钢丝绳张力曲线在两侧明显低于中间段，这是由于钢丝绳与天轮包角较小，两侧钢丝绳没有与天轮接触的缘故，这也说明 6×7IWRC 型钢丝绳在弯曲之后，各股中心钢丝内张力有明显的变化，具体体现在以下几方面：

1）包角度数为 5°，接触弧长与钢丝绳捻距比值为 0.57，此时钢丝绳内中间段各丝张力与两侧钢丝段相比，即弯曲受载段钢丝绳与直线受载段钢丝绳相比，股内各丝张力发生较大的变化，各股中心丝张力迅速增大，同时各股侧丝张力曲

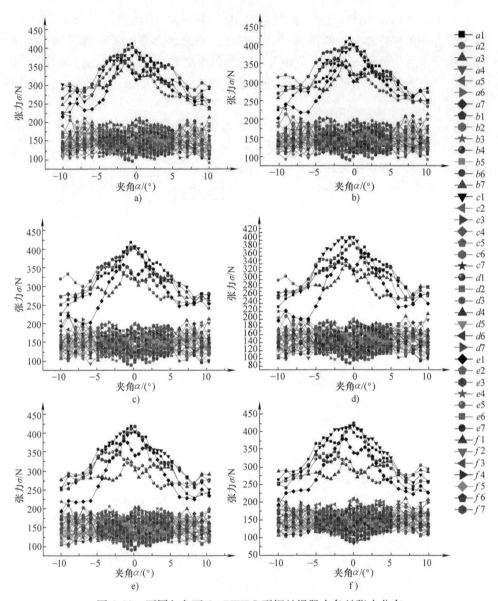

图 6-20　不同包角下 6×7IWRC 型钢丝绳股内各丝张力分布

a) 钢丝绳与天轮的包角为 5°时　　b) 钢丝绳与天轮的包角为 7°时　　c) 钢丝绳与天轮的包角为 9°时

d) 钢丝绳与天轮的包角为 10°时　　e) 钢丝绳与天轮的包角为 12°时　　f) 钢丝绳与天轮的包角为 14°时

线由原来的相对分层变化为大幅度交叉。

　　2) 包角度数增大至 7°, 接触弧长与钢丝绳捻距比值为 0.81, 弯曲受载段钢丝绳各股的中心丝依旧有分层现象, 钢丝绳的上层 a 股、b 股与 f 股的中心丝(即不与天轮接触的区域) 张力明显大于下层的 c 股、d 股与 e 股的中心丝张力。

3）包角度数增大至10°，接触弧长与钢丝绳捻距比值为1.17，各股中心丝张力曲线分层现象发生变化，开始出现交叉。

4）包角度数增大至12°，接触弧长与钢丝绳捻距比值为1.41，各股中心丝张力曲线交叉继续增多，由最初包角为5°时的两层分层变化为多层，各张力曲线相互交叉。

通过对比图6-21中各个分图可以看出，钢丝绳在弯曲受载时，在不同位置的钢丝所承受的张力完全不相同。其中，在每一股的钢丝中，接近中心股的几根钢丝张力要明显高于其他外侧钢丝。

绳股张力合力示意图如图6-21所示，提取中心钢丝截面上张力T_1和外侧钢丝截面上张力T_2，将张力T_2沿T_1方向分解为T_{21}，则每股钢丝的合张力为各侧丝张力和乘以丝捻角的余弦值再加上中心钢丝张力值。计算各股张力差，求得的各股钢丝张力差值随接触弧长与捻距比值的变化关系如图6-22所示。

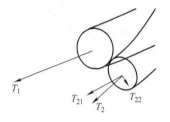

图6-21　绳股张力合力示意图

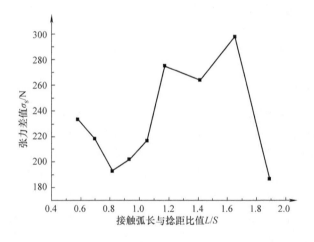

图6-22　张力差值随接触弧长与捻距比值的变化关系

从图6-22可以看出，在接触弧长与捻距比值约为0.5时，张力差值为235N；在接触弧长与捻距比值为0.81时，张力差值迅速减小，为191N；在接触弧长与捻距比值为1.65时，张力差值再度增大，为295N；在接触弧长与捻距比值为1.9时，张力差值再次减小，为183N。6×7IWRC型钢丝绳内各股的合张力随着接触弧长与捻距的比值周期性地增减，该变化趋势与1+6型钢丝绳一致。

6.4 矿井提升机制动过程的热－结构耦合分析

6.4.1 分析内容

提升机盘形制动器的制动过程是一段多体、多物理场耦合过程，同时也是瞬态非线性系统。制动过程中闸瓦与制动盘之间的摩擦导致摩擦副的温度升高，而且由于摩擦副各处温度大小不一，温度高的地方热膨胀程度大，温度低的地方热膨胀程度小，膨胀变形的不均匀性破坏了制动盘与闸瓦之间的原有均匀接触，使得无接触的区域摩擦生热为零，有接触的区域摩擦生热更多，进而又导致了温度场的更加不均。由此可见，制动器的制动过程是一段复杂的热－结构耦合过程，因此要想获得更准确的温度和应力结果，就必须采用耦合分析，这就给制动过程中制动器的温度场和应力场的求解增加了难度。

为获得提升机紧急制动工况下制动器的温度场和应力场的大小与分布情况，这里采用直接耦合分析法对紧急制动过程中的盘形制动器进行热－结构耦合分析，同时研究提升容器在井中不同位置处的紧急制动所得制动器的温度场、应力场，以及提升容器在井中同一位置处的紧急制动由于施加不同的制动比压和不同的闸瓦摩擦特性对制动器温度场/应力场的影响，为超深井提升机盘形制动器的设计提供参考。

由于热－结构耦合分析涉及两个物理场的计算，因此对有限元模型的计算规模要大大超过对单场的计算，尤其是采用直接耦合法，这种计算规模之大体现的更明显。为提高计算效率，缩短计算时间，在进行分析之前需要先对提升机盘形制动器模型进行必要的简化。由于提升机紧急制动过程中只有制动器上的闸瓦和卷筒上的制动盘之间产生摩擦，而且由于闸瓦的导热系数极小、制动时间很短，在紧急制动过程中闸瓦无法将热量传递给制动器上的衬板，因此可以将制动器简化成只有闸瓦和制动盘的结构。这里建立的盘形制动器模型，采用 20 节点的六面体直接耦合单元 solid 226 进行网格划分，划分网格后有限元模型中包含 6888个节点，2342 个单元，盘形制动器的三维有限元模型及局部放大图如图 6-23所示。

6.4.2 制动过程中的载荷及边界条件施加

这里研究的提升机以 18m/s 的线速度运行（相应的制动盘角速度为 4.6rad/s），建立各个闸瓦和制动盘之间的接触，接触类型为面面接触。考虑闸瓦和制动盘的材料特性参数及摩擦系数随温度的变化，闸瓦和制动盘材料特性参数随温度的变化见表 6-6，闸瓦和制动盘间摩擦系数随温度的变化见表 6-7。在制动盘内圈和

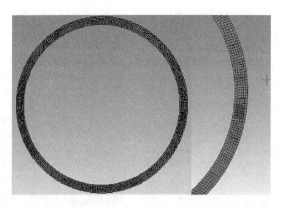

图 6-23　盘形制动器的三维有限元模型及局部放大图

地面之间建立绕制动盘中心轴线的转动副，将紧急制动过程中提升机卷筒的角速度变化曲线作为制动盘的角速度载荷施加到制动盘与地面之间的转动副上。在闸瓦的外表面上施加制动比压，制动比压的施加有一段历程（0~0.2s）。由于制动盘高速旋转，而闸瓦静止不动且只有侧面与空气接触，故只在制动盘面上及闸瓦的 4 个侧面上施加对流，同时由于制动时间短而忽略辐射散热。

表 6-6　闸瓦和制动盘材料特性参数随温度的变化

特性参数	制动盘		闸瓦	
	20℃	100℃	20℃	100℃
弹性模量/Pa	2.06×10^{11}	1.9×10^{11}	2.2×10^{9}	1.6×10^{9}
泊松比	0.3	0.28	0.26	0.24
密度/(kg/m³)	7860	7820	2260	2200
线胀系数/(10⁻⁶/K)	1.06	1.2	1	2
对流换热系数/[W/(m²·K)]	60	60	10	10
比热容/[J/(kg·K)]	460	460	2660	2660
导热系数/[W/(m·K)]	68	68	0.3	0.3

表 6-7　闸瓦和制动盘间摩擦系数随温度的变化

温度/℃	20	70	120
摩擦系数	0.36	0.36	0.34

6.4.3　紧急制动工况下制动器的热－结构仿真计算与分析

1. 满载提升容器在井口附近的紧急制动

取制动比压为 0.6MPa，初始摩擦系数 $\mu = 0.36$，仿真时间为 6.3s（大于制动时间 6.0s），将第 3 章得到的制动过程中的卷筒速度施加到制动盘与地面之间的转动副上，制动结束后制动摩擦副和闸瓦的温度场分别如图 6-24 和图 6-25 所示，制动过程中制动副的温升曲线如图 6-26 所示，制动结束后制动摩擦副的应力场如图 6-27 所示。

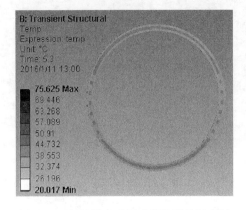

图 6-24　制动结束后制动摩擦副的温度场

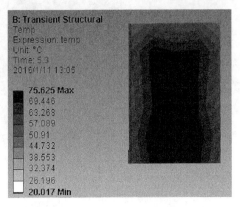

图 6-25　制动结束后闸瓦的温度场

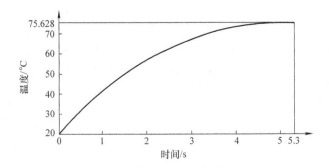

图 6-26　制动过程中制动摩擦副的温升曲线

　　由图 6-24 和图 6-25 可以看出：当制动比压为 0.6MPa 时，满载提升容器在井口同时空载提升容器在井底的制动过程中，制动摩擦副的最高温度为 75.625℃（见图 6-24），最高温度分布在闸瓦的摩擦表面上（见图 6-25），而制动盘的温度较低，这主要是由于闸瓦的摩擦表面经历的摩擦距离最长，单位面积上吸收的摩擦热量最多的缘故；而且闸瓦摩擦表面上的温度由中心向四周边缘略微降低，这是由于闸瓦四周表

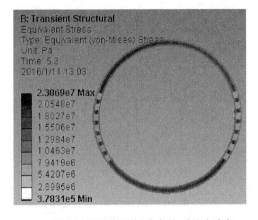

图 6-27　制动结束后制动摩擦副的应力场

面与大气存在对流换热，将一部分热量释放到大气中的缘故；闸瓦背面温度很低，近似于环境温度，这主要是由于闸瓦的导热系数极小，短时间内无法将热量传导到背面的缘故。由图 6-26 可知最高温度出现在制动刚刚结束时刻，且制动过程中制动摩擦副的温度经历先快速上升然后缓慢上升的过程，这主要是因为制动初始阶段制动盘的转速较高，单位时间内由摩擦产生的热量较多，而制动后期阶段随着制动盘转速降低，单位时间内由摩擦产生的热量减少。制动摩擦副的最大应力为 23.069MPa，最大应力分布在制动盘的表面摩擦区域，如图 6-27 所示，这是因为制动盘上与闸瓦摩擦区域的温度比制动盘上非摩擦区域的温度都高，发生热膨胀的程度比周围区域都大，产生的内应力也就比制动盘上其他区域的内应力大，而且制动盘的材料是 Q345B，其弹性模量要远比闸瓦材料的弹性模量大出几个数量级。制动盘周向的应力分布并不均匀，这主要和制动过程中制动盘转过的角度有关，这说明制动盘的应力主要是由于其温度场变化引起的热应力。由此可见，提升机的制动过程中，闸瓦更容易因为温度过高产生热衰退，导致制动性能下降，而制动盘更会因为高温和热弹性不稳定而发生变形甚至产生热裂纹，使制动器失效。

此种工况下的紧急制动，保持初始摩擦系数 $\mu = 0.36$ 不变，当采用不同的制动比压时，制动结束后制动摩擦副的最高温度和最大应力见表 6-8 和表 6-9。

表 6-8　制动比压为 0.6MPa 时制动摩擦副的最高温度和最大应力

制动比压/MPa	最高温度/℃	最大应力/MPa
0.6	72.446	22.173

表 6-9　制动比压为 0.7MPa 时制动摩擦副的最高温度和最大应力

制动比压/MPa	最高温度/℃	最大应力/MPa
0.7	81.380	26.669

此种工况下的紧急制动，保持制动比压为 0.6MPa 不变，当制动盘与闸瓦间的初始摩擦系数 $\mu = 0.40$ 时，制动结束后制动摩擦副的最高温度和最大应力见表 6-6。

表 6-10　初始摩擦系数 $\mu = 0.4$ 时制动摩擦副最高温度和最大应力

制动比压/MPa	最高温度/℃	最大应力/MPa
0.6	74.036	22.974

由表 6-8 可知，保持初始摩擦系数 $\mu = 0.36$ 不变，当制动比压从 0.7MPa 降为 0.6MPa 时，提升机制动结束后制动摩擦副的最高温度和最大应力都相应减小。这主要是因为随着制动比压的减小，提升机紧急制动过程中产生的制动加速度减小，制动时间和制动距离增加，这有利于摩擦热量的散失和均匀分布。相反，由表 6-9 可知，当制动比压由 0.6MPa 增大到 0.7MPa 时，制动结束后制动摩擦副的最高温度和最大应力都相应增加，这是由于制动比压的增大导致制动时

间和制动距离减小，制动盘和闸瓦上的摩擦热量分布更不均匀且通过对流散失的热量也相应减少，在总能量保持不变的情况下，局部温度和应力就会增大。而且最高温度为81.380℃，超过了80℃，这对闸瓦来讲是不能经常出现的，因为闸瓦上的最高温度经常超过80℃会在一定程度上缩短闸瓦的使用寿命。由表6-8和表6-10对比可知，保持制动比压0.6MPa不变，而当制动盘与闸瓦间的初始摩擦系数由0.36增大到0.40时，制动结束后制动摩擦副的最高温度和最大应力都略微增大。这是由于摩擦系数的增大导致制动力矩的增加，同时使得制动时间和制动距离的减小，不利于制动系统散热和温度场、应力场的均匀分布。

2. 满载提升容器在井口附近的紧急制动

为满足提升机制动过程中的减速度要求（$1.6 \leqslant a \leqslant 6m/s^2$），此种工况须采用二级制动，第1级制动比压为0.2MPa，第2级制动比压为0.8MPa，仿真时间为4.6s（大于制动时间4.26s），将制动过程中的卷筒速度施加到制动盘与地面之间的转动副上，制动结束后制动摩擦副和闸瓦的温度场分别如图6-28和图6-29所示，制动过程中制动摩擦副的温升曲线如图6-30所示，制动结束后制动摩擦副的应力场如图6-31所示。

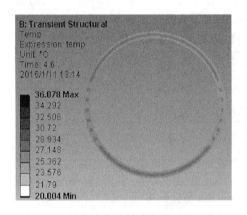

图6-28　制动结束后制动摩擦副的温度场

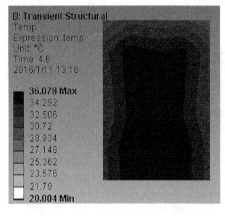

图6-29　制动结束后闸瓦的温度场

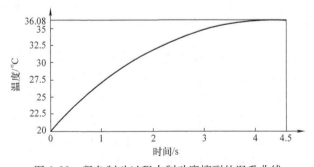

图6-30　紧急制动过程中制动摩擦副的温升曲线

　　提升机满载提升容器在井底同时空载提升容器在井口的制动过程中，制动摩擦副的最高温度为 36.078℃，最高温度同样出现在闸瓦的摩擦表面上，而闸瓦的摩擦表面也是中心区域温度最高、周边区域温度略低，闸瓦背面温度几乎无变化。制动摩擦副的温升曲线同样是经历先快速上升后缓慢上升的变化历程。制动摩擦副的最大应力为 6.356MPa，最大应力也分布在制动盘的摩擦表面上，且制动盘的应力分布沿周向并不均匀。

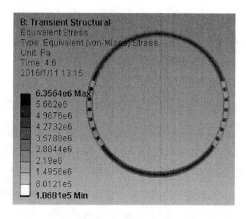

图 6-31　制动结束后制动摩擦副的应力场

　　此种工况下的紧急制动，保持初始摩擦系数 $\mu = 0.36$ 不变，当采用不同的一级制动比压时，制动结束后制动摩擦副的最高温度和最大应力见表 6-11 和表 6-12。

表 6-11　制动比压为 0.1MPa 时制动摩擦副的最高温度和最大应力

制动比压/MPa	最高温度/℃	最大应力/MPa
0.1	29.649	3.833

表 6-12　制动比压为 0.28MPa 时制动摩擦副的最高温度和最大应力

制动比压/MPa	最高温度/℃	最大应力/MPa
0.28	41.326	7.816

　　此种工况下的紧急制动，保持制动比压为 0.1MPa 不变，当制动盘与闸瓦间的初始摩擦系数 $\mu = 0.40$ 时，制动结束后制动摩擦副的最高温度和最大应力见表 6-13。

表 6-13　初始摩擦系数 $\mu = 0.40$ 时制动副最高温度和最大应力

制动比压/MPa	最高温度/℃	最大应力/MPa
0.1	31.146	4.669

　　由表 6-11 和表 6-12 可知，在提升机的满载提升容器在井底同时空载提升容器在井口的制动情况下，当一级制动比压由 0.2MPa 降为 0.1MPa 时，制动结束后制动摩擦副的温度场和应力场都有所减小；相反，当一级制动比压由 0.2MPa 增大到 0.28MPa 时，制动结束后制动摩擦副的温度场和应力场都有所增大；而在保持制动比压为 0.1MPa 不变的情况下，制动摩擦副间摩擦系数的增大也会导致制动结束后制动器最高温度和最大应力的增大。

　　两种制动工况的仿真结果对比：当满载提升容器在井口附近同时空载提升容器在井底附近时，由钢丝绳、提升容器和容器内矿物共同产生的合力矩与卷筒的转动方向相同，而且此时产生的同向力矩达到最大值，在保证制动距离的前提下，此种工况的制动要施加较大的制动比压（如 0.6MPa），因此制动结束后制动摩擦副有较高的温度和较大的应力；而当满载提升容器在井底附近同时空载提升容器在井口附近时，由钢丝绳、提升容器和容器内货物产生的合力矩方向与卷筒的转动方向相反，且此时的反向力矩达到最大值，反向力矩促使卷筒转速降低，在满足制动距离的前提下，此种工况下只需要施加较小的制动比压即可（如 0.2MPa），所以这种工况的制动结束后，制动摩擦副的温度和应力都较小，但是这种工况在制动盘转速即将降为零时要增大闸瓦的比压将制动盘闸死（即二级制动），防止提升机反转。其余工况下的制动由提升系统自身产生的合力矩大小与方向都介于以上两种工况之间，由此可见提升机紧急制动产生最高温度和最大应力的工况是：满载提升容器在井口附近同时空载提升容器在井底附近时的制动，且制动副最高温度和最大应力都在材料许用范围内。

6.5　有限元法在钢丝绳 – 提升容器作业过程力学分析中的应用

6.5.1　钢丝绳 – 提升容器有限元建模

　　为了获得提升机系统作业过程中主轴装置与紧急制动过程中制动器的工作载荷，开展了钢丝绳 – 提升容器作业过程数值模拟研究。

　　研究提出基于空间梁杆有限元模型的单元耦合建模方法对钢丝绳进行数值模拟分析。在单元耦合有限元建模方法中，以 1600m 长的钢丝绳为例，建立有限元模型，每 0.2m 建立一个节点，即钢丝绳共有 7601 个节点。在相邻的两个节点之间建立两个单元，一种为"梁"单元，另一种为"索"单元，假设两种单元为各向同性的弹性材料。

　　"梁"单元的弹性模量 E_w 取钢丝绳的等效抗弯弹性模量 E_b，其单元刚度矩阵为 K_w^e。"索"单元的弹性模量 E_p 取钢丝绳的等效抗拉弹性模量 E_t 与等效抗弯弹性模量 E_b 的差值，见式（6-9）

$$E_p = E_t - E_b \tag{6-9}$$

　　"索"单元两端均为铰接，铰接的空间杆单元经凝聚和扩充处理后，单元刚度矩阵仍保持 12×12 阶矩阵，即 K_p^e。

$$
K_w^e =
\begin{pmatrix}
\dfrac{E_bA}{l} \\[4pt]
0 & \dfrac{12E_bI_z}{l^3} \\[4pt]
0 & 0 & \dfrac{12E_bI_y}{l^3} & & & & & & & \text{对\quad 称} \\[4pt]
0 & 0 & 0 & \dfrac{GJ}{l} \\[4pt]
0 & 0 & -\dfrac{6E_bI_y}{l^2} & 0 & \dfrac{4E_bI_y}{l} \\[4pt]
0 & \dfrac{6E_bI_z}{l^2} & 0 & 0 & 0 & \dfrac{4E_bI_z}{l} \\[4pt]
-\dfrac{E_bA}{l} & 0 & 0 & 0 & 0 & 0 & \dfrac{E_bA}{l} \\[4pt]
0 & -\dfrac{12E_bI_z}{l^3} & 0 & 0 & 0 & -\dfrac{6E_bI_z}{l^2} & 0 & \dfrac{12E_bI_z}{l^3} \\[4pt]
0 & 0 & -\dfrac{12E_bI_y}{l^3} & 0 & \dfrac{6E_bI_y}{l^2} & 0 & 0 & 0 & \dfrac{12E_bI_y}{l^3} \\[4pt]
0 & 0 & 0 & -\dfrac{GJ}{l} & 0 & 0 & 0 & 0 & 0 & \dfrac{GJ}{l} \\[4pt]
0 & 0 & -\dfrac{6E_bI_y}{l^2} & 0 & \dfrac{2E_bI_y}{l} & 0 & 0 & 0 & \dfrac{6E_bI_y}{l^2} & 0 & \dfrac{4E_bI_y}{l} \\[4pt]
0 & \dfrac{6EI_z}{l^2} & 0 & 0 & 0 & \dfrac{2EI_z}{l} & 0 & -\dfrac{6EI_z}{l^2} & 0 & 0 & 0 & \dfrac{4EI_z}{l}
\end{pmatrix}
$$

$$
K_p^e =
\begin{pmatrix}
\dfrac{(E_t-E_b)A}{l} & 0 & 0 & 0 & 0 & 0 & \dfrac{-(E_t-E_b)A}{l} & 0 & 0 & 0 & 0 & 0 \\[4pt]
 & 0 & 0 & 0 & 0 & 0 & 0 & 0 & 0 & 0 & 0 & 0 \\[4pt]
 & & 0 & 0 & 0 & 0 & 0 & 0 & 0 & 0 & 0 & 0 \\[4pt]
 & & & 0 & 0 & 0 & 0 & 0 & 0 & 0 & 0 & 0 \\[4pt]
 & & & & 0 & 0 & 0 & 0 & 0 & 0 & 0 & 0 \\[4pt]
 & & & & & 0 & 0 & 0 & 0 & 0 & 0 & 0 \\[4pt]
 & & & & & & \dfrac{(E_t-E_b)A}{l} & 0 & 0 & 0 & 0 & 0 \\[4pt]
 & & & & & & & 0 & 0 & 0 & 0 & 0 \\[4pt]
 & & & & & & & & 0 & 0 & 0 & 0 \\[4pt]
 & \text{对\quad 称} & & & & & & & & 0 & 0 & 0 \\[4pt]
 & & & & & & & & & & 0 & 0 \\[4pt]
 & & & & & & & & & & & 0
\end{pmatrix}
$$

由于梁单元和杆自由度相耦合,可将"梁"单元刚度矩阵 $\boldsymbol{K}_w^e$ 与"索"单元刚度矩阵 $\boldsymbol{K}_p^e$ 叠加,并可得两节点间的等效刚度矩阵 $\boldsymbol{K}_m^e$。

$$\boldsymbol{K}_m^e = \boldsymbol{K}_w^e + \boldsymbol{K}_p^e \tag{6-10}$$

$$\boldsymbol{K}_m^e = \begin{pmatrix}
\frac{E_t A}{l} & & & & & & & & & & & \\
0 & \frac{12E_b I_z}{l^3} & & & & & & & & & & \\
0 & 0 & \frac{12E_b I_y}{l^3} & & & \text{对} \quad \text{称} & & & & & & \\
0 & 0 & 0 & \frac{GJ}{l} & & & & & & & & \\
0 & 0 & -\frac{6E_b I_y}{l^2} & 0 & \frac{4E_b I_y}{l} & & & & & & & \\
0 & \frac{6E_b I_z}{l^2} & 0 & & 0 & & 0 & \frac{4E_b I_z}{l} & & & & \\
-\frac{E_t A}{l} & 0 & 0 & 0 & 0 & \frac{E_t A}{l} & & & & & & \\
0 & -\frac{12E_b I_z}{l^3} & 0 & 0 & 0 & -\frac{6E_b I_z}{l^2} & 0 & \frac{12E_b I_z}{l^3} & & & & \\
0 & 0 & -\frac{12E_b I_y}{l^3} & 0 & \frac{6E_b I_y}{l^2} & 0 & 0 & 0 & \frac{12E_6 I_y}{l^3} & & & \\
0 & 0 & 0 & -\frac{GJ}{l} & 0 & 0 & 0 & 0 & 0 & \frac{GJ}{l} & & \\
0 & 0 & -\frac{6E_b I_y}{l^2} & 0 & \frac{2E_b I_y}{l} & 0 & 0 & 0 & \frac{6E_b I_y}{l^2} & 0 & \frac{4E_b I_y}{l} & \\
0 & \frac{6EI_z}{l^2} & 0 & 0 & 0 & \frac{2EI_z}{l} & 0 & -\frac{6EI_z}{l^2} & 0 & 0 & 0 & \frac{4EI_z}{l}
\end{pmatrix}$$

建立钢丝绳与提升容器耦合的有限元模型,如图 6-32 所示,将钢丝绳简化为杆、梁单元耦合模型,在 ANSYS 中采用 beam 188 梁单元和 link 180 杆单元进行耦合建模。

6.5.2　钢丝绳 – 提升容器作业过程的动力学分析

算例工况:提升容器在向上提升和下放过程中,整个提升过程分为 6 个阶段,运行过程中加速度变化如图 6-33 ~ 图 6-37 所示。钢丝绳顶部在提升过程中的位移如图 6-35 所示,钢丝绳顶部在提升过程中的速度如图 6-36 所示。在整个

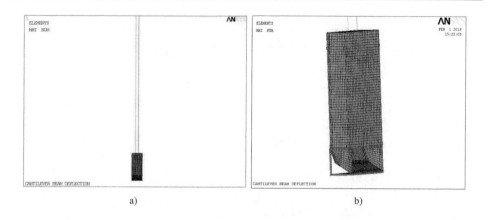

图 6-32 钢丝绳与提升容器耦合的有限元模型

a）提升容器与钢丝绳有限元模型 b）提升容器有限元模型

提升或下放过程中，系统的总运行距离为 1600m。

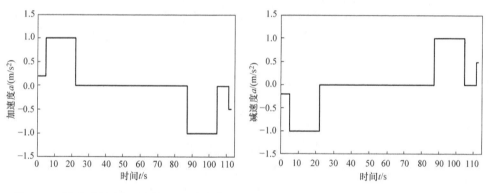

图 6-33 提升过程中钢丝绳的加速度变化　　图 6-34 下放过程中钢丝绳的加速度变化

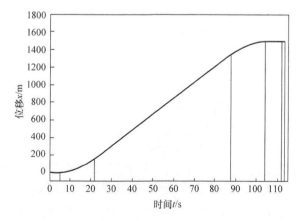

图 6-35 钢丝绳顶部在提升过程中的位移

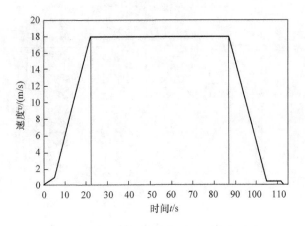

图 6-36　钢丝绳顶部在提升过程中的速度

模型在重力的作用下，沿着 Y 轴负方向，累计拉长量逐渐增加。在钢丝绳底部累计拉长量达到最大为 0.39m。

提升容器起动提升过程中，钢丝绳顶部和底部的张力变化如图 6-37 和图 6-38 所示。

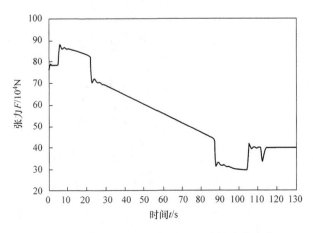

图 6-37　钢丝绳顶部在提升过程中的张力变化

在提升初加速阶段，卷筒对钢丝绳顶部施加 0.2m/s^2 的向上加速度，钢丝绳张力突然增大，随后钢丝绳张力呈现波动性起伏变化。当加速度稳定后，钢丝绳张力由较大的波动趋于平稳。在 1.01s 时刻，钢丝绳顶部张力达到峰值 $78.8 \times 10^4 \text{N}$，由于钢丝绳发生形变，该值大于钢丝绳在加速度作用下的理论张力值。在主加速阶段，钢丝绳顶部和底部的张力值急剧变大。随着提升容器向上提升，提升段的钢丝绳变短、刚性增强、重量也减小。在该阶段，钢丝绳顶部和底部的

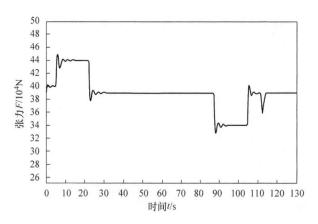

图 6-38　钢丝绳底部在提升过程中的张力变化

张力逐渐减小，振幅不断衰减。在匀速提升阶段，钢丝绳顶部以 18m/s 的速度向上提升。速度稳定后，随着绳长的缩短，钢丝绳顶部张力稳定减小，钢丝绳底部张力呈现周期性小波动变化。在减速第 1 阶段，加速度由 $0m/s^2$ 变为 $-1m/s^2$，由于加速度突然变为负值，钢丝绳顶部和底部的张力突然减小。在该阶段，钢丝绳刚度增强，张力的振幅开始减弱，波动周期变短。在爬行阶段，钢丝绳顶部和底部的张力突然变大。在停车阶段，钢丝绳的张力发生突变，在提升容器停止运动后，张力稳定。

在提升容器下放过程中，钢丝绳顶部的张力变化如图 6-39 所示，钢丝绳底部的张力变化如图 6-40 所示。

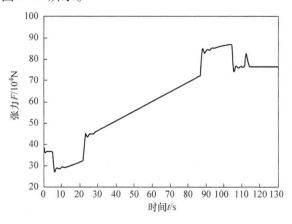

图 6-39　钢丝绳顶部在下放过程中的张力变化

通过对提升和下放过程中钢丝绳的张力变化分析可知，提升容器在从静止开始向上提升到预定位置的过程以及下放过程中，在加速度变化阶段，钢丝绳的张

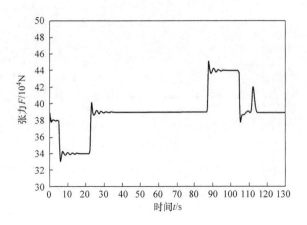

图 6-40　钢丝绳底部在下放过程中的张力变化

力发生突变，随后钢丝绳张力呈现波动性变化，随着加速度的稳定，钢丝绳张力的振幅逐渐减小。

6.6　有限元法在缠绕式提升机主轴装置分析中的应用

6.6.1　卷筒结构的受力分析

为便于对超深矿井提升机卷筒结构进行受力分析，可将卷筒分为筒壳和挡绳板两个主要部分进行研究，其受力如图 6-41 所示。由于钢丝绳在缠绕过程中对筒壳的作用位置不同，所以以 q_{t1}、q_{t2} 表示不同层数钢丝绳作用在卷筒上的载荷集度，S 表示钢丝绳对端板的轴向推力。

钢丝绳卷绕在卷筒上时，在卷筒筒壳上产生了攥紧作用力。在多层缠绕时，外层钢丝绳缠绕在内层钢丝绳形成的绳槽里，如图 6-42 所示。

当第 1 层钢丝绳以初张力 F 缠绕到卷筒上，第 2 层钢丝绳缠绕到第 1 层钢丝绳形成的绳槽中后，第 1 层钢丝绳由于受到第 2 层钢丝绳的挤压而变形，缠绕在卷筒上的第 1 层钢丝绳圈伸长量减小，第 1 层钢丝绳圈的张力减小，相应地第 1 层钢丝绳对卷筒筒体的径向压力 F_N 也会减小。所以多

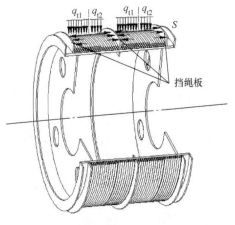

图 6-41　提升机卷筒结构的受力

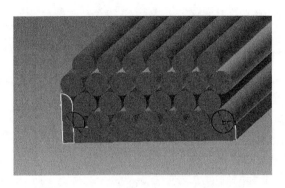

图 6-42 钢丝绳堆叠在卷筒上的断面图

层缠绕时内层钢丝绳圈的张力均小于初张力 F，但随着缠绕层数的增加作用在卷筒上的径向压力也增加，且比单层缠绕时作用在卷筒上的径向压力叠加值小。由于卷筒受到钢丝绳对其的径向压力是均匀的且卷筒不受轴向力，所以只需要截取任一单位长度的筒壳进行研究，如图 6-43 所示。

在任意时刻，钢丝绳以张力 F 对卷筒产生径向压力。由平衡条件可以得出，钢丝绳对筒壳的径向压力为

$$dF_N = 2F\sin\frac{d\theta}{2} = 2F\frac{d\theta}{2} = Fd\theta \qquad (6\text{-}11)$$

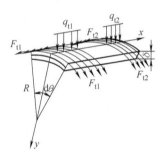

图 6-43 卷筒受力分析

钢丝绳在卷筒上的作用面积为 $rtd\theta$，钢丝绳缠绕节距 $t = d + e$，其中 r 为卷筒半径，d 为钢丝绳直径，e 相邻绳圈间隙，则钢丝绳作用在卷筒上的载荷集度 q 为

$$q = \frac{Fd\theta}{rtd\theta} = \frac{F}{rt} \qquad (6\text{-}12)$$

多层缠绕时，随着缠绕层数的增加，筒壳的外载荷也相应增加。内层钢丝绳由于受到外层钢丝绳的挤压而变形，导致钢丝绳圈的张力减小，对卷筒的径向压力也会减小。在多层缠绕过程中，底层钢丝绳对筒壳自由段的载荷集度为 qC。当缠绕层数增加时，钢丝绳每增加一层，由于卷筒附加变形及钢丝绳变形，会造成里层钢丝绳张力的减小。缠绕在最外层的钢丝绳圈保持初张力 F，内层钢丝绳圈的张力都小于初张力。用 CqC_n 表示多层缠绕时自由段的外载荷度，C 为钢丝绳的拉力降低系数，C_n 为在第 n 层缠绕时的缠绕系数。

在任意时刻，钢丝绳对卷筒的径向载荷集度 q 使梁单元在纵向被压弯，进而产生径向挠度 y。由于筒壳在受到钢丝绳对其的径向压力时也会导致周向变形，所以梁单元也会在周向发生变形并产生周向应力。不妨令单位筒壳上的任一截面

在单位钢丝绳的作用下，从图 6-44 中的实线位置变形至虚线位置。由于卷筒半径 R 远远大于筒壳厚度 δ，所以可以把梁单元截面上的任一位置到圆心的距离都视为卷筒半径 R，那么梁单元截面上任意的弧线所产生的应变 ε_θ 都是相同的。

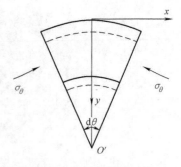

径向挠度 y 与周向应变 ε_θ 的关系为

$$\varepsilon_\theta = \frac{2\pi(R-y)-2\pi R}{2\pi R} = -\frac{y}{R} \quad (6\text{-}13)$$

由径向挠度 y 引起的周向压缩应力 σ_θ 为

图 6-44　梁单元的微元截面

$$\sigma_\theta = E\varepsilon_\theta = -E\frac{y}{R} \quad (6\text{-}14)$$

在单元梁单位长度上的支撑力为

$$F' = 2\delta\sigma_\theta \sin\frac{\mathrm{d}\theta}{2} = -\frac{E\delta y}{R^2} \quad (6\text{-}15)$$

不妨令 $k = E\delta/R^2$，则 $F' = -ky$，其中 k 为基础反力系数，负号代表方向，F' 的方向与 q 相反，如图 6-45 所示。

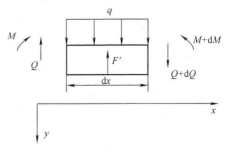

由平衡条件可得

图 6-45　梁单元上的微元段

$$\begin{cases} \sum y = -Q + (q-ky)\mathrm{d}x + Q + \mathrm{d}Q = 0 \\ \sum M = (q-ky)\mathrm{d}x\dfrac{\mathrm{d}x}{2} + (Q+\mathrm{d}Q)\mathrm{d}x + M - (M+\mathrm{d}M) = 0 \end{cases} \quad (6\text{-}16)$$

略去二阶微量 $(q-ky)(\mathrm{d}x)^2/2$，可得

$$\begin{cases} \dfrac{\mathrm{d}Q}{\mathrm{d}x} = -q + ky \\ \dfrac{\mathrm{d}M}{\mathrm{d}x} = Q \end{cases} \quad (6\text{-}17)$$

进行弯矩计算时，根据对称性可得卷筒在周向的曲率为一定值，在轴向的曲率为 $-\mathrm{d}^2 y/\mathrm{d}x^2$，那么有

$$M = -E_i \frac{\mathrm{d}^2 y}{\mathrm{d}x^2} \quad (6\text{-}18)$$

式中，E_i 为卷筒的抗弯刚度，$E_i = E\delta^3/[12(1-\mu^2)]$，$\mu$ 为泊松比。

根据式（6-17）和式（6-18）消去 Q、M，得

$$\frac{\mathrm{d}^4 y}{\mathrm{d}x^4} + 4\beta^4 y = \frac{q}{E_i} \quad (6\text{-}19)$$

式中，β 为特征系数，$\beta^4 = k/(4E_i)$。

梁单元的变形方程的通解是该齐次方程的一个通解和特解的和，其中一个特解为 $y = q/k$。故此变形方程的通解为

$$y = e^{\beta x}(A_1 \cos\beta x + A_2 \sin\beta x) + e^{-\beta x}(A_3 \cos\beta x + A_4 \sin\beta x) + \frac{q}{k} \quad (6\text{-}20)$$

式中，A_1、A_2、A_3、A_4 为积分常数。

卷筒任一部位的弯矩 $M(x)$、剪力 $Q(x)$ 和周向力 N_θ 分别为

$$\begin{cases} M(x) = -E_i \dfrac{\mathrm{d}^2 y}{\mathrm{d}x^2} \\[2mm] Q(x) = -E_i \dfrac{\mathrm{d}^3 y}{\mathrm{d}x^3} \\[2mm] N_\theta = -\dfrac{E\delta t}{R} y \end{cases} \quad (6\text{-}21)$$

由双曲线关系得

$$e^{\beta x} = ch\beta x + sh\beta x, e^{-\beta x} = ch\beta x - sh\beta x \quad (6\text{-}22)$$

令

$$A_1 = \frac{1}{2}(B_1 + B_2), A_2 = \frac{1}{2}(B_2 + B_3), A_3 = \frac{1}{2}(B_1 - B_2), A_4 = \frac{1}{2}(B_2 - B_4)$$

$$(6\text{-}23)$$

则式（6-20）可以写为

$$y = B_1 ch\beta x\cos\beta x + B_2 ch\beta x\sin\beta x + B_3 sh\beta x\cos\beta x + B_4 sh\beta x\sin\beta x + \frac{FR^2}{E\delta t} \quad (6\text{-}24)$$

此时，卷筒任意位置的弯矩 $M(x)$、剪力 $Q(x)$ 可写为

$$M(x) = 2E_i\beta^2(B_1 sh\beta x\sin\beta x - B_2 sh\beta x\cos\beta x + B_3 ch\beta x\sin\beta x - B_4 ch\beta x\cos\beta x)$$

$$(6\text{-}25)$$

$$Q(x) = 2E_i\beta^3 \left[\begin{array}{l} B_1(ch\beta x\sin\beta x + sh\beta x\cos\beta x) - B_2(ch\beta x\cos\beta x - sh\beta x\sin\beta x) \\ + B_3(ch\beta x\cos\beta x + sh\beta x\sin\beta x) + B_4(ch\beta x\sin\beta x - sh\beta x\cos\beta x) \end{array} \right]$$

$$(6\text{-}26)$$

在实际作业过程中，提升机卷筒上布置的是双过渡的平行折线绳槽，该绳槽在两个过渡区内每次过渡半个绳径。这样在层间过渡的时候，第 1 层钢丝绳向第 2 层过渡时，实际上是爬升到第 1 层钢丝绳和过渡块组成的绳槽之内，爬升时钢丝绳对挡绳板并不产生轴向作用力（即钢丝绳对挡绳板的作用力为零），第 2 层钢丝绳爬升到第 3 层时也是如此，过渡块的位置如图 6-46 所示。

6.6.2　主轴结构的受力分析

提升机主轴部分主要受到来自卷筒和钢丝绳的力，并且其动力学运动过程和

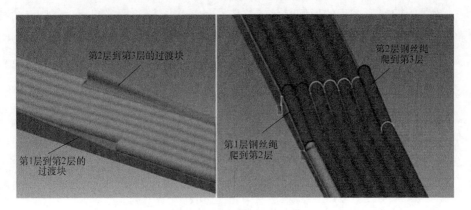

图 6-46　过渡块的位置

卷筒部分相同。由分析得出，主轴主要受到钢丝绳张力以及钢丝绳和卷筒重力的影响。为了便于数值模拟分析计算，将各力直接等效到主轴上再进行动力学仿真，如图 6-47 所示。

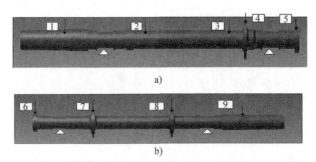

图 6-47　主轴结构等效受力分析示意

a) 游动卷筒部分主轴　　b) 固定卷筒部分主轴

各点的受力情况为

$$F_{1N} = m_d g \tag{6-27}$$

$$M_1 = M_9 \tag{6-28}$$

$$F_{2N} = M_X g/2 + L_G m_p g \tag{6-29}$$

$$F_{2L} = \left[\frac{(m_z + m)}{2} + L_Y m_p \right] g + \left[\frac{m_Y}{2} + \frac{m_t + (m + m_z)}{2} \right] \frac{a + (K-1)m}{2g} \tag{6-30}$$

$$F_{3N} = F_{2N} \tag{6-31}$$

$$F_{3L} = F_{2L} \tag{6-32}$$

$$F_{4N} = m_c g \tag{6-33}$$

$$M_4 = \frac{\left[(F_{3L} + F_{2L}) D \right]}{2} \tag{6-34}$$

$$F_{5N} = \frac{m_w g}{2} \tag{6-35}$$

$$M_5 = M_4 - M_1 \tag{6-36}$$

$$F_{6N} = F_{5N} \tag{6-37}$$

$$M_6 = M_7 + M_8 + M_9 \tag{6-38}$$

$$F_{7N} = \frac{m_Y g}{2} + (1500 - L_G) m_p g \tag{6-39}$$

$$F_{7L} = \frac{m_z g}{2} \tag{6-40}$$

$$M_7 = \frac{F_{7L} D}{2} \tag{6-41}$$

$$F_{8N} = F_{7N} \tag{6-42}$$

$$F_{8L} = F_{7L} \tag{6-43}$$

$$M_8 = M_7 \tag{6-44}$$

$$F_{9N} = m_p g \tag{6-45}$$

$$M_9 = \frac{(M_4 - M_7 - M_8)}{2} \tag{6-46}$$

式中，F_{XL} 为第 X 点的水平受力（N）；F_{XN} 为第 X 点的竖直受力（N）；M_X 为第 X 点所受扭矩（N·M）；L_G 为固定卷筒提升绳长（m）；L_Y 为游动卷筒提升绳长（m）；m 为提升载货质量（kg）；m_z 为容器自身质量（kg）；m_p 提升钢丝绳每米质量（kg/m）；m_Y 为游动卷筒质量（kg）；m_t 为天轮变位质量（kg）；m_c 为调绳离合器质量（kg）；m_w 为万向联轴器质量（kg）；m_d 为电动机转子质量（kg）。

6.6.3　承载结构作业过程中的动态应力分析

提升机在提升或下放的重载过程中，钢丝绳对其作用力是随时间变化的，运用有限元数值模拟可以确定主要承载部分卷筒结构在稳态载荷、瞬态载荷的组合作用下随时间变化的位移、应变和应力。研究提升机卷筒作业过程的动态应力，既对钢丝绳的研制和使用非常重要，又对提升机卷筒结构的设计、改进、延长使用寿命等具有重要的意义。

提升机卷筒上的载荷实际分布比较复杂，同时又容易受到外部条件的影响，在进行有限元分析时有必要对作用在模型上的载荷做一些适当的简化。由于卷筒惯性很大，未缠绕到卷筒上的钢丝绳对卷筒的弯矩和扭矩所产生的应力很小，可以忽略不计，而缠绕在卷筒上的钢丝绳对卷筒产生的径向压力所引起的筒壳自由段的压缩应力具有很高的值，在载荷中起决定性作用。

在计算提升机重载和空载下放时，可将此径向压力看作是在筒壳外有一个均

匀的压力压在筒壳上，多层缠绕钢丝绳对卷筒筒体的压力为

$$q_n = CqC_n = \frac{CC_nF}{rt} \tag{6-47}$$

多层缠绕系数 C_n 随着钢丝绳缠绕层数的增加而增加，但增幅却逐渐减小。在缠绕层数超过特定值后，多层缠绕系数会趋于常值。

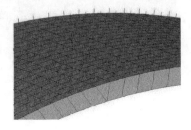

根据提升机卷筒的结构特点及受载情况，提升机在正常工作时，支轮的轮毂与主轴的连接处变形很小，所以把支轮与主轴的接触面作为边界条件，施加固定约束。钢丝绳缠入卷筒上时由于其张力作用在筒壳上的位置不断变化，所以在对筒壳进行加载时需对卷筒模型进行分割处理，根据钢丝绳直径大小把筒壳分割为若干绳径宽度的筒壳环，在每一筒壳环上施加不同的径向均布载荷，筒壳载荷的施加如图 6-48 所示。

图 6-48　卷筒筒壳模型载荷的施加

通过对满载提升和空载下放两种情况下钢丝绳对卷筒结构作用力的分析，得出卷筒结构在不同运行阶段的应力图，可以精确找到受力最大的时刻，并得出动应力－时间响应曲线。通过分析可知，卷筒的最大等效应力发生在内壁上，这主要是因为卷筒内侧支轮、支环与筒壳焊接处出现应力集中的现象。卷筒内壁上应力最大的部位并未出现在筒壳的中间位置，而是出现在支轮与支环的中间部位，且此处筒壳变形也较大。提取两种情况下的最大等效应力图，如图 6-49 所示。图 6-50 和图 6-51 所示为不同运行阶段中卷筒的最大应力、应变变化曲线。

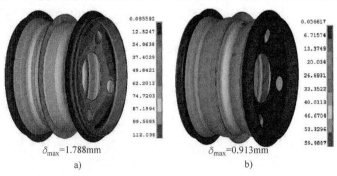

图 6-49　两种情况下的最大等效应力图

（彩图见书后插页）

a）满载提升　b）空载下放

在卷筒侧钢丝绳的张力最大时，卷筒结构上的最大等效应力并非是该运行阶段内最大的。因为卷筒结构上的最大等效应力不仅与卷筒侧钢丝绳的张力有关，还与钢丝绳的缠绕系数有关。满载提升时，卷筒结构的最大等效应力为

112.04MPa，低于材料的屈服极限，达到最大应力的时间为 67s，即钢丝绳缠绕卷筒第 2 层且处于等速阶段的时刻；空载下放时，卷筒结构的最大等效应力为 59.99MPa，达到最大应力的时间为 87s，即发生在开始减速阶段。

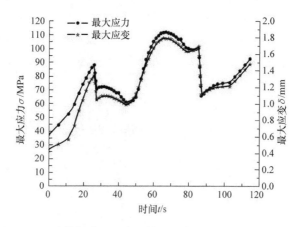

图 6-50　重载提升过程中卷筒的最大应力、应变变化曲线

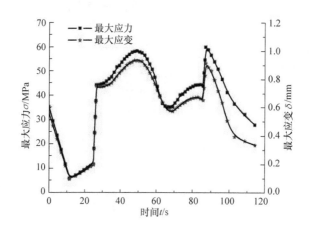

图 6-51　空载下放过程中卷筒的最大应力、应变变化曲线

6.7　有限元法在卷筒部分的结构优化中的应用

运用零阶优化法与分层目标法对提升机卷筒结构进行了优化分析。以卷筒质量最轻和改变支轮位置使得卷筒等效应力最小为目标函数进行卷筒结构优化设计，获得卷筒结构参数的优化值。优化迭代过程中让所有约束条件逼近其上下限，可以有效地处理大多数的工程问题。

目标函数为

$$f = \min f(X) \tag{6-48}$$

设计变量为

$$\begin{cases} X = (x_1, x_2, \cdots, x_n) \\ \underline{x}_i \leqslant x_i \leqslant \overline{x}_i & i = 1, 2, \cdots, n \end{cases} \tag{6-49}$$

状态变量为

$$\begin{cases} g_i(X) \leqslant \overline{g}_i & i = 1, 2, \cdots, m_1 \\ \underline{h}_i \leqslant h_i(X) & i = 1, 2, \cdots, m_2 \\ \underline{w}_i \leqslant w_i(X) \leqslant \overline{w}_i & i = 1, 2, \cdots, m_3 \end{cases} \tag{6-50}$$

目标函数 $f(X)$ 的数学描述为

$$\hat{f} = a_0 + \sum_i^n a_i x_i + \sum_i^n \sum_j^n b_{ij} x_i x_j \tag{6-51}$$

式（6-49）中的系数 a_i 和 b_{ij} 由加权最小二乘法来确定，迭代中的每个变量的具体形式一般由程序确定。

使用函数近似值描述目标函数和每个状态变量，用符号 $\hat{}$ 表示近似的因变量，则原来的约束最小值问题可重新表述如下

$$\min f(X) = \min \hat{f}(X) \tag{6-52}$$

使服从

$$\begin{cases} \underline{x}_i \leqslant x_i \leqslant \overline{x}_i & i = 1, 2, \cdots, n \\ \hat{g}_i(X) \leqslant \overline{g}_i + \alpha_i & i = 1, 2, \cdots, m_1 \\ \underline{h}_i - \beta_i \leqslant \hat{h}_i(X) & i = 1, 2, \cdots, m_2 \\ \underline{w}_i - \gamma_i \leqslant \hat{w}_i(X) \leqslant \overline{w}_i + \gamma_i & i = 1, 2, \cdots, m_3 \end{cases} \tag{6-53}$$

式中，α_i、β_i、γ_i 为状态变量的容许误差。

利用罚函数法，将约束问题转化为无约束问题。其形式为

$$F(X, p_k) = \hat{f} + f_0 p_k \left[\sum_{i=1}^n X(x_i) + \sum_{i=1}^{m_1} G(\hat{g}_i) + \sum_{i=1}^{m_2} H(\hat{h}_i) + \sum_{i=1}^{m_3} W(\hat{w}_i) \right] \tag{6-54}$$

式中，X 是设计变量的罚函数；G、H、W 是状态变量的罚函数；f_0 是引入的参考目标函数值，目的是为了获得相协调统一的单位；k 反应零阶求解过程中子循环

的执行情况；p_k 是罚因子。

所有罚函数采用的都是内点法，当设计变量（或状态变量）接近上限值时，其罚函数的数值急剧增加。

$$X(x_i) = \begin{cases} c_1 + c_2/(\overline{x}_i - x_i) & x_i \leqslant \overline{x}_i - \varepsilon(\overline{x}_i - \underline{x}_i) \\ c_3 + c_4/(x_i - \overline{x}_i) & x_i \geqslant \overline{x}_i - \varepsilon(\overline{x}_i - \underline{x}_i) \end{cases} \tag{6-55}$$

$$W(x_i) = \begin{cases} d_1 + d_2/(\overline{w}_i - \hat{w}_i) & \hat{w}_i \leqslant \overline{w}_i - \varepsilon(\overline{w}_i - \underline{w}_i) \\ d_3 + d_4/(\hat{w}_i - \overline{w}_i) & \hat{w}_i \geqslant \overline{w}_i - \varepsilon(\overline{w}_i - \underline{w}_i) \end{cases} \tag{6-56}$$

式中，c_1、c_2、c_3、c_4、d_1、d_2、d_3、d_4 为系数；ε 为极小正数。

在每一设计循环 j 得到无约束目标函数 $F^{(j)}$ 的最小值，$X^{(j)}$ 为无约束目标函数 $F^{(j)}$ 的设计变量。

$$X^{(j+1)} = X^{(b)} + c(X^{(j)} - X^{(b)}) \tag{6-57}$$

式中，$X^{(b)}$ 为当前的最优设计序列；c 为系数，$0 < c < 1$。

在每次迭代结束时都要进行收敛检查，当满足下列条件之一时，就会认定优化问题收敛，停止迭代运算。

1）当前设计的目标函数与当前最佳设计的目标函数的差值小于目标函数允许误差，即

$$|f^{(j)} - f^{(b)}| \leqslant \tau \tag{6-58}$$

2）前后两个设计对应目标函数的差值小于目标函数允许误差，即

$$|f^{(j)} - f^{(j-1)}| \leqslant \tau \tag{6-59}$$

3）当前设计到当前最佳设计的所有设计变量变化值小于各自的允许误差，即

$$|x_i^{(j)} - x_i^{(b)}| \leqslant \rho_i \quad i = 1, 2, \cdots, n \tag{6-60}$$

4）前后两个设计所有设计变量的差值小于各自的允许误差，即

$$|x_i^{(j)} - x_i^{(j-1)}| \leqslant \rho_i \quad i = 1, 2, \cdots, n \tag{6-61}$$

式（6-56）～式（6-59）中，τ 和 ρ_i 分别为目标函数和设计变量的允许误差。

6.7.1　卷筒的优化设计

在卷筒所受应力、变形大小和安全系数都满足要求的前提下，可以减少卷筒壁厚来进行结构优化。由于各工况的实际情况不同，钢丝绳的实际静张力不同，在改造卷筒时应根据各自提升机的实际最大静张力来确定改造卷筒的厚度。

$$\delta \geq \frac{C_n P}{[\sigma] r_0} \qquad\qquad (6\text{-}62)$$

式中，δ 为筒壳的厚度；C_n 为多层缠绕时的缠绕系数；P 为钢丝绳的最大静拉力；$[\sigma]$ 为卷筒的许用压缩应力；r_0 为钢丝绳节距。

由于减小外径尺寸而保持卷筒的内径尺寸不变，在同等条件下所承受的压应力和拉应力都更小。其次，同样的壁厚条件下若保持内径不变，减小外径尺寸可更大程度上减小卷筒重量。同时，减小卷筒外径对于卷筒的绳容量和最大提升力等基本设计要求并没有负面影响，部分参数甚至会有所提高。故选择保持内径不变，减小外径尺寸。对其进行有限元优化分析，得到的卷筒壁厚与应力、应变关系曲线如图 6-52 所示。

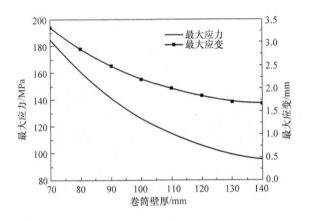

图 6-52　卷筒壁厚与应力、应变关系曲线

从图 6-52 可以看出，卷筒的最大应力及最大应变随卷筒壁厚的减小而增加。在满足强度、安全可靠要求的基础上，得到卷筒壁厚的最优值为 74mm。卷筒壁厚的改变对其应力、应变的影响较大，合理地设计壁厚，既能减轻卷筒的重量、节约制造成本，又可以提高市场竞争力。

6.7.2　卷筒支轮的优化设计

支轮是卷筒结构的重要组成部分，其位置设计对卷筒结构的力学性能影响较大，因此有必要在满足安全性的前提下，对支轮位置发生改变后筒壳上的应力进行分析，并对其进行优化设计。本文采用零阶优化方法，选取支轮位置（支轮距卷筒中心的距离）作为优化设计变量，目标函数取筒内壁最大应力。支轮位置的优化设计流程如图 6-53 所示，优化步骤及结果见表 6-14。

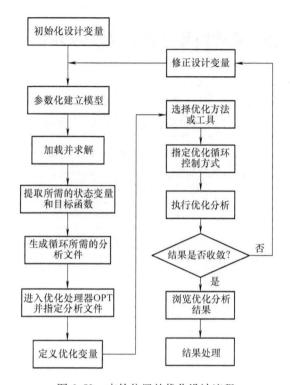

图 6-53　支轮位置的优化设计流程

表 6-14　优化步骤及结果

步骤	距卷筒中心的距离/mm	最大应力/MPa
1	2190.0	98.166
2	2400.0	101.68
3	1299.9	93.038
4	1400.7	86.698
5	1628.6	86.662
6	1684.3	90.061
7	1668.0	82.324
8	1619.7	87.316
9	1627.4	83.772

由表 6-14 可知，支轮最优位置在距卷筒中心 1668mm 处，在最优位置的最大应力为 82.324MPa，比原设计降低了 16%，提高了卷筒结构的稳定性。支轮位置的不同对筒壁应力有较大影响，所以合理选择支轮位置能有效降低卷筒应力。通过优化设计确定了支轮的最佳位置，改善了卷筒的受力情况，使卷筒结构参数更加合理，提高了提升系统的可靠性。

6.8 有限元法在承载结构疲劳寿命分析中的应用

通过对提升机作业过程的动态分析，得到了相应承载结构的动态载荷。通过定义材料的 $S-N$ 特性曲线，分析整个工作循环中的载荷谱，按照疲劳累积损伤理论进行疲劳损伤的累积，可以得到各个结构的疲劳寿命。疲劳寿命计算的流程如图6-54所示。

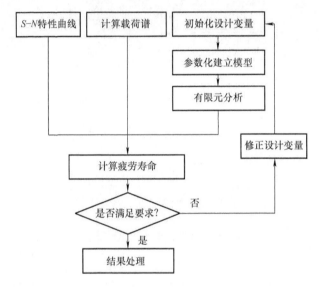

图 6-54　寿命计算流程

对于平均应力不为零的载荷谱，通常需要等效为对称循环，以便采用标准试样的 $S-N$ 曲线给出的材料参数进行寿命估算，常用修正的古德曼方程进行等效。

$$\sigma_a = \sigma_b \left(1 - \frac{\sigma_m}{S}\right) \tag{6-63}$$

式中，σ_a 为应力幅（MPa）；σ_b 为材料的疲劳极限（MPa）；S 为疲劳强度（MPa）；σ_m 为平均应力，MPa。

6.8.1　矿井提升机卷筒的疲劳寿命

Q345B 的 $S-N$ 曲线如图6-55所示，经过仿真分析得出提升机卷筒的载荷谱如图6-56所示。如果卷筒结构的最大等效应力比 $S-N$ 曲线定义的最低等效交变应力低，则疲劳寿命使用 $S-N$ 曲线中定义的最大循环次数。由计算可知，卷筒结构的最大等效应力为112.04MPa，小于 $S-N$ 曲线中定义的最低等效交变应力，所以卷筒结构的疲劳寿命大于 1×10^7 次循环，即认为可承受无限次循环。在 ANSYS 中设置相应的疲劳分析参数和不同存活率的 S – N 曲线，输入整个工作循环的载荷谱，对提升机卷筒结构进行疲劳寿命分析，得出卷筒结构的疲劳寿命为 1.111×10^8 次循环。施加的载荷不同，其疲劳寿命也不同，由于提升机在提升重载过程中，第 67s 时卷筒结构的应力值达到最大，故用 γ 表示施

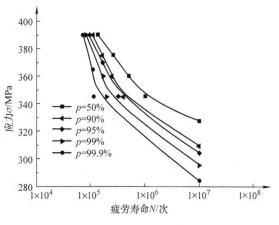

图 6-55　Q345B 的 S – N 曲线

加在卷筒结构上的载荷与上提重载第 67s 对卷筒结构所施加载荷的比值，分析得出在有限寿命范围内，卷筒结构在提升、下放全过程中的疲劳寿命与存活率、载荷比的关系，如图 6-57 所示。

　　在一定的加载范围内，当施加的载荷相同时，给定的存活率越高，对应的安全寿命越低；对于相同的安全寿命，给定的存活率越高，对应的应力水平越低，经济性越差。所以在疲劳设计中，选择合适的存活率 p 对于提高提升机卷筒结构的安全、可靠性具有重要意义。

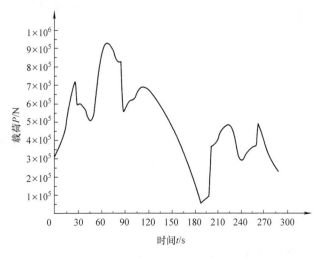

图 6-56　提升机卷筒的载荷谱

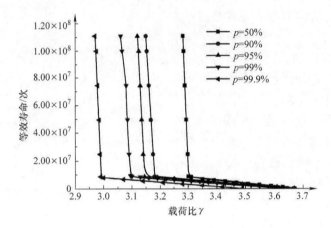

图 6-57　卷筒疲劳寿命与存活率载荷比的关系

6.8.2　矿井提升机主轴的疲劳寿命

通过对主轴的动载荷进行分析，在 ANSYS 中添加载荷与约束，主轴疲劳寿命的仿真结果如图 6-58 所示。研究对比游动卷筒主轴与固定卷筒主轴应力情况，取应力较大的游动卷筒主轴作为寿命计算参照。

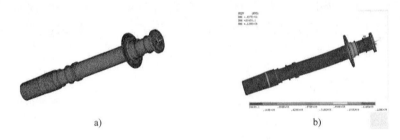

图 6-58　主轴疲劳的仿真结果

a）游动轴网格划分　b）主轴应力分析图

经过仿真得出主轴一个工作循环中最大应力的变化曲线，如图 6-59 所示。考虑到应力曲线中平均应力的影响，运用古德曼方程对其等效应力幅值进行修正。计算得出主轴结构的最大等效应力幅值为 246.2MPa，小于 S – N 曲线（见图 6-60）中定义的最低等效交变应力，因此主轴的疲劳寿命大于 1×10^7 次循环，即认为可承受无限次循环，并且满足较高的存活率。

6.8.3　矿井提升机天轮的疲劳寿命

天轮为提升机钢丝绳工作时的重要支撑部分，其主要受两端钢丝绳张力的影响。天轮的受力情况如图 6-61 所示。工作时钢丝绳两端在天轮上形成一个包角，

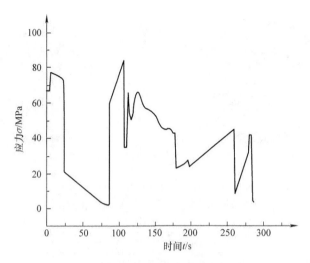

图 6-59　提升机主轴最大应力的变化曲线

会对天轮产生一个径向的压力，钢丝绳晃动时也会对其产生轴向的偏载。由于轮槽与钢丝绳的接触和钢丝绳本身的弹性作用，天轮两侧受到的钢丝绳拉力大小也并不相同。在初步仿真时，为了简化计算与分析，假设两端的拉力大小相同，同时也忽略轴向的偏载。

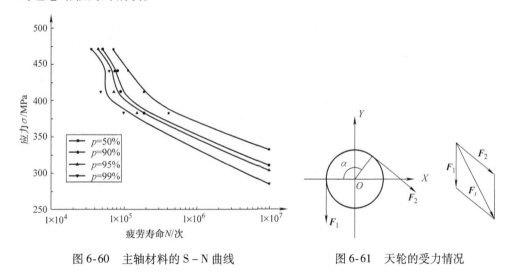

图 6-60　主轴材料的 S－N 曲线　　　　　　　图 6-61　天轮的受力情况

　　将钢丝绳的工作拉力等效为直接作用在天轮上的力，并在数值分析软件中建立其有限元模型（见图 6-62）。通过对其做静强度分析，得到工作中各个阶段的最大应力，绘制其载荷谱。
　　设置好不同部位材料的 S－N 曲线以及极限强度，输入整个载荷谱进行计算。

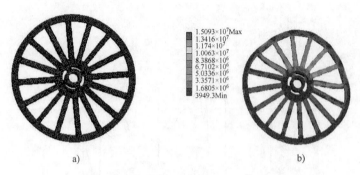

图 6-62　天轮的有限元模型与应力最大时的等效应力云图

a）天轮有限元模型　b）应力最大时的等效应力云图

由于平均应力不为零，计算时同样采用古德曼理论对其等效。得到整个结构的疲劳寿命大于所定义的 1×10^7 次循环，满足疲劳设计的要求。天轮的载荷谱与疲劳寿命云图如图 6-63 所示。

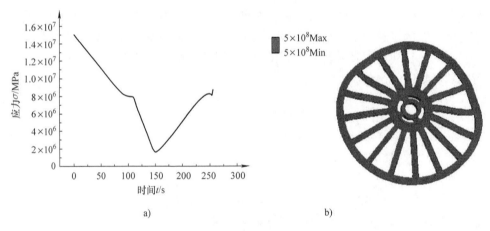

图 6-63　天轮的载荷谱与疲劳寿命云图

a）载荷谱　b）疲劳寿命云图

第7章　虚拟样机技术在矿井提升机设计中的应用

虚拟样机技术应用到矿山机械产品设计中，可通过计算机辅助技术建立的多体机械系统的三维实体模型和力学模型就对机械系统运动学及动力学性能进行分析和评估，为产品的设计改进和实际制造提供了参考与依据。利用虚拟样机技术可以大大缩短产品开发周期，降低生产成本。

虚拟样机技术的主要作用表现在以下两个方面：

1）在矿井提升系统相关设计理论的基础上，完成缠绕式提升机、钢丝绳、天轮等的选型计算，同时确定了它们的相互位置关系，为提升系统的部分设计提供参考。

2）利用提升机的系统动力学仿真模型，进而对提升机的提升过程进行动态仿真计算，从而得到提升机在提升重量、速度、加速度等不同参量下的动态特性。

在计算机技术飞速发展的今天，计算机仿真方法相对于物理样机的试验来说，大大减少了设计生产成本，而且适用性相对比较好。在工程设计中得到了越来越广泛的应用，国内外对此进行了大量的研究，计算方法也不断完善，虚拟样机技术就是其中相对比较成熟的技术之一。

7.1　柔性体建模技术

7.1.1　基于模态坐标的柔性体建模方法

基于模态坐标的柔性体（模态柔性体）建模基本原理是将柔性体视为有限元模型节点的集合，从而用模态来表示物体的弹性，利用此种方法建立的柔性体物体对于计算弹性小变形的系统是相当有效的。模态柔性体建模的基本思想是赋予系统中每个柔性体各一个模态集，利用模态展开法，将柔性体中节点的线性局部运动近似为模态振型或模态振型矢量的线性叠加表示。通过计算每一时刻物体的弹性位移来描述系统中柔性体的变形运动。显然模态柔性体建模是与有限元方法紧密联系的，模态柔性体是用构件离散化后的若干个单元的有限个单元节点自由度来表示构件的无限多个自由度的。

模态柔性体在惯性坐标系中的位置用笛卡儿坐标 $X=(x,y,z)$ 和反映刚体方位的欧拉角 $\gamma=(\psi,\theta,\phi)$ 进行描述，模态坐标用 $q=\{q_1,q_2,\cdots,q_m\}^{\mathrm{T}}$（$m$ 为模态

坐标数）表示。则系统中柔性体的广义坐标可以描述为

$$\xi = \begin{Bmatrix} X \\ \gamma \\ q \end{Bmatrix} = \begin{Bmatrix} x \\ y \\ z \\ \psi \\ \theta \\ \phi \\ q_{j,j} = 1, m \end{Bmatrix} \tag{7-1}$$

式中，x、y、z 是局部坐标系相对于整体惯性坐标系的空间位置；ψ、θ、ϕ 是局部坐标系相对于整体坐标系原点的欧拉角；q_j 是第 m 阶模态振幅的振型分量。

则系统中某个模态柔性体第 i 个节点的空间位置矢量可以定义为

$$r_i = x + A(s_i + \Phi_i q) \tag{7-2}$$

式中，x 为局部坐标系在惯性坐标系中的空间位置矢量；A 为局部坐标系相对于惯性坐标系原点的方向余弦矩阵；s_i 为节点 i 未变形前在局部坐标系的空间位置矢量；Φ_i 为节点 i 的移动自由度的模态矩阵子块。q 为模态振幅矢量。

对式（7-2）求导得到节点 i 的速度

$$\begin{aligned} v_i &= \dot{x} - A(\widetilde{s}_i + \widetilde{\Phi}_i q)\omega + A\Phi_i \dot{q} \\ &= [E - A(\widetilde{s}_i + \widetilde{\Phi}_i q)B + A\Phi_i]\dot{\xi} \end{aligned} \tag{7-3}$$

式中，ω 为构件的角速度矢量；B 为欧拉角的时间倒数与角速度矢量之间的转换矩阵；$\widetilde{s}_i$、$\widetilde{\Phi}_i$ 分别为相应矢量对应的对称矩阵。

构件节点 i 的角速度用构件的刚体与变形角速度矢量和表示为

$$\omega_i = \omega + \Phi' \dot{q} \tag{7-4}$$

式中，ω 为构件在局部坐标系中的角速度矢量；Φ' 为节点 i 的转动自由度的模态矩阵字块。

系统的势能可以表示为

$$V = \frac{1}{2}\dot{\xi}^{\mathrm{T}} K(\xi)\dot{\xi} \tag{7-5}$$

系统动能为

$$T = \frac{1}{2}\sum_{i=1}^{n} m_i v_i^{\mathrm{T}} v_i = \frac{1}{2}\dot{\xi}^{\mathrm{T}} M(\xi)\dot{\xi} \tag{7-6}$$

把以上方程代入带乘子的拉格朗日方程，建立柔性体的运动微分方程

$$M\ddot{\xi} + \dot{M}\dot{\xi} - \frac{1}{2}\left[\frac{\partial M}{\partial \xi}\dot{\xi}\right]^{\mathrm{T}}\dot{\xi} + K\xi + f_g + D\dot{\xi} + \left[\frac{\partial \gamma}{\partial \xi}\right]\lambda = Q \tag{7-7}$$

式中，K 和 D 分别为系统中柔性体的模态刚度矩阵和阻尼矩阵，刚度和阻尼的变化只取决于变形，因此刚体的平动和转动对变形能和能量损失没有影响；f_g 为重

力；λ 为系统约束方程的拉格朗日乘子；γ 和 Q 为外部施加在系统上的广义力。

柔性体运动方程中的质量矩阵 $M(\xi)$ 在计算时分别按照移动坐标、转动坐标、模态坐标进行分块，可以表示为

$$M(\xi) = \begin{pmatrix} M_{tt} & M_{tr} & M_{tm} \\ M_{tr}^{\mathrm{T}} & M_{rr} & M_{rm} \\ M_{tm}^{\mathrm{T}} & M_{rm}^{\mathrm{T}} & M_{mm} \end{pmatrix} \tag{7-8}$$

其中，

$$\begin{aligned} M_{tt} &= I^1 E \\ M_{tr} &= -A(I^2 + I_j^3 q_j)B \\ M_{tm} &= AI^3 \\ M_{rr} &= B^{\mathrm{T}}(I^7 - (I_j^8 + I_j^{8\mathrm{T}})q_j - I_{ij}^9 q_i q_j)B \\ M_{rm} &= B^{\mathrm{T}}(I^4 + I_j^5 q_j) \\ M_{mm} &= I^6 \end{aligned} \tag{7-9}$$

质量矩阵 $M(\xi)$ 的 9 个子块均用模态坐标、欧拉角和 9 个惯性时不变矩阵来表示，这 9 个惯性时不变矩阵一般在预处理程序中一次性地计算出来。显然在计算得到 9 个惯性时不变矩阵常量之后得到的柔性体的动力学方程就与组成柔性体的单元节点数目建立了联系。模态柔性体的 9 个惯性时不变矩阵见表 7-1。

表 7-1　模态柔性体的 9 个惯性时不变矩阵

惯性时不变矩阵	维数
$I^1 = \sum\limits_{i=1}^{N} m_i$	标量
$I^2 = \sum\limits_{i=1}^{N} m_i s_i$	3×1
$I_j^3 = \sum\limits_{j=1}^{N} m_j \Phi_j, j = 1,2,\cdots,n$	$3 \times m$
$I^4 = \sum\limits_{i=1}^{N} (m_i \widetilde{s}_i \Phi_i + I_i \Phi_i')$	$3 \times m$
$I_j^5 = \sum\limits_{j}^{N} m_j \widetilde{\Phi}_{ij} \Phi_j, j = 1,2,\cdots,n$	$3 \times m$
$I^6 = \sum\limits_{i=1}^{N} (m_i \Phi_i^{\mathrm{T}} \Phi_i + \Phi_i^{\mathrm{T}} I_i \Phi_i')$	$m \times m$
$I^7 = \sum\limits_{i=1}^{N} (m_i \widetilde{s}_i^{\mathrm{T}} \widetilde{s}_i + I_i)$	3×3
$I_j^8 = \sum\limits_{i=1}^{N} m_i \widetilde{s}_i \widetilde{\Phi}_{ij}, i,j = 1,2,\cdots,n$	3×3
$I_{jk}^9 = \sum\limits_{i=1}^{N} m_i \widetilde{\Phi}_{ij} \widetilde{\Phi}_{ik}, j,k = 1,2,\cdots,n$	3×3

7.1.2　有限元多柔性体建模原理

　　有限元多柔体技术是现代最新的多体动力学仿真技术，在充分考虑了系统动力学的前提下，对柔性体和复杂接触进行了一个正确的表述。有限元多柔性体技术首次把历史上的多体动力学分析和有限元分析两个单独的领域合并起来，排除了模态缩减的明显弊端。采用此方法，能够精确地预测柔性体之间以及柔性体和刚体间的接触问题，同时能够直接得到有用的应力结果。用模态缩减法求解有限元结构问题，通过有限元程序预先求解结构的特征值，进而得到模态缩减的柔性体结构。该方法已经满足了许多应用的需要，但是对于一些重要的应用呈现出了较大的局限性。一方面这些线性化的柔性体不允许出现大变形，另一方面是不具备足够的刚度信息，考虑接触计算比较困难，甚至不能实现。因为结果的好坏直接取决于从有限元程序倒入的特征值，所以评价组件的应力显得非常重要。多柔性体技术不是为了取代模态缩减法，而是采用节点法对它补充扩展，应用真实的有限元结构，在一个系统中合并两种方法的优点。

　　目前为止，采用多柔性体结构，不再需要一个单独的有限元工具预先对柔性体求解，在软件进行仿真时生成完整的刚度矩阵和质量矩阵。仿真过程中通过反复计算结构矩阵，可以进行精确的应力分析、考虑柔性体结构间的碰撞和接触，以及考虑非线性变形，计算过程中软件能够自动判断结构间的接触。

7.1.3　多柔性体技术中柔性体的描述

　　图 7-1 所示为两个相邻的柔性体 i 和 j，坐标系 $x_i'y_i'z_i'$ 和 $x_j'y_j'z_j'$ 为相对柔性体的参考坐标系。坐标系 XYZ 为总体惯性坐标系。i_1、i_2 为柔性体 i 内部的节点，j_1

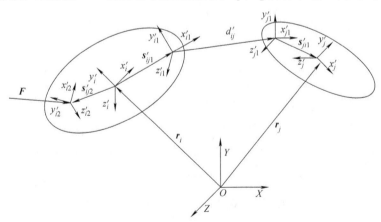

图 7-1　两个相邻的柔性体

为柔性体 j 内部的节点。$\boldsymbol{r}_i$、$\boldsymbol{r}_j$ 分别为柔性体 i 和 j 体坐标的位置矢量。柔性体关于惯性坐标系原点 O 的速度和虚位移分别定义为

$$\begin{pmatrix} \boldsymbol{r} \\ \boldsymbol{\omega} \end{pmatrix} \tag{7-10}$$

$$\begin{pmatrix} \delta\boldsymbol{r} \\ \delta\boldsymbol{\omega} \end{pmatrix} \tag{7-11}$$

柔性体的速度和虚位移在参考坐标系 $x_i' y_i' z_i'$ 和 $x_j' y_j' z_j'$ 中可以表示为

$$\boldsymbol{Y} = \begin{pmatrix} \dot{\boldsymbol{r}}' \\ \boldsymbol{\omega}' \end{pmatrix} = \begin{pmatrix} \boldsymbol{A}^{\mathrm{T}}\dot{\boldsymbol{r}} \\ \boldsymbol{A}^{\mathrm{T}}\boldsymbol{\omega} \end{pmatrix} \tag{7-12}$$

$$\delta\boldsymbol{Z} = \begin{pmatrix} \delta\boldsymbol{r}' \\ \delta\boldsymbol{\pi}' \end{pmatrix} = \begin{pmatrix} \boldsymbol{A}^{\mathrm{T}}\delta\boldsymbol{r} \\ \boldsymbol{A}^{\mathrm{T}}\delta\boldsymbol{\pi} \end{pmatrix} \tag{7-13}$$

矩阵 A 为参考坐标系到惯性坐标系的位置转换矩阵。假定柔性体 i 和 j 在 $x_{i1}' y_{i1}' z_{i1}'$ 和 $x_{i1}' y_{i1}' z_{i1}'$ 中存在一个连接。一个作用力 F 作用在参考坐标系 $x_{i2}' y_{i2}' z_{i2}'$ 的原点。为了减少程序计算的时间，对于连接处和受力点引入虚刚体的概念，即引入的刚体的质量和转动惯量为 0，如图 7-2 所示。

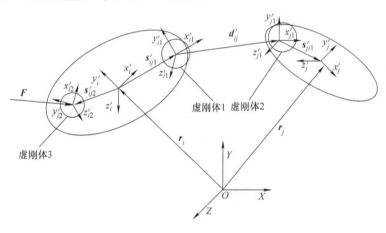

图 7-2　柔性体引入虚刚体

引入虚刚体以后，可以看到这时的柔性体除了柔性体和虚刚体之间的运动条件外没有物体之间的铰接和外作用力。因此，这时的铰接和作用力可以看作是刚体与柔性体的柔性连接。下面对柔性体和虚刚体的柔性连接进行研究。

图 7-3 所示为一个柔性体 $i-1$ 通过柔性连接与虚刚体 i 固结在一起。则虚刚体的原点位置矢量可以表示为

$$\boldsymbol{r}_i = \boldsymbol{r}_{i-1} + \boldsymbol{A}_{i-1}({}_0\boldsymbol{s}_{(i-1)i}' + \boldsymbol{u}_{(i-1)i}') \tag{7-14}$$

式中，${}_0\boldsymbol{s}_{(i-1)i}'$ 和 $\boldsymbol{u}_{(i-1)i}'$ 分别表示虚刚体原点相对于柔性体参考坐标系 $x_{i-1}' y_{i-1}' z_{i-1}'$

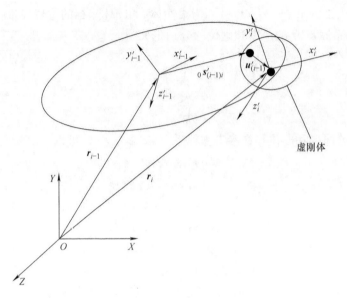

图 7-3　柔性体与虚刚体的柔性连接

在未变形下的位置矢量和变形矢量；$\boldsymbol{A}_{i-1}$ 为相对于柔性体参考坐标系的方向转换矩阵。

相对变形矢量 $\boldsymbol{u}_{(i-1)i}$ 可以利用一系列的变形模态矩阵表示

$$\boldsymbol{u}'_{(i-1)i} = \boldsymbol{\Phi}^R_{i-1} \boldsymbol{q}^f_{(i-1)i} \tag{7-15}$$

式中，$\boldsymbol{\Phi}^R_{i-1}$ 表示由平动模态组成的变形模态矩阵；$\boldsymbol{q}^f_{(i-1)i}$ 表示柔性体关于 i 和 $i-1$ 的体参考坐标系的相对模态广义坐标。

设定

$$\boldsymbol{A}^{\mathrm{T}}_{(i-1)i} = \boldsymbol{A}^{\mathrm{T}}_{(i-1)} \boldsymbol{A}_i \tag{7-16}$$

在局部坐标系下，角速度可以表示为

$$\boldsymbol{\omega}'_i = \boldsymbol{A}^{\mathrm{T}}_{(i-1)i} \boldsymbol{\omega}'_{i-1} + \boldsymbol{A}^{\mathrm{T}}_{(i-1)i} \boldsymbol{\Phi}^\theta_{i-1} \dot{\boldsymbol{q}}^f_{(i-1)i} \tag{7-17}$$

对式 (7-17) 取微分，可以得到

$$\dot{\boldsymbol{r}}'_i = \boldsymbol{A}^{\mathrm{T}}_{(i-1)i} \dot{\boldsymbol{r}}'_{i-1} - \boldsymbol{A}^{\mathrm{T}}_{(i-1)i} \widetilde{\boldsymbol{s}}'_{(i-1)i} \boldsymbol{\omega}'_{i-1} + \boldsymbol{A}^{\mathrm{T}}_{(i-1)i} \boldsymbol{\Phi}^\theta_{i-1} \dot{\boldsymbol{q}}^f_{(i-1)i} \tag{7-18}$$

其中

$$\widetilde{\boldsymbol{s}}'_{(i-1)i} = {}_0\boldsymbol{s}'_{(i-1)i} + \boldsymbol{u}'_{(i-1)i}$$

$$\dot{\boldsymbol{A}}_i = \boldsymbol{A}_i \widetilde{\boldsymbol{\omega}}'_i \tag{7-19}$$

联立方程可以得到关于柔性铰接的相对速度

$$\boldsymbol{Y}_i = \boldsymbol{B}^f_{(i-1)i1} \boldsymbol{Y}_{i-1} + \boldsymbol{B}^f_{(i-1)i2} \dot{\boldsymbol{q}}^f_{(i-1)i} \tag{7-20}$$

其中

$$\boldsymbol{B}^{f}_{(i-1)i1} = \begin{bmatrix} \boldsymbol{A}^{\mathrm{T}}_{(i-1)i} & -\boldsymbol{A}^{\mathrm{T}}_{(i-1)i}\widetilde{\boldsymbol{s}}\,'_{(i-1)i} \\ \boldsymbol{0} & \boldsymbol{A}^{\mathrm{T}}_{(i-1)i} \end{bmatrix}$$

$$\boldsymbol{B}^{f}_{(i-1)i2} = \begin{pmatrix} \boldsymbol{A}^{\mathrm{T}}_{(i-1)i}\boldsymbol{\Phi}^{R}_{i-1} \\ \boldsymbol{A}^{\mathrm{T}}_{(i-1)i}\boldsymbol{\Phi}^{\theta}_{i-1} \end{pmatrix} \qquad (7\text{-}21)$$

由式（7-21）可以知道矩阵 $\boldsymbol{B}^{f}_{(i-1)i1}$ 和 $\boldsymbol{B}^{f}_{(i-1)i2}$ 仅仅是关于柔性体 $i-1$ 模态坐标的函数。方程中描述了一个柔性体内部铰接一个虚刚体的相对运动关系，同理可以得到一个虚刚体外部铰接一个柔性体的相对运动关系

$$\boldsymbol{Y}_i = \boldsymbol{B}^{f}_{(i-1)i1}\boldsymbol{Y}_{i-1} + \boldsymbol{B}^{f}_{(i-1)i2}\dot{\boldsymbol{q}}^{f}_{(i-1)i} \qquad (7\text{-}22)$$

其中

$$\boldsymbol{B}^{f}_{(i-1)i1} = \begin{pmatrix} \boldsymbol{A}^{\mathrm{T}}_{(i-1)i} & \widetilde{\boldsymbol{s}}\,'_{i(i-1)}\boldsymbol{A}^{\mathrm{T}}_{(i-1)i} \\ \boldsymbol{0} & \boldsymbol{A}^{\mathrm{T}}_{(i-1)i} \end{pmatrix}$$

$$\boldsymbol{B}^{f}_{(i-1)i2} = \begin{pmatrix} -\widetilde{\boldsymbol{s}}\,'_{i(i-1)}\boldsymbol{\Phi}^{\theta}_{i-1} - \boldsymbol{\Phi}^{R}_{i-1} \\ -\boldsymbol{\Phi}^{\theta}_{i-1} \end{pmatrix} \qquad (7\text{-}23)$$

同理可以得到两个铰接刚体的相对速度关系为

$$\boldsymbol{Y}_i = \boldsymbol{B}^{r}_{(i-1)i1}\boldsymbol{Y}_{i-1} + \boldsymbol{B}^{r}_{(i-1)i2}\dot{\boldsymbol{q}}^{r}_{(i-1)i} \qquad (7\text{-}24)$$

式中的上标 r 是关于其中一个刚体铰接的广义坐标。

$$\boldsymbol{B}^{r}_{(i-1)i1} = \begin{pmatrix} \boldsymbol{A}^{\mathrm{T}}_{(i-1)i} & -\boldsymbol{A}^{\mathrm{T}}_{(i-1)i}(\widetilde{\boldsymbol{s}}\,'_{(i-1)i} + \widetilde{\boldsymbol{d}}\,'_{(i-1)i} - \boldsymbol{A}_{(i-1)i}\widetilde{\boldsymbol{s}}\,'_{(i-1)i}\boldsymbol{A}^{\mathrm{T}}_{(i-1)i}) \\ \boldsymbol{0} & \boldsymbol{A}^{\mathrm{T}}_{(i-1)i} \end{pmatrix}$$

$$\boldsymbol{B}^{r}_{(i-1)i2} = \begin{pmatrix} \boldsymbol{A}^{\mathrm{T}}_{(i-1)i}[\,(\widetilde{\boldsymbol{d}}\,'_{(i-1)i})_{\boldsymbol{q}_{(i-1)i}} + \boldsymbol{A}_{(i-1)i}\widetilde{\boldsymbol{s}}\,'_{(i-1)i}\boldsymbol{A}^{\mathrm{T}}_{(i-1)i}\boldsymbol{H}'_{(i-1)i}\,] \\ \boldsymbol{A}^{\mathrm{T}}_{(i-1)i}\boldsymbol{H}'_{(i-1)i} \end{pmatrix}$$

$$(7\text{-}25)$$

式中，$\boldsymbol{H}'_{(i-1)i}$ 为由轴向旋转形成的转化矩阵。

设定欧拉转动顺序按照"1 - 2 - 3"旋转，则

$$\boldsymbol{H}_{(i-1)i} = \begin{pmatrix} 1 & 0 & \sin(\theta'_{(i-1)i2}) \\ 0 & \cos(\theta'_{(i-1)i1}) & -\sin(\theta'_{(i-1)i1})\cos(\theta'_{(i-1)i2}) \\ 0 & \sin(\theta'_{(i-1)i1}) & \cos(\theta'_{(i-1)i1})\cos(\theta'_{(i-1)i2}) \end{pmatrix} \qquad (7\text{-}26)$$

由式（7-26）可以知道矩阵 $\boldsymbol{B}^{r}_{(i-1)i1}$ 和 $\boldsymbol{B}^{r}_{(i-1)i2}$ 仅仅是关于广义坐标 $\boldsymbol{q}^{r}_{(i-1)i}$ 的函数。

根据系统所有运动物体不同的连接形式按照连接的顺序，得到系统所有运动体的速度 $\overline{\boldsymbol{Y}}$，写成矩阵的形式为

$$\overline{Y} = \begin{pmatrix} \overline{Y} \\ \dot{q}^f \end{pmatrix} = \begin{pmatrix} B_{zr} & B_{zf} \\ 0 & I \end{pmatrix} \begin{pmatrix} \dot{q}^r \\ \dot{q}^f \end{pmatrix} \equiv B\,\dot{q} \qquad (7\text{-}27)$$

式中，q^r 和 q^f 分别表示相对变形矢量和模态坐标矢量。假定 $\dot{q}^r \in nc$，$\dot{q}^f \in nf$，则在给定 $\dot{q} \in R^{nr+nf}$ 的情况下，根据式（5-27）可以求得 $\overline{Y} \in R^{nc+nf}$。

利用速度转换方法得到引入约束的系统运动学方程

$$F = B^{\mathrm{T}}(M\,\dot{\overline{Y}} + \Phi_Z^{\mathrm{T}}\lambda - \overline{Q}) \qquad (7\text{-}28)$$

式中，Φ 和 λ 分别表示约束矩阵和拉格朗日乘子矢量矩阵；M 为系统总体质量矩阵；Q 为包含外力由应变引起的内力以及由速度变化引起的力的矩阵；F 为系统受到的外力矩阵。

图 7-4 和图 7-5 所示分别为利用有限元法和有限元多柔性体技术对相同结构在相同边界条件下和相同载荷作用下的应力和变形计算结果，通过比较可以看到，两者的计算结果几乎相差无几。这说明有限元多柔性体方法同有限元方法一样具有较高的求解精度。

图 7-6 所示为利用模态柔性体技术对相同边界条件下（右侧面固定）和相同载荷作用下（上侧面施加相同的压力）的计算结果，有限元法。有限元多柔性体技术和模态柔性体技术三者的计算结果的比较见表 7-2。

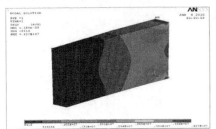 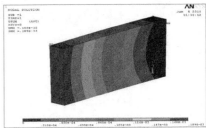

图 7-4　利用有限元法的计算结果
（彩图见书后插页）

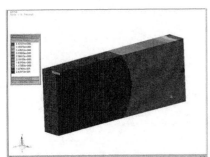 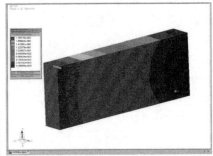

图 7-5　利用有限元多柔性体技术的计算结果
（彩图见书后插页）

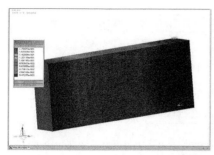

图 7-6　利用模态柔性体技术的计算结果

（彩图见书后插页）

表 7-2　三种方法计算结果的比较

计算方法	最大变形/mm	最大等效应力/MPa	应力相差值/MPa	相对误差
有限元法	0.1882	45.7432	—	—
有限元多柔性体技术	0.1881	47.5758	−0.8227	1.7%
模态柔性体技术	0.1894	42.7742	3.0790	7.7%

　　有限元多柔性体技术以相对比较成熟的有限元计算结果作为比较的基础，可以看到：三者的变形计算结果十分接近，等效应力分布趋势相同，利用模态柔性体技术的计算结果与有限元计算结果的相对误差为 7.7%，而利用有限元多柔性体技术相应的误差只有 1.7%。显然后者具有更高的计算精度。

　　有限元多柔性体技术虽然具有较高的计算精度，但是由于其大大地增加了系统的求解规模使其应用受到限制，因而更多的应用于非线性大变形的分析；利用模态柔性体技术时，为了提高计算的效率，需要对构件的模态进行模态截断、模态综合，缩减系统的求解规模，如何进行模态截断、模态综合就成了一个关键问题。它更多的应用于结构相对变形不大的结构分析中。

7.2　摩擦式提升机的虚拟样机仿真

　　塔式摩擦式提升机是一个结构复杂的大型系统。主要由主轴、卷筒、提升首绳、尾绳、提升容器、配重、罐道等结构组成，结构简图如图 1-1 所示。在建模过程中把主轴、卷筒和钢丝绳作为柔性体进行建模；把提升容器等作为刚体进行建模。摩擦式提升机在工作过程中，影响上升和下降动态特性的因素较多，为了研究的方便，零部件之间的运动副的间隙和摩擦不予考虑。摩擦式提升机的虚拟样机建模流程如图 7-7 所示。

7.2.1　主轴装置的建模

　　首先完成主轴装置的建模。主轴装置主要包括主轴、卷筒、电动机等。在提

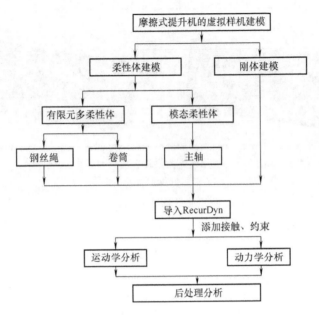

图 7-7　摩擦式提升机的虚拟样机建模流程

升机工作过程中，主轴的变形相对较小，所以采用模态柔性体技术建立主轴的柔性体；提升机的钢丝绳属于大变形的柔性体，采用有限元多柔性体技术进行建模；虽然提升机的卷筒变形相对不大，但是为了建立钢丝绳与卷筒的接触，所以卷筒也采用有限元多柔性体技术进行建模。

　　提升机的主轴以及卷筒的几何模型相对比较简单，直接采用有限元分析软件 ANSYS 建模，主轴（solid 45）、卷筒（shell 73）建模划分单元后的模型如图 7-8 和图 7-9 所示。

图 7-8　主轴有限元模型

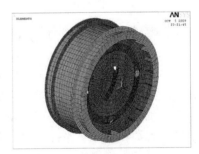

图 7-9　卷筒有限元模型

　　主轴需要建立模态柔性体。RecurDyn 提供了有限元分析软件 ANSYS 和 NAS-TRAN 的专用执行宏文件。本文中利用 ANSYS10，通过执行宏文件可以得到在

RecurDyn 生成模态柔性体需要的模态分析结果文件（.rst）、材料属性文件（.mp）、单元矩阵文件（.emat）等，输入接口如图 7-10 所示。Recur Dyn 生成的有限元柔性体接口如图 7-11 所示在生成模态柔性体的过程中设定主轴轴承、与电动机连接处的位置以及与卷筒连接处的位置的节点为外部界面点，界面点作为对模态柔性体进行运输或者同其他结构件进行运动副连接的位置点，生成的主轴模态柔性体如图 7-12 所示。

图 7-10　RecurDyn 生成的模态　　　　图 7-11　RecurDyn 生成的有限元
柔性体的输入接口　　　　　　　　柔性体接口

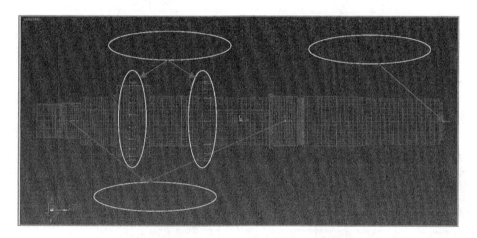

图 7-12　RecurDyn 生成的主轴模态柔性体

在生成卷筒（见图 7-13）以及主轴的柔性体后，在 RecurDyn 中把主轴的界面点利用固结副把主轴与卷筒连接起来。在主轴的右侧利用一个刚性圆柱体模拟电动机，圆柱体的左侧利用固结副与主轴的电动机界面点连接。主轴两侧的轴承可以看作有阻尼的两个弹簧，其与机架（在这里为大地）连接，利用轴套力进行模拟。轴套力在柔性连接中是一个非常重要的方法。轴套力连接两个部件，对这两个部件施加线性力。通过定义力和力矩（F_x，F_y，F_z，T_x，T_y，T_z）的方式来定义轴套力。其力学模型如图 7-14 所示。

轴套力的计算公式见式（7-29）。

式中，F，T 分别表示力和力矩；

$$
\begin{pmatrix} F_x \\ F_y \\ F_z \\ T_x \\ T_y \\ T_z \end{pmatrix} = -\begin{pmatrix} k_{11} & 0 & 0 & 0 & 0 & 0 \\ 0 & k_{22} & 0 & 0 & 0 & 0 \\ 0 & 0 & k_{33} & 0 & 0 & 0 \\ 0 & 0 & 0 & k_{44} & 0 & 0 \\ 0 & 0 & 0 & 0 & k_{55} & 0 \\ 0 & 0 & 0 & 0 & 0 & k_{66} \end{pmatrix} \begin{pmatrix} x \\ y \\ z \\ a \\ b \\ c \end{pmatrix}
$$

$$
-\begin{pmatrix} c_{11} & 0 & 0 & 0 & 0 & 0 \\ 0 & c_{22} & 0 & 0 & 0 & 0 \\ 0 & 0 & c_{33} & 0 & 0 & 0 \\ 0 & 0 & 0 & c_{44} & 0 & 0 \\ 0 & 0 & 0 & 0 & c_{55} & 0 \\ 0 & 0 & 0 & 0 & 0 & c_{66} \end{pmatrix} \begin{pmatrix} v_x \\ v_y \\ v_z \\ \omega_x \\ \omega_y \\ \omega_z \end{pmatrix} + \begin{pmatrix} F_1 \\ F_2 \\ F_3 \\ T_1 \\ T_2 \\ T_3 \end{pmatrix} \qquad (7\text{-}29)
$$

式中，X、Y、Z、a、b、c、v_x、v_y、v_z、ω_x、ω_y、ω_z 分别表示 I 和 J 标记之间的相对位移、转角、速度、角速度；k，c 分别表示刚度系数和阻尼系数；F_1、F_2、F_3、T_1、T_2、T_3 分别表示力和力矩的初始值。

轴套力的反作用力按下式计算

$$
F_J = -F_I
$$
$$
T_J = -T_I - \delta F_I \qquad (7\text{-}30)
$$

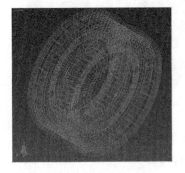

图 7-13　卷筒柔性体模型

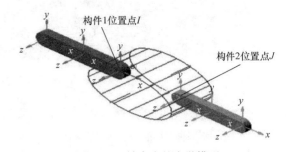

图 7-14　轴套力的力学模型

7.2.2　钢丝绳的建模

钢丝绳的建模采用有限元多柔体技术进行建模。首先在 ANSYS 中利用梁单元 beam 4 建立钢丝绳首绳和尾绳的有限元模型，写出 .cdb 文件，依次导入到 RecurDyn 中，修改梁单元的方向点，设定材料属性，定义截面属性等即可以得到钢丝绳的柔性体模型。生成钢丝绳模型后，定义首绳与卷筒的接触属性，完成钢丝绳的建模。

7.2.3　提升容器及配重的建模

提升容器和配重在这里简化为规则的刚体，通过定义各自的密度可以得到需要的模型。在刚体的形心利用轴套力来模拟提升容器、配重与轨道的接触。

7.2.4　外部载荷的输入

摩擦式提升机的仿真模型约束定义完毕后，进行运动学或者动力学仿真必须给模型施加运动激励。在进行动力学仿真时，RecurDyn 根据施加在模型上的外力和激励，计算出模型中的位移、速度、加速度和内部作用力。RecurDyn 提供了多种输入力的方法：直接输入数值，包括力和力矩，刚度系数和阻尼系数；输入函数，通过位移、速度和加速度函数来建立力和各种运动之间的函数关系；输入自编子程序，描述力和力矩。

7.2.5　虚拟样机模型

经过以上的步骤，完成摩擦式提升机的虚拟样机建模，利用摩擦式提升机的虚拟样机模型可以在计算机上直观、高效地进行摩擦式提升机的设计和优化等工作。为分析提升机设计的动态特性的研究提供了一个高效可靠的虚拟开发环境。通过设定不同的仿真参数计算不同工况下提升机的动态特性，由于建立的是刚柔耦合的提升机的虚拟样机模型，可以得到提升机主要部件、主轴以及卷筒各个位置节点的动应力过程，为零部件的疲劳寿命的计算提供了基础。最终建立的虚拟样机模型如图 7-15 所示。

7.2.6　数值仿真及结果分析

以洛阳中信重工机械股份有限公司生产的 JKM - 4.0 ×4 （Ⅲ）摩擦式提升机为研究对象，其主要参数如下：摩擦轮直径为 4m；钢丝绳包围角为 180°；提升钢丝绳共 4 根，直径为 70mm；提升高度为 700m；衬垫摩擦系数为 0.25；最大提升速度为 10m/s；箕斗质量为 40t；箕斗载质量为 30t。

首先是满载下放。利用软件提供的 STEP 函数设定电动机的驱动函数。摩擦

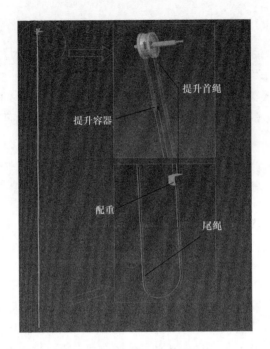

图 7-15　提升机虚拟样机模型

轮驱动电动机的角速度和角加速度如图 7-16 所示。其他动力学参数如图 7-16 ~
图 7-24 所示。

　　节点 495 和 5371 为主轴与摩擦轮连接的左右两个应力最大的节点，节点
10021 和 10297 为摩擦轮上中间位置应力最大的两个节点。

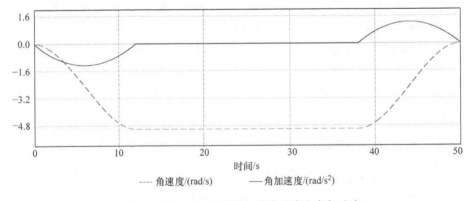

图 7-16　摩擦轮驱动电动机的角速度和角加速度

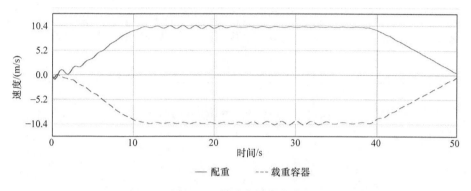

图 7-17　提升容器的速度

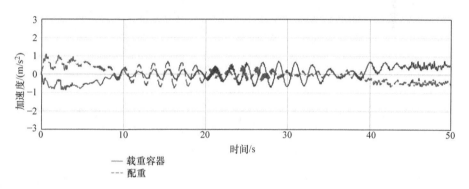

图 7-18　提升容器的加速度

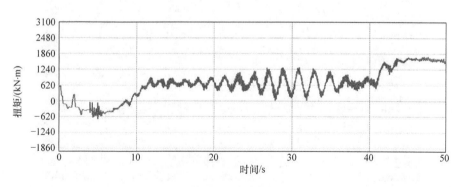

图 7-19　驱动扭矩

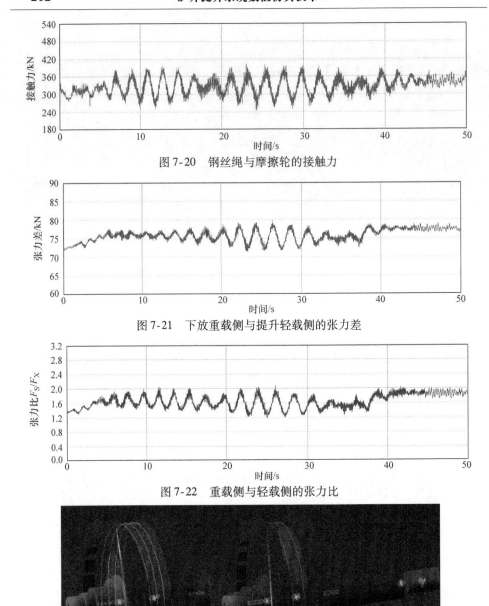

图 7-20　钢丝绳与摩擦轮的接触力

图 7-21　下放重载侧与提升轻载侧的张力差

图 7-22　重载侧与轻载侧的张力比

a)　　　　　　　　　　　　　　　　　b)

图 7-23　主轴装置在提升过程中的应力变化云图

（彩图见书后插页）

a) 0.5s 时　b) 15s 时

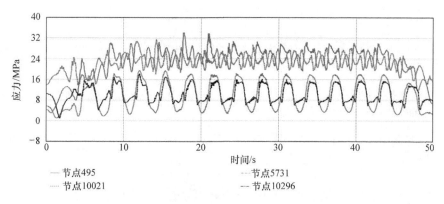

图 7-24　卷筒和主轴节点的应力变化过程

图 7-25 ~ 图 7-27 所示为重物提升的仿真结果。驱动函数与重物下放时相同，只是方向相反。

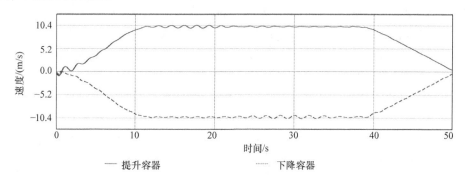

图 7-25　提升容器和下降容器的速度变化

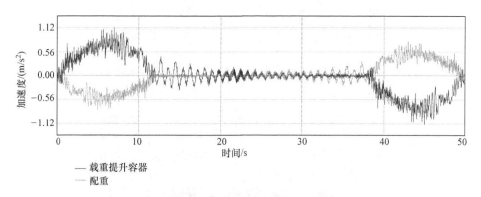

图 7-26　提升容器和下降容器的加速度变化

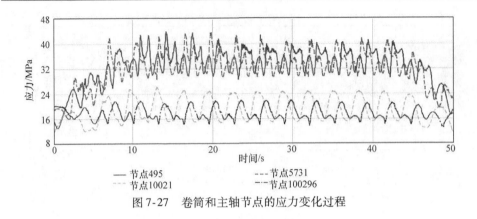

—— 节点495　　　　　　　　- - - 节点5731
- - - 节点10021　　　　　　- · - 节点100296

图 7-27　卷筒和主轴节点的应力变化过程

7.2.7　钢丝绳受力不平衡的分析

根据《煤矿安全规程》规定：多绳摩擦式提升机任意一根提升钢丝绳的张力与平均张力之差不得超过 ±10%。在实际提升设备上，即使在摩擦轮的各绳槽直径、钢丝绳的弹性模量及各段的直径完全一致的情况下，摩擦轮上的摩擦衬垫磨损也不可能一致。多绳摩擦式提升机在工作中，由于摩擦轮绳槽直径的偏差、钢丝绳长度的偏差、钢丝绳刚度的偏差就造成了钢丝绳受力的不均匀。对这些因素进行定性的分析，对于保证设备运行的安全具有重要的实际价值。

利用摩擦式提升机的虚拟样机模型可以分析各影响因素对各根钢丝绳受力的影响。对于摩擦轮绳槽直径的偏差进行分析时，通过对卷筒不同接触位置设定不同的卷筒直径进行建模。为了研究方便，由于只是为了研究钢丝绳的受力偏差，可以将卷筒作为刚体进行建模，如图 7-28 所示。

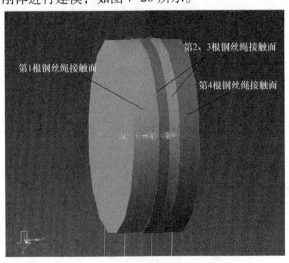

图 7-28　绳槽直径偏差建模

图 7-29 和图 7-30 所示分别为直径偏差为 50mm 和 200mm 的钢丝绳张力曲线。

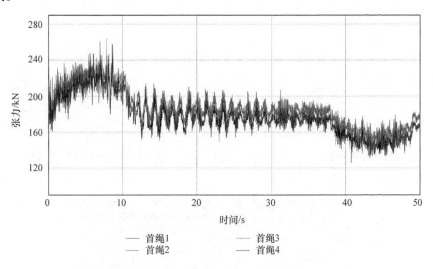

图 7-29　直径偏差为 50mm 的钢丝绳张力曲线

在偏差为 50mm 时，提升首绳 1、4 的张力几乎相同，由于偏差的存在使得首绳 1、4 的张力平均值要比首绳 2、3 的张力平均值高出约 5700N，但是没有超出 ±10% 的设计要求。

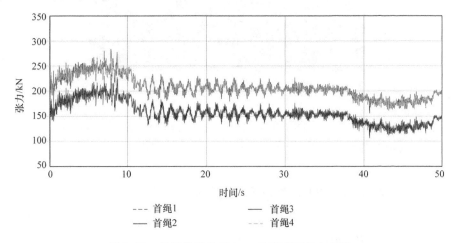

图 7-30　直径偏差为 200mm 的钢丝绳张力曲线

当偏差达到 200mm 时，张力发生了明显的改变。最大误差达到了 17.32%，显然超过了设计的要求。其他偏差计算结果见表 7-3。

表 7-3　偏差计算结果

直径误差/mm	首绳 1、4 的平均张力/N	首绳 2、3 的平均张力/N	平均值/N	误差
20	194457	194013	194234	0.11%
40	195433	193295	194374	0.55%
50	197704	191874	194233	1.22%
80	197447	199138	194309	2.77%
100	209771	179040	194357	7.88%
150	218777	179703	194235	12.73%
200	225993	172579	194287	17.32%

对钢丝绳的长度偏差进行研究，可以通过与不同节点的连接位置来模拟钢丝绳长度的偏差，如图 7-31 所示。

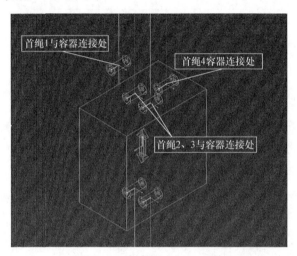

图 7-31　钢丝绳的长度偏差建模

影响钢丝绳受力不平衡的因素有很多，经过分析可知，绳槽直径、钢丝绳的长度均会对钢丝绳张力产生影响。

7.3　缠绕式提升机的虚拟样机仿真

7.3.1　虚拟样机模型

矿井提升机的结构如图 7-32 所示，提升系统的主要工作组件如图 7-32 所示。根据研究的需要对物理模型进行简化并建立虚拟样机模型，将矿井提升系统钢丝绳分为悬绳和垂绳两部分。并做出以下假设：

1）忽略空气阻力。

2）两个提升卷筒同轴且直径相等。

3）钢丝绳材料各向同性。

4）提升机主轴、卷筒、井架、天轮、负载等均为刚体。

5）两驱动轴连接的电动机同步同速驱动。

6）为了模拟主轴和提升卷筒之间的受力关系，将其简化地使用轴套力进行约束。

7）将天轮的旋转简化为相对于大地的旋转副。

8）终端的提升载荷使用属性为刚体的长方体模拟。

9）提升速度通过在主轴旋转副的属性中通过设定角速度进行添加。

图 7-32　矿井提升机的结构

　　根据已做出的假设结合研究需要，将提升系统主轴、卷筒均假设为刚体，且驱动两提升卷筒的电动机在提升过程中同步同速转动，所以两卷筒的转动也为同步同速，此时可将两卷筒看作两个独立的提升系统进行研究。

　　提升机的提升机卷筒、驱动主轴、天轮、提升钢丝绳、罐道、提升容器是组成提升系统的主要部件，在对提升系统进行虚拟样机建模时主要考虑以上部件的建模。钢丝绳在提升过程中所体现出的动力学特性具有非线

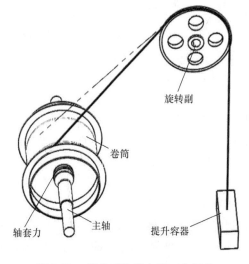

图 7-33　提升系统的主要工作组件

性、大柔性，以及强时变的特点。为了研究运行过程中钢丝绳的动力学响应特性，而将其做有限元柔性化处理。利用 UG 的三维建模功能、ANSYS 的网格划分联合 RecurDyn 通过三维实体建模、柔性体建模、约束添加等完成对多绳缠绕式提升系统的虚拟样机的建模。图 7-34 所示为提升系统的虚拟样机的建模流程。

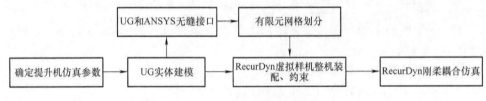

图 7-34　提升系统的虚拟样机的建模流程

　　只取其中一侧的提升系统进行建模分析，虚拟样机建模如下：钢丝绳绳槽节距 $t = 1.05d$（d 为钢丝绳直径），绳槽半径为 $t/2$，钢丝绳缠绕半径 $D_2 = 4000mm$，第一层缠绕圈数 $n = 22$，层高 $h = [D_2 - (t/2)]^{1/2}$，卷筒外径 $D_1 = D_2 - 2 \times 0.4R$，卷筒总长度 $L = nt + 2t$。

　　卷筒每一周有两段折线区域和两段直线区域。折线区域的圆周角为 45°，直线区域的圆周角为 135°，直线和斜线相间布置，卷筒每绕进一周，钢丝绳通过折线段沿轴向绕进一个节距，即每一个折线绳槽沿轴向倾斜半个节距。

　　钢丝绳建模如下：钢丝绳用 ANSYS 中的 beam 4 单元建立，设置参数为：$EX = 4 \times 10^{10}$ Pa，$PRXY = 0.3$，$DENS = 7850kg/m^3$，$AREA = 6936.26$，$I_{xx} = 7664984.99$，$I_{yy} = 3832492.49$，$I_{zz} = 3832492.49$。

　　事先建立 3 圈缠绕的钢丝绳，提升容器质量为 1000kg；钢丝绳和提升卷筒、天轮之间的接触刚度为 10000N/m，阻尼系数为 0.1，动摩擦系数为 0.2，静摩擦系数为 0.25；罐道和提升容器之间的接触刚度为 10000N/m，阻尼系数为 1，动摩擦系数为 0.1，静摩擦系数为 0.15；卷筒和主轴之间通过套筒连接，各向刚度为 1×10^{15} N/m。

　　结果输出如下：坐标原点在提升容器靠近起始钢丝绳侧，仿真过程中设置两根钢丝绳的 2 号、1643 号、1291 号和 282 号节点作为输出节点。其中 2 号节点坐标为（1120，−540，50000），位于提升容器和提升钢丝绳的连接点处；282 号节点坐标为（294，−10165.6，5330），位于靠近卷筒附近的钢丝绳上；1291 号节点坐标为（1142，−46180，40771），位于靠近天轮处钢丝绳上，卷筒和天轮之间；1643 号节点坐标为（1196.8，−41265，49940）位于靠近天轮处钢丝绳上，天轮和容器之间。

　　最终将得到提升机各部分及整体的虚拟样机，如图 7-35 ~ 图 7-37 所示。

　　整个建模过程主要分为以下几个部分：

主轴驱动

主轴与卷筒接触点

钢丝绳与卷筒接触点

图 7-35　主轴结构的动力学模型

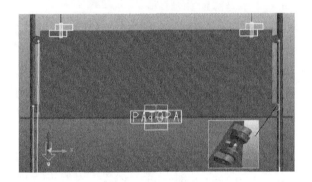

图 7-36　提升容器和罐道的动力学模型

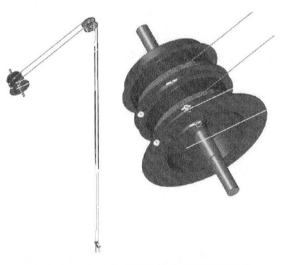

图 7-37　多绳缠绕式提升机的虚拟样机模型

（1）创建模型　　通过施加力和力矩等条件来完成对机械系统虚拟环境的设置，进而根据相关设计要求对系统进行重要的仿真分析。

在进行复杂机械系统模型的创建时，首先要创建构成模型的不同构件，它们具有质心、质量、转动惯量等物理特性。创建构件的方法有两种：一种是利用RecurDyn环境中的零件库进行简单形状构件的创建；另一种是借助其他三维建模软件（如Pro/E、UG等）导入形状较为复杂的模型。

当不同构件创建完毕后，利用RecurDyn环境中的约束库进行构件间的约束副添加，这些相关的约束副能够确定构件间的相对运动情况。将提升系统部分实体模型进行刚体设定，并将关键刚体之间定义简单运动副（分别为主轴装置与简易天轮模型）。此时缠绕式提升系统的部分模型中刚体数目共8个，包括大地。

（2）测试和验证模型　　整机模型创建完毕后，就可以对模型进行运动仿真，通过测试整机模型或模型的一部分，用以检验所建系统模型的正确合理性。

在RecurDyn仿真环境中，基本模块即可自动对系统进行运动特性的计算。利用RecurDyn可以测量构件的速度、位移信息，同时还能够测量出系统中构件的其他信息，例如测量两构件间的角度、施加弹簧上的力等，用以验证模型的精确程度。

（3）完善模型与迭代仿真　　经过初步的仿真分析，即可了解到不同构件间的运动关系并得到简单分析结果。此时还可以对系统模型进行复杂虚拟环境的设置，用以细化、完善系统仿真模型。例如增加构件间的摩擦力、用柔性体替换刚体、将刚性约束副替换为柔性连接等。

为了比较不同设计方案，可以定义设计点和设计变量，将模型进行参数化。这样就可通过修改参数变量来自动改变模型。

设置提升机的主轴旋转角速度如图7-38所示。

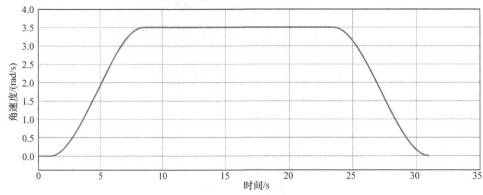

图7-38　主轴旋转角速度

卷筒旋转角加速度如图 7-39 所示。

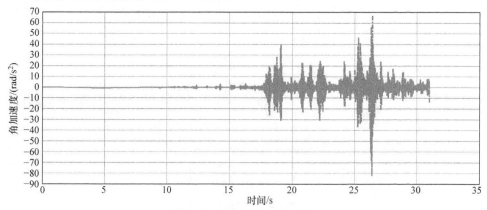

图 7-39　卷筒旋转角加速度

提升容器提升特性如图 7-40 ~ 图 7-42 所示。

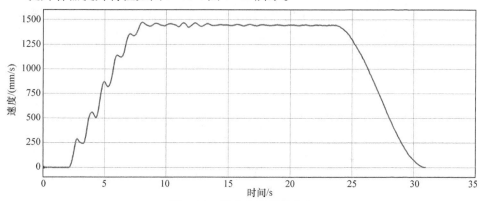

图 7-40　提升容器提升速度

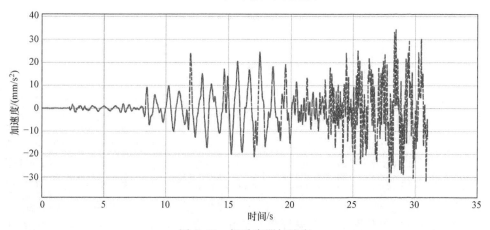

图 7-41　提升容器加速度

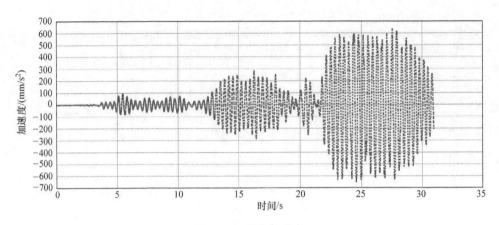

图 7-42　纵向加速度

　　在数字样机的基础上开展横振仿真分析，在多绳缠绕式提升系统数字样机上选取悬绳段钢丝绳上距离卷筒出绳点 2.5m 处的点为研究点。设定提升速度为 1.8m/s 单层缠绕时钢丝绳的 w 向横向振动仿真结果如图 7-43 所示。

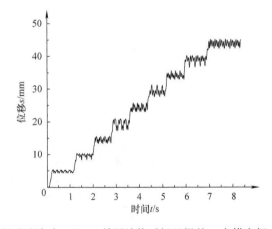

图 7-43　提升速度为 1.8m/s 单层缠绕时钢丝绳的 w 向横向振动仿真结果

　　为将折线绳槽对钢丝绳的排绳位移从横向振动的波形中去除，必须先确定折线绳槽的排绳位移。将提升速度为 1.8m/s 时钢丝绳 w 向排绳位移的时间计算到与仿真相同的时间，均匀提升速度为 1.8m/s 时 w 向钢丝绳的排绳位移曲线，然后将通过仿真得到的 1.8m/s 提升速度下的钢丝绳 w 向横向振动减去相对应的对称折线绳槽的排绳位移，得到减去排绳激励后的钢丝绳横向振动波形，如图 7-44 所示。

　　经处理后的波形图的最大振幅为 6.76mm，通过观察波形不难发现，在提升的初始阶段，钢丝绳横向振动的频率较低（响应曲线比较稀疏），这是由于在该

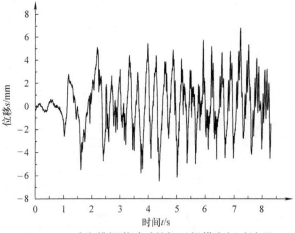

图 7-44　减去排绳激励后的钢丝绳横向振动波形

阶段提升速度从零开始增加，对称折线绳槽的激励频率也随转速不断增加且小于匀速运行时的频率。随后钢丝绳的横向振动位移显著增大，并且进入相对稳定阶段，这是因为在进入匀速提升阶段后，提升系统的加速度发生突变，从而引起系统振动加剧。

　　将仿真得到的振动位移波形采用傅里叶变换得到提升系统在提升速度为 1.8m/s 的提升过程中钢丝绳横向振动的频谱，如图 7-45 所示，钢丝绳横向振动最大幅值对应的频率为 2.9484Hz。

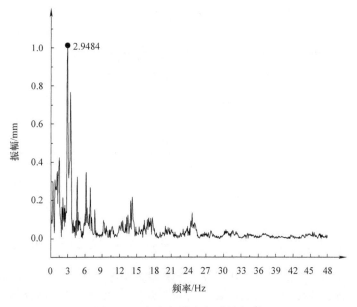

图 7-45　钢丝绳横向振动的频谱

对称折线绳槽的绳槽结构如图 7-46 所示。钢丝绳在折线绳槽缠绕过程中的中心轴线的直径为 778mm，提升机达到匀速提升时的运行速度为 1800mm/s，此时提升机的转速为 0.737r/s，1 个运转周期中有 4 个对称拐点。

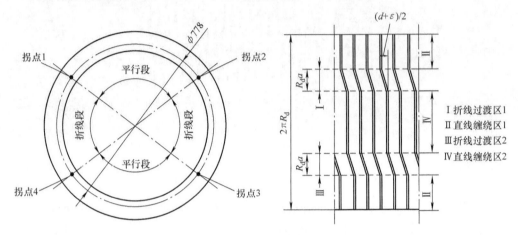

图 7-46　绳槽结构及展开图

$$\omega = \frac{v}{r}, \ T = \frac{2\pi}{\omega}, \ f_s = \frac{n}{T}$$

式中，ω 表示卷筒的角速度；v 表示钢丝绳的线速度；n 表示一个旋转周期经过的拐点个数；f_s 表示对称折线绳槽折线区的激励频率。

通过上式，计算得到对称绳槽折线区的激励频率为 2.948Hz。

由仿真得到的钢丝绳的横向振动响应的最大振动位移的频率为 2.9848Hz，由对称折线绳槽在提升速度为 1.8m/s 时计算得到的圈间过渡激励频率为 2.948Hz，见表 7-4。通过对比发现绳槽折线区的激励频率与钢丝绳横向振动响应的主要频率几乎相等，由此仿真结果可以判定钢丝绳的横向振动响应主要受对称折线绳槽折线区的影响，即受迫振动。

表 7-4　频率对比

参数名称	参数值
仿真得到的响应频率 $f_{仿}$/Hz	2.9484
对称折线绳槽的激励频率 $f_{激}$/Hz	2.948

7.3.2　双提升电动机作用下钢丝绳高速缠绕过程的运动耦合特征

本节通过创建双电动机作用下的多体动力学模型（见图 7-47），模拟了提升机丝绳和卷筒间结合与分离的过程，得到了钢丝绳和钢丝绳间结合与分离过程的空间运动轨迹，研究了提升容器提升速度的变化规律，如图 7-48 所示。

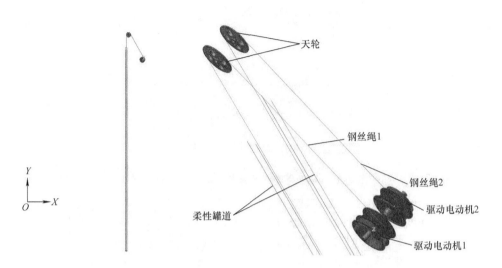

图 7-47　双电动机作用下的多体动力学模型

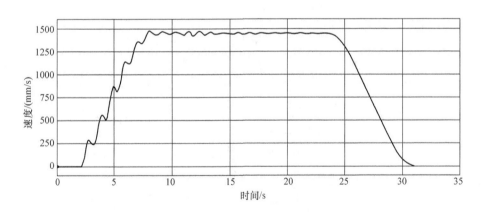

图 7-48　提升容器提升速度的变化规律

　　分析结果表明：刚性导轨系统横向固有频率随垂绳长度增加而逐渐减小；柔索导轨系统横向频率随垂绳长度先降低后小幅增加再缓慢降低（见图 7-49）。图 7-50 给出了刚性导轨与柔性导轨的中部横向振动的响应曲线。可以看出，相比柔性导轨，刚性导轨的弹簧导向大大限制住了容器的横向振动，垂绳的中部横向振动略小于柔性导轨。图 7-51 给出了柔性 – 导向提升系统垂绳 1 ~ 6 阶的横向振动特性。

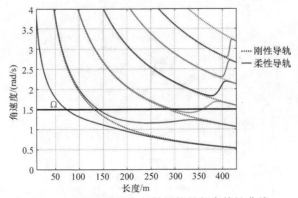

图 7-49　刚性导轨与柔性导轨的频率特性曲线

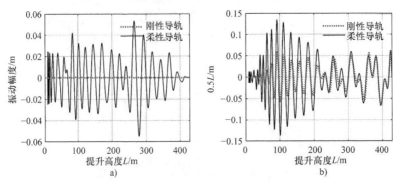

图 7-50　提升过程中容器与提升绳的中部横向振动的响应曲线

a）提升容器　b）提升绳

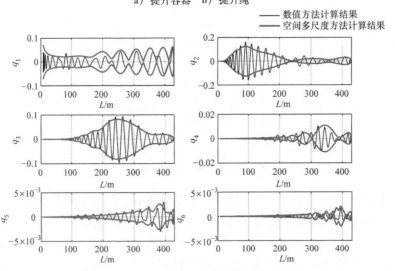

图 7-51　提升系统垂绳各阶的横向振动特性

注：q 为振动幅度的相对值；L 为垂绳长度。

7.4 矿井提升机虚拟样机建模与紧急制动动力学仿真

7.4.1 分析对象

选用多绳缠绕式双卷筒提升机,其结构简图如图 7-52 所示。两个卷筒上的钢丝绳缠绕方向相反,提升机工作时两个提升容器一个上提一个下放,这样的结构可使两个卷筒产生的力矩相互抵消一部分,减小电动机功率和紧急制动时的制动比压。制动器分布在卷筒上的制动盘的两侧,制动力矩由两侧的闸瓦压向制动盘产生的。

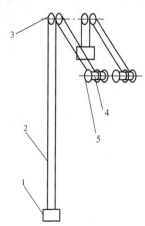

为得到提升容器在井中不同位置处的紧急制动所需要的制动比压大小,以及紧急制动过程中卷筒的速度变化、制动时间和制动距离等与制动比压和制动摩擦副间摩擦系数的关系,建立了提升机的虚拟样机模型,对虚拟样机紧急制动过程进行动力学仿真。

图 7-52 多绳缠绕式双卷筒
提升机的结构简图
1—提升容器 2—提升钢丝绳
3—天轮 4—卷筒 5—制动盘

7.4.2 矿井提升机模型的简化与建立

由于只研究提升机紧急制动过程中卷筒的速度变化、制动时间和制动距离大小,而不考虑提升钢丝绳和提升容器的振动,故对提升机模型进行适当简化:省去钢丝绳、容器和矿物的建模,把由它们产生的合力矩施加在卷筒主轴上;同时对制动器的模型进行必要简化,省去制动器支架只保留闸瓦结构。由于所研究的提升机提升载荷大,提升速度快,故选用一个支架上包含 7 副制动器的支架,在紧急制动时可以产生较大的制动力矩。运用三维建模软件 CATIA 按 1:1 尺寸建立单个提升机卷筒的三维简化模型,如图 7-53 所示,并将其保存为 .stp 格式文件。其中提升机卷筒的主要尺寸见表 7-5。

图中各部分的功能为:制动盘和闸瓦用于提升机进行工作制动和紧急制动;绳槽用于缠绕提升钢丝绳;左挡板和右挡板限制了钢丝绳的缠绕区域;主轴用于支承卷筒并给卷筒提供转矩。

图 7-53　提升机卷筒的三维简化模型

表 7-5　提升机卷筒的主要尺寸

尺寸	制动盘	闸瓦	卷筒	主轴
内径（长）/mm	8000	380	7870	700
外径（宽）/mm	8800	270	8000	800
厚度（高）/mm	70	27	7000	9000

7.4.3　双卷筒矿井提升机的边界条件施加和虚拟样机建模

把文件导入多体系统动力学软件 RecurDyn 中，并通过 RecurDyn 的镜像功能由单卷筒生成双卷筒模型，在两个卷筒主轴之间建立固定连接来代替两卷筒主轴之间的超大扭矩万向联轴器，建立各个制动盘与其所在卷筒之间的固定连接，在卷筒主轴和地面之间建立转动副，建立各个闸瓦与地面之间的平面副以及闸瓦与制动盘之间的接触，并设定相应的摩擦系数，将制动比压施加在各个闸瓦外表面上，为了简化模型提高计算速度，把由钢丝绳、提升容器和矿物共同产生的合力矩施加在卷筒主轴上，建立的双卷筒提升机的虚拟样机模型如图 7-54 所示。

图 7-54　双卷筒提升机的虚拟样机模型

7.4.4　双卷筒矿井提升机的紧急制动特性仿真

矿井提升机的紧急制动是以快速停车为目的的制动，这段过程中提升系统会产生较大的制动减速度，引起提升系统自身的剧烈振动、钢丝绳内较大的张力变化和制动器的剧烈升温等一系列极端现象，基于此，要求提升机紧急制动产生的减速度需满足安全规程（紧急制动减速度：$1.5\mathrm{m/s^2} \leqslant a \leqslant 5\mathrm{m/s^2}$）。经初步计算可得，当双卷筒提升机满载提升容器在井口附近同时空载提升容器在井底附近时，由提升系统本身（提升钢丝绳、提升容器和矿物）产生的合力矩方向与卷筒转动方向相同，且同向力矩达到所有工况中的最大值，故在满足一定制动减速度的情况下此种工况下的紧急制动需要施加较大的制动比压；而当双卷筒提升机的满载提升容器在井底附近同时空载提升容器在井口附近时，由提升系统本身产生的合力矩与卷筒的转动方向相反，且反向力矩达到最大值，在保证一定制动减速度的情况下，此种工况只需施加较小的制动比压。而提升容器在矿井中其余位置处的紧急制动，由提升系统本身产生的合力矩的方向和大小都介于上面两者之间。故在有限的篇幅下，本文仅计算这两种位置处的紧急制动响应。

7.4.5　满载提升容器的紧急制动

1. 情况 1

满载提升容器在井口附近而空载提升容器在井底附近的紧急制动，将双卷筒提升机导入到 RecurDyn 中，RecurDyn 自动计算出其转动惯量为 8727905kg·m²，先选定一个角减速度 α，运用牛顿运动第二定律，制动角减速度等于系统所受合外力矩与转动惯量的商，计算的初定制动比压为 0.5MPa（转

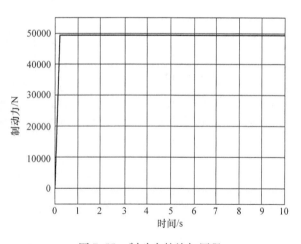

图 7-55　制动力的施加历程

化为施加在闸瓦上的力为 49400N，制动力的施加历程如图 7-55 所示），取闸瓦与制动盘之间的初始摩擦系数 $\mu=0.37$，设卷筒初始角速度为 4.5rad/s（线速度为 18m/s），仿真时间为 10s。紧急制动过程中卷筒的角速度变化和角位移变化分别如图 7-56 和图 7-57 所示。

由图 7-55 可以看出制动力的施加需要一个 0.2s 的短暂历程，这更符合提升机的实际制动情况。图 7-56 给出了紧急制动过程中卷筒的角速度变化曲线，整

个制动过程近似于匀减速制
动，同时还可以得到此种工
况下的紧急制动（制动比压
取 0.5MPa，初始摩擦系数
$\mu = 0.37$）时间为 6.28s。而
从图 7-57 可得到提升机在整
个紧急制动过程中产生了
827.25° 的制动角位移，即直
线制动距离为 58.30m。

2. 情况 2

由于生产厂家不同，制造
出的闸瓦的摩擦特性就可能
存在差异，而闸瓦的摩擦特
性的变化必然引起制动盘和
闸瓦间摩擦系数的变化以及
提升机紧急制动响应的变化，
为研究闸瓦摩擦特性对提升
机紧急制动的影响，此种工
况下的紧急制动，保持制动
比压 0.5MPa 和初始角速度
4.5rad/s 不变，取制动盘和闸
瓦之间的初始摩擦系数 $\mu =$

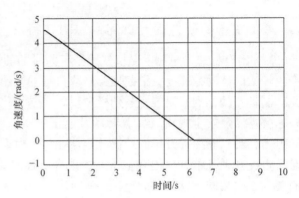

图 7-56　紧急制动过程中卷筒的角速度变化

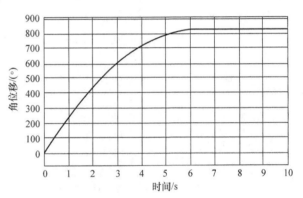

图 7-57　紧急制动过程中卷筒的角位移变化

0.40，得到紧急制动过程中产生的制动时间和制动位移（见图 7-58 和图 7-59）。

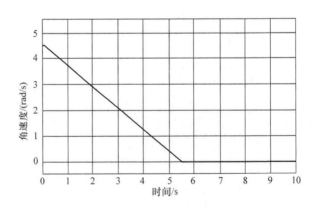

图 7-58　紧急制动过程中卷筒的角速度变化

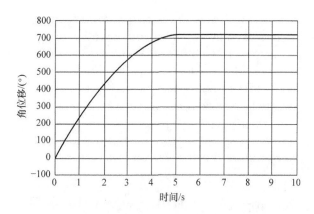

图 7-59　紧急制动过程中卷筒的角位移变化

当制动盘与闸瓦间的初始摩擦系数 $\mu = 0.40$ 时，由图 7-58 可得，提升机的紧急制动时间为 5.50s，图 7-59 给出了紧急制动产生的角位移为 725.35°，即直线制动距离为 51.12m。和情况 1 相比，制动时间和制动位移都有所减小。

3. 情况 3

除了闸瓦摩擦特性外，制动比压同样会影响提升机的紧急制动响应，为研究制动比压对提升机紧急制动的影响，采用控制变量的方法，保持情况 1 中制动盘和闸瓦之间的初始摩擦系数 $\mu = 0.37$ 和初始旋转角速度 4.5rad/s 不变，将制动比压由 0.5MPa 增大为 0.7MPa，得到了提升机紧急制动过程中卷筒的角速度和角位移的变化分别如图 7-60 和图 7-61 所示。

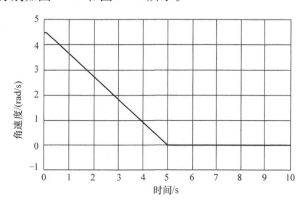

图 7-60　紧急制动过程中卷筒的角速度变化

由图 7-60 可以得出，此种工况下的紧急制动所需制动时间为 5.0s，由图 7-61可得制动角位移为 670.77°，即直线制动距离为 47.57m。和情况 1 相比，由于制动比压由 0.5MPa 增大到 0.7MPa，紧急制动所需要的时间和产生的角位移都相应减小。

此种工况的 3 种紧急制动响应对比分析: 由情况 1 到情况 2, 在保持制动比压不变的情况下, 随着提升机制动盘和闸瓦之间的初始摩擦系数 μ 由 0.37 增大到 0.40, 提升机的紧急制动时间由 6.28s 降到 5.50s, 直线制动距离由 58.30m 相应地

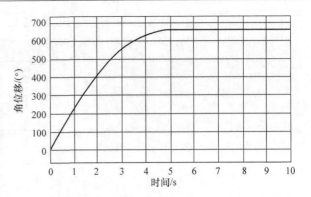

图 7-61　紧急制动过程中卷筒的角位移变化

减小到 51.12m, 这是由于制动副间摩擦系数的增大引起了制动力矩的相应增大, 导致提升机的减速度增大, 因此制动时间和制动距离就会减小。由情况 1 到情况 3, 保持制动盘和闸瓦之间的摩擦系数不变, 把制动比压由 0.5MPa 增大到 0.7MPa, 提升机的紧急制动时间由 6.28s 降到 5.0s, 制动距离由 58.30m 相应地减小到 47.57m。这是由于制动比压的增大同样会引起制动力矩的增大, 使提升机获得更大的制动减速度, 制动时间和制动距离就会减小, 符合实际情况。

经过多次仿真尝试, 当此种工况的制动比压达到 0.7MPa 时, 制动减速度达到极限值 5m/s^2, 紧急制动过程中卷筒的角速度变化和角位移变化分别如图 7-62 和图 7-63 所示。由图可以得到此种工况的极限紧急制动时间和制动角位移分别为 3.79s 和 489.48°, 即直线制动距离为 34.49m。

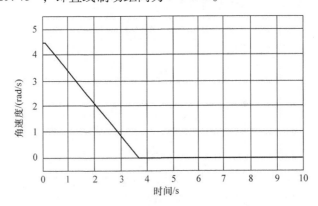

图 7-62　紧急制动过程中卷筒的角速度变化

7.4.6　满载提升容器在井底附近时的紧急制动

1. 情况 1

由前述分析: 当满载提升容器在井底附近而空载提升容器在井口附近时, 由

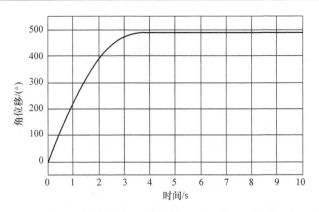

图 7-63　紧急制动过程中卷筒的角位移变化

于提升系统自身产生的合力矩与卷筒的转动方向相反，即使不施加制动比压，当电动机断电后卷筒也会自行减速，在保证制动减速度符合安全规程的情况下（$1.5\mathrm{m/s^2} \leqslant a \leqslant 5\mathrm{m/s^2}$），此种工况下的紧急制动须采用二级制动，先施加较小的一级制动比压然后施加较大的二级制动比压，选定一个角减速度 α，由牛顿运动第二定律，初步计算一级制动比压取 0.1MPa（即制动力为 9880N），二级制动比压取 0.8MPa（即制动力为 79040N），如图 7-64 所示。二级制动比压很大，这是为了使提升机卷筒转速降为零后制动器能将制动盘闸死，防止卷筒反转。制动盘和闸瓦之间的初始摩擦系数 $\mu = 0.37$，仿真时间为 10s。制动力的施加历程如图 7-64 所示，紧急制动过程中卷筒的角速度变化和角位移变化分别如图 7-65 和图 7-66 所示。

由图 7-65 可以看出，制动器初始转速变为 −4.5rad/s，这是因为此种工况下的提升机卷筒与 7.4.5 节中的卷筒转动方向相反，提升机的紧急制动时间为 5.13s；制动角位移为 −679.48°（见图 7-66），即直线制动距离为 47.18m。

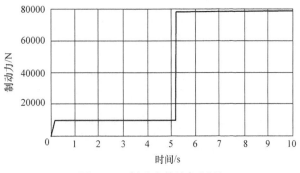

图 7-64　制动力的施加历程

2. 情况 2

采用控制变量的方法，保持情况 1 中制动比压 0.1MPa 和旋转初速度 −4.5rad/s 不变，仅把制动盘和闸瓦之间的初始摩擦系数 μ 由 0.37 增大到 0.40，紧急制动过程中卷筒的角速度变化和角位移变化分别如图 7-67 和图 7-68 所示。

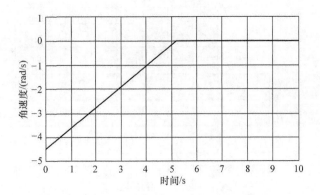

图 7-65　　紧急制动过程中卷筒的角速度变化

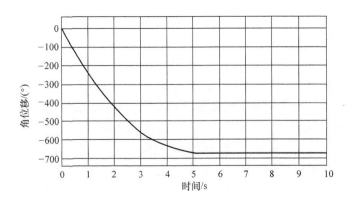

图 7-66　　紧急制动过程中卷筒的角位移变化

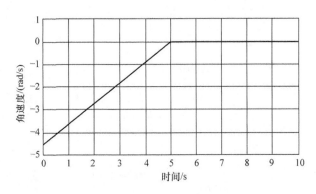

图 7-67　　紧急制动过程中卷筒的角速度变化

由图 7-68 可以看出，提升机的紧急制动时间为 5.02s，制动时间仅比情况 1 中缩短了 0.11s，制动角位移为 - 654.17°（见图 7-68），即直线制动距离为 47.10m，制动距离仅比情况 1 中少了 0.08m。变化较小。

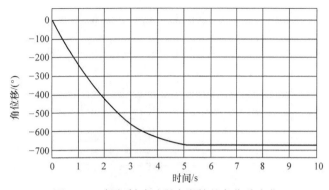

图 7-68　紧急制动过程中卷筒的角位移变化

3. 情况 3

仍然采用控制变量的研究方法，保持情况 1 中初始角速度 -4.5rad/s 和制动副间初始摩擦系数 $\mu = 0.37$ 不变，仅将制动比压由 0.1MPa 增大到 0.2MPa，得到此种工况下紧急制动过程中卷筒的角速度变化和角位移变化如图 7-69 和图 7-70 所示。

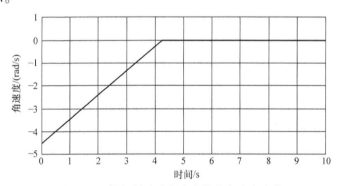

图 7-69　紧急制动过程中卷筒的角速度变化

由图 7-69 和图 7-70 可以看出：此种工况下的紧急制动，当制动比压增大到 0.2MPa 时，制动时间和制动角位移分别减小到 4.27s 和 -553.72°，即直线制动距离为 39.02m。

此种工况的 3 种紧急制动响应对比分析：由情况 1 到情况 2，在保持制动比压不变的情况下，随着提升机制动盘和闸瓦之间的初始摩擦系数 μ 由 0.37 增大到 0.40，提升机的紧急制动时间由 5.13s 降到 5.02s，直线制动距离由 47.18m 相应地减小到 47.10m，制动时间和制动距离变化很微小，这说明此种工况下紧急制动的制动比压对制动减速度影响很小。由情况 1 到情况 3，保持制动盘和闸瓦之间的摩擦系数不变，把制动比压由 0.1MPa 增大到 0.2MPa，提升机的紧急制动时间由 5.13s 降到 4.27s，直线制动距离由 47.18m 相应地减小到 39.02m，

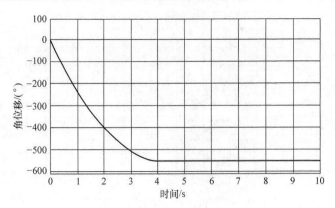

图 7-70　紧急制动过程中卷筒的角位移变化

原因与 7.4.5 节相同。

经过多次仿真尝试，当制动比压达到 0.28MPa 时，此种工况下的紧急制动减速度达到极限值 5m/s²，制动时间和制动角位移分别为 3.72s（见图 7-71）和 −487.17°（见图 7-72），即直线制动距离为 34.33m。

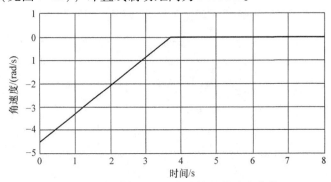

图 7-71　紧急制动过程中卷筒的角速度变化

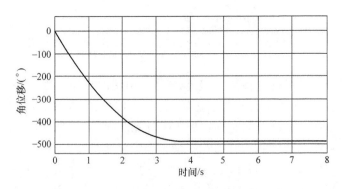

图 7-72　紧急制动过程中卷筒的角位移变化

第8章 数值仿真技术在矿井提升机分析中的应用

8.1 分析目的

提升机作为一个复杂的机械系统,其部件的可靠性是保证提升机安全工作、避免发生安全事故的重要前提。因此对提升系统进行疲劳设计就显得尤为重要。在当前,我国多数情况下仍然采用传统的强度设计方法,这样直接导致出现了两个方面的问题:一方面是零部件的强度设计虽然已经保证了足够的安全系数,但是在实际应用过程中仍然会发生强度失效的问题,并且这些失效是事先无法预测的事件;另一方面是为了保证较高的安全性,设计时将安全系数值选取得偏高,直接导致了系统的零部件零件尺寸过大,提升系统的重量、生产成本也相应增加。

新兴的疲劳设计作为一种新的设计方法,是传统设计方法的发展和深化。其与常规设计相比,不但考虑了机构载荷和零件尺寸,而且考虑了材料性能数据的离散性以及随机性,从而使设计结果更具有实际意义。特别是随着计算机技术和有限元方法的发展,疲劳分析方法也得到了长足的发展,并得到了广泛的应用。

由于在我国的提升机设计中疲劳设计的研究很少,本章对提升机主轴和卷筒的累积损伤疲劳寿命和剩余疲劳寿命计算的方法进行了一些探讨。

8.2 疲劳设计及分析方法

8.2.1 疲劳设计方法

进行疲劳设计是处理动应力以及由此产生的破坏的基本方法。采用合理的疲劳设计方法,已经成为当代提高产品设计水平和保证产品质量的一个重要环节。在实际工程中进行构件结构设计,不但需要考虑结构的静强度,还需要考虑疲劳强度。疲劳强度的大小是用疲劳极限来衡量的,也就是构件在一定循环载荷作用下,可以承受无限次应力循环而不发生疲劳破坏的最大应力 $S_{\max}$,一般用 σ_D 表示。在设计过程中一般采用对称循环下的疲劳极限作为材料最基本的疲劳极限。

疲劳设计方法大致可以分为:无限寿命疲劳设计方法、有限寿命疲劳设计方法、损伤容限设计方法、耐久性疲劳设计方法。需要说明的是由于疲劳分析是一个影响因素特别多的相当复杂的问题，以上疲劳分析方法彼此不能够代替，应针对不同的情况选用相应的疲劳设计方法，不同设计方法需要相互补充。

8.2.2　疲劳寿命分析方法

确定结构和机械疲劳寿命的方法主要有试验法和试验分析法两种。试验法完全依赖于现有的物理样机的试验数据，是最基础的设计方法，最为可靠。但是其缺点也是显而易见的：成本高、设计周期长、通用性差。试验分析法是在试验法的基础上，依据材料的疲劳性能，对照构件受到的载荷历程，建立分析模型对构件的疲劳寿命进行分析计算。研究试验分析法的目的就是减少对物理样机试验的依赖性。

利用疲劳分析方法进行疲劳寿命设计计算时，按照计算疲劳损伤参量的不同，在工程实践中发展了名义应力法、局部应力应变法、应力应变场强度法、能量法、损伤力学法、功率谱密度法等。其中前3种方法在工程实践中发展的最为完善，使用的也最多。

1. 名义应力法

也称 S - N 曲线法或应力寿命法（Stress Life Method），是最早形成、发展最成熟的全寿命分析方法，所谓 S - N 曲线就是材料的应力水平和标准试样疲劳寿命之间的关系曲线，又称为维勒（Vholer）曲线。名义应力法是以交变名义应力为主要参量，预测零部件疲劳失效循环周数（总寿命）的一种方法。利用 S - N 曲线法预测构件寿命的主要工作思路如下：

1）利用试验的方法，从试样中的实测值得到材料的 S - N 曲线。

2）修正 S - N 曲线（考虑实际零件和试样的差别像应力集中、平均应力、表面光洁度、表面处理及尺寸效应等）。

3）考虑试验加载和实际加载的区别，应用雨流循环计数法对应力信号进行循环周计数，结合帕尔姆格伦 - 迈因纳（Palmgren - Miner）等损伤累积法则计算疲劳寿命。

这一方法对于低应力高周疲劳寿命的预测比较有效，能够预测到有较大的损伤或破坏位置的总寿命，也能够对在一系列循环载荷作用下各部位的损伤度和剩余寿命进行估价。特别是对于一些复杂的零部件或焊接件，直接使用实测的零部件 S - N 曲线通常能获得合理的寿命估计。

2. 局部应力（应变）法

局部应力（应变）法认为零件或构件的整体疲劳性能，取决于最危险区域的局部应力应变状态。与名义应力法相比，这一方法有较强的理论基础，比较适用于预测高应力低循环疲劳寿命，它的有效性在工程中得到了广泛的验证。它的设计思路是：零件或构件的疲劳破坏都是从应变集中部位的最大应变处起始，并且在裂纹萌生以前都要产生一定的塑性变形，局部塑性变形是疲劳裂纹萌生和扩展的先决条件。因此，决定零件或构件疲劳强度和寿命的是应变集中处的最大局部应力和应变。也就是说，只要最大局部应力应变相同，疲劳寿命就相同。局部应力（应变）法的主要工作思路是：结合材料的循环应力（应变）曲线，利用有限元或者其他方法，把结构件的名义应力（应变）载荷谱转换为危险部位的局部应力（应变）谱，根据危险部位的应力（应变）历程，来预测疲劳裂纹的萌生寿命。同名义应力法相比，此种方法利用应变 – 寿命曲线（ $\varepsilon - N$ ）代替了应力 – 寿命曲线（ $\sigma - N$ ），用循环的应力 – 寿命曲线代替了单调的 S – N 曲线，能从动载荷引起的弹塑复合应变中准确地将弹性应变和塑性应变解析出来，从而抓住塑性应变。这个塑性应变的累积就是产品疲劳破坏的原因，这样一来就计入了载荷顺序的影响，使寿命的估算结果更接近实际情况。

3. 线性断裂力学（LEFM）裂纹扩展寿命法

LEFM 裂纹扩展寿命法把裂纹长度作为判断疲劳破坏的参数，也称为断裂力学法或 ΔK 法。适用于结构中可能或者已经存在裂纹或缺陷的情况，需要估计这些裂纹或缺陷的剩余疲劳寿命，来保障结构安全或延长使用寿命。LEFM 裂纹扩展寿命估算的基础理论就是断裂力学方法。Paris 最早提出的裂纹前沿应力强度因子范围 ΔK 和裂纹扩展速率 da/dN 之间的经验关系是计算疲劳裂纹扩展寿命的基础。Paris 指出，应力强度因子 K 既然能够表示裂纹尖端的应力场强度，那么 K 值也应当是控制裂纹扩展的重要参数，因此提出了著名的 Paris 表达式。LEFM 裂纹扩展寿命法运用断裂力学理论从裂纹生成、扩展的角度来研究疲劳问题，比 S – N 曲线法更为准确。

8.2.3　矿井提升机随机载荷的疲劳寿命分析方法

大部分构件的实际工作载荷是变幅的随机载荷，在变幅载荷作用下预测零件的疲劳寿命的方法比常幅载荷计算方法复杂，需要做两部分工作：一部分是获得工作零件在实际工况下的载荷（应力）谱，另一部分是依据合适的疲劳累积损伤准则对寿命进行预测。

1. 随机载荷谱

对于承受随机载荷的零件，计算其疲劳强度要首先搞清楚零件上的危险位置，并要确定结构零件在工作状态下所承受的扰动随机载荷谱。确定载荷谱通常有两种方法：一是借助于已有的构件、模型在模拟工作条件下进行应力应变测量，通过试验方法测得各种典型工况下构件危险位置上的载荷谱，再将各种工况下的载荷谱组合起来得到实测载荷谱；二是利用计算机仿真的方法，建立结构在各种典型工况下的计算模型，从而得到结构构件在各种工况下的随机载荷谱。

2. 疲劳累积损伤理论

疲劳累积损伤理论是估算构件变应力幅值下安全疲劳寿命的关键理论。

损伤是指材料在疲劳过程中材料内的微细结构的变化和裂纹的形成和扩展，当材料承受高于疲劳极限应力时，每一循环都使材料产生一定量的损伤，这个损伤是能积累的。当损伤积累到临界值时发生破坏，这就是疲劳损失积累理论。

根据损伤累积方式的不同假设，形成多种不同的疲劳累积损伤理论。归纳起来主要有以下 4 个大类：

1）线性疲劳累积损伤理论。此理论假定：材料在各个应力水平下的疲劳损伤是独立进行的，总损伤是线性叠加的。其中最有代表性的是帕尔姆格伦 – 迈因纳（Palmgren – Miner）损伤法则，最早由帕尔姆格伦在 1924 提出，在 1945 年最终由 Miner. M. A 将此理论公式化。此理论形式简单，使用方便，因此在工程中得到广泛的应用。此外，线性疲劳累积损伤理论还有修正的迈因纳法则和相对迈因纳法则。

2）双线性疲劳累积损伤理论。此理论假定：材料在疲劳初期和后期分别按照两种不同的线性规律积累损伤。最具代表性的是 Manson 双线性损伤累积叠加法则。

3）非线性累积损伤理论。此理论假定载荷历程和损伤之间存在相互干涉作用，即各个载荷所造成的疲劳损伤与其以前的载荷历史有关，其中最有代表性的是损伤曲线法和 Corten – Dolan 理论。

4）其他累积损伤理论。这些理论多是从试验、观测和分析数据归纳出来的经验或半经验公式，如 Levy 理论、Kozin 理论等。

3. 帕尔姆格伦 – 迈因纳（Palmgren – Miner）损伤法则

在以下对提升机的主要结构的疲劳寿命研究中主要应用帕尔姆格伦 – 迈因纳（Palmgren – Miner）损伤法则进行疲劳损伤累积计算。帕尔姆格伦 – 迈因纳作如下假定：材料的疲劳破坏是由于循环载荷的不断作用而产生损伤并不断积累造成的，达到破坏前吸收的净功 W 与疲劳载荷的加载历史无关，并且材料的疲劳损伤程度与应力循环次数 N 成正比。在某一等级应力下达到破坏时的应力循环次数为 N_1，在某一应力水平下，经过 n_1 次工作循环，吸收的净功为 W_1，根据 Miner 理论

$$\frac{W_1}{W} = \frac{n_1}{N} \tag{8-1}$$

材料受到了 l 个不同的应力水平的循环载荷 σ_1，σ_2，$\cdots$，σ_l，各个应力水平下的疲劳寿命依次为 N_1，N_2，$\cdots$，N_l，各应力水平下的应力循环次数分别为 n_1，n_2，$\cdots$，n_l，则可以得到材料的疲劳累积损伤为

$$D = \sum_{i=1}^{l} \frac{n_i}{N_i} \tag{8-2}$$

当损伤等于 1 时，表示材料发生疲劳破坏。即：

$$\sum_{i=1}^{r} \frac{n_i}{N_i} = 1 \tag{8-3}$$

式（8-3）就是帕尔姆格伦 – 迈因纳损伤法则的基本计算公式。

4. 迈因纳（Miner）修正法则

需要说明的是，虽然帕尔姆格伦 – 迈因纳（Palmgren – Miner）损伤法则的方程简单，运用方便，但是其缺点也是显而易见的。首先试验表明式（8-3）是一种近似公式，只能够分别计算；其次试验表明加载的次序对损伤是有影响的；再次从微观上看，裂纹形成过程与宏观裂纹扩散过程是不同的，认为每次损伤速度相同的假设同实际情况有出入；最后此理论没有考虑到载荷次序和残余应力的影响，因此，依据此理论计算得到的疲劳寿命预测结果存在很大的分散性。为了提高预测结果的准确性，许多学者提出了修正的帕尔姆格伦 – 迈因纳损伤法则，大多数的方法主要是针对不同材料，在试验的基础上，通过不同的修正 S – N 曲线的应力幅值等措施进行修正。

典型的迈因纳（Miner）修正法则如图 8-1 所示。

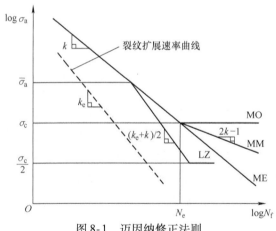

图 8-1　迈因纳修正法则

没有修正的迈因纳原始方法用 MO 表示（Miner Original），它在 S – N 曲线中定义了材料的疲劳极限，并表明疲劳极限以下的部分将不会产生任何的损伤。迈因纳的初步修正法则用 ME 表示（Miner Elementary），它在疲劳极限的上下主要使用同样的斜率。迈因纳完整修正用 MM 表示（Miner Modified）。最有名的是 Haibach 修正，主要由图中原始 S – N 曲线的斜率曲线定义。Liu – Zenner（LZ）修正方法，主要是假设 S – N 曲线的斜率通过有裂纹试件的试验得到，S – N 曲线按照图中构建。其中，$\bar{\sigma}_a$ 是设计应力谱中的最大幅值，LZ 修正提出了疲劳极限是原始 S – N 曲线的一半。N_f 是损伤试验次数。

我国学者也对线性累积损伤进行了研究。郑州机械研究所有限公司和浙江大学针对疲劳损伤做了大量的研究，在此基础之上，赵少汴、王忠保提出了修正的线性累积损伤公式

$$\sum_{i=1}^{r} \frac{n_i}{N_i} = \alpha \qquad (8\text{-}4)$$

修正的公式的实质就是取消损伤和 $D=1$ 的假定，由试验或过去的经验确定同类零件在类似载荷谱下的损伤和试验值（D_f）。并给出了参考 α 值：

1）对于中、低碳钢，以及高碳钢的弯曲，考虑比较高的可靠性要求，取 $\alpha = 0.3$。

2）在二级周期载荷作用下，中、低碳钢取 $\alpha = 0.69$，高碳钢取 $\alpha = 0.68$。

3）各种钢材的平均值取 $\alpha = 0.68$。

不同幅度的疲劳循环之间存在相互影响，当考虑各级疲劳载荷出现的大小和次序时，计算变得相当复杂。工程中普遍采用迈因纳的线性累计损伤规则，即忽略不同幅度疲劳循环的相互影响。

8.2.4　雨流计数法

对于大多数的结构在实际工作过程中，受到的载荷是变幅载荷。载荷随时间变化的历程称为载荷谱，载荷谱的确定对疲劳寿命的影响很大。在变幅疲劳载荷下，疲劳是一个损伤积累的过程，对承受随机载荷的零件进行寿命估计时，必须先进行载荷谱分析。

在疲劳寿命分析时有多种方法可以对载荷谱进行简化处理。工程中常用循环计数法（cycle counting method）对载荷谱进行处理。也就是把实测或利用计算机计数得到的不稳定的非对称循环载荷简化为一系列非对称循环载荷组合。常用的循环计数法有峰值计数法、限制穿级计数法、变程计数法、雨流计数法。

雨流计数法（rainflow counting）也叫塔顶法，简称雨流法。雨流法是由 Matsulshi 和 Endo（1968）等人考虑了材料应力 - 应变行为而提出的一种循环计数方法。该方法考虑到应力 - 应变的非线性关系，把应力统计分析的滞回线和疲劳损伤理论结合起来。雨流计数法的基本原理如图 8-2 所示。

雨流计数法有下列规则：

1）雨流的起点依次从每个峰谷值的内侧，即从 1、2、3、…等尖点开始。

2）起始于波谷（波峰）值的雨流在遇

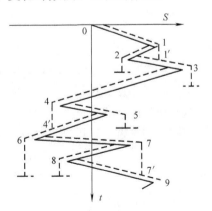

图 8-2　雨流计数法

到比它更低（更高）的波谷（波峰）代数值时便停止。

3）在雨流流动过程中，当雨流遇到来自上面屋顶流下的雨时，就停止流动，并构成了一个循环。

4）根据雨滴流动的起点和终点，构成一个闭合的应力–应变滞回线的雨流线就形成了一个全循环，画出各个循环，将所有循环逐一取出来，并记录其峰、谷值。

5）从载荷历程中删除雨流流过的部分，对剩余的历程段重复上面的雨流计数，直至无剩余历程为止。

雨流计数法的程序如图 8-3 所示。

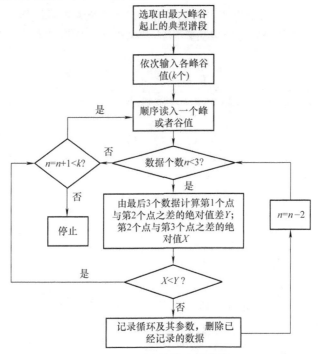

图 8-3　雨流计数法的程序

由图 8-4 可见，雨流计数法分为两个阶段，第 1 个阶段首先取出若干个全循环，最后剩下一个发散–收敛载荷时间历程；第 2 个阶段是对这个发散–收敛波进行处理，取出剩余的全循环。这两部分的计数和就是全部的计数结果。

可见利用雨流计数法处理载荷谱，载荷时间历程的每一部分都参与了计数，而且只计数一次。对于一个大的幅值，由于截出的小循环迭加到较大的循环和半循环上去，因此引起的材料的损伤不受截断它的小循环的影响。

8.2.5　矿井提升机主轴的疲劳分析方法及选用

在经历了几十年的经验积累之后，大型矿井提升机的疲劳寿命主要采用 3 种疲劳预测方式，即总寿命分析、裂纹初始化分析和裂纹扩展分析。这 3 种方法的力学机理不同，具有不同的精度，应用的问题也不相同。同时，这 3 种方法是相互联系的，从理论上讲，结构疲劳失效前所能承受的总应力循环次数等于引发初始裂纹的循环次数与裂纹累积扩展直至发生疲劳断裂期间所经历的应力循环次数之和，但是当应用这 3 种方法解决同一问题并将结果进行对比后，发现一般情况下并不是这样。在工程实际中，通常根据问题性质的不同，会采用不同的设计思想，对不同的疲劳损伤阶段进行研究。

提升机在设计时通常至少要求使用寿命达到 30 年以上，属于典型的长寿命问题，并且在实际工作过程中可以对主轴、卷筒等主要部件的裂纹进行监测。依据以上分析，本文采用全寿命分析方法和裂纹扩展分析方法对提升机的主轴和卷筒进行疲劳分析。

8.3　摩擦式提升机的动应力响应计算模型

摩擦式提升机是一个结构复杂的大型系统，主要由主轴、卷筒、提升首绳、尾绳、提升容器、配重、罐道等结构件组成，结构简图如图 1-1 所示。在建模的过程中，主要考虑以下构件：提升容器、罐道、提升首绳、尾绳、主轴、摩擦轮卷筒、支撑轴承、驱动电动机等。在建模过程中把主轴、卷筒和钢丝绳作为柔性体进行处理，为了模拟钢丝绳与摩擦轮的摩擦接触，卷筒和钢丝绳均采用有限元柔性体，由于在提升过程中，主轴的相对变形较小，为了提高计算效率，主轴采用模态柔性体方法建模；对于其他不关心动应力响应的构件如罐道、提升容器等作为刚体进行处理。为了研究的方便，零部件之间的运动副的间隙和摩擦不予考虑。建模流程如图 8-4 所示，图 8-5 所示为摩擦式提升机的系统拓扑图。

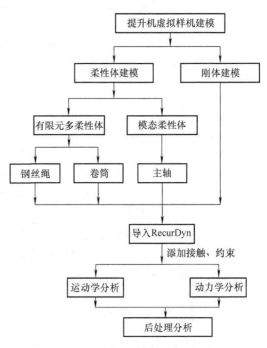

图 8-4　摩擦式提升机柔性多体模型的建模流程

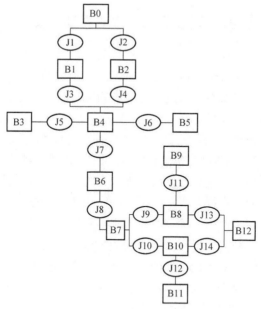

图 8-5　摩擦式提升机系统拓扑图

表 8-1 为摩擦式提升机系统拓扑图中的部件，表 8-2 为摩擦式提升机系统拓扑图中的约束。

表 8-1　摩擦式提升机系统拓扑图中的部件

编号	名称	编号	名称
B0	机架（地面）	B7	提升首绳
B1	安装轴承 1	B8	提升容器 1
B2	安装轴承 2	B9	刚性罐道 1
B3	驱动电动机 1	B10	提升容器 2
B4	主轴	B11	刚性罐道 2
B5	驱动电动机 2	B12	尾绳
B6	卷筒（摩擦轮）		

表 8-2　摩擦式提升机系统拓扑图中的约束

编号	名称	编号	名称
J1	固结	J8	线面约束
J2	固结	J9	弹簧
J3	轴承连接（轴套力）	J10	弹簧
J4	轴承连接（轴套力）	J11	点面约束
J5	扭转弹性连接	J12	点面约束
J6	扭转弹性连接	J13	弹簧
J7	固结	J14	弹簧

8.3.1 摩擦式提升机主轴装置的多体动力学建模

主轴装置是摩擦式提升机最为重要机构之一，其动力学特征也最为复杂。在工作过程中其载荷主要有来自拖动电动机施加于主轴的扭转力矩，钢丝绳对摩擦轮的压力和摩擦力，以及本身的重力等。在研究过程中，主轴装置建模的部件主要考虑主轴、卷筒、电动机等。

本文主要研究摩擦式提升机的提升过程中，借助多体动力学计算软件 Recur-Dyn，采用有限元多柔性体技术构建摩擦式提升机刚柔耦合多体动力学计算模型。本文主要考察提升机主轴及卷筒的动应力响应，所以主轴及卷筒需要建立相应的柔性体计算模型。在提升机工作过程中，因为主轴的弹性变形相对较小，所以将主轴处理为模态柔性体；动力学模型中需要考虑提升钢丝绳与卷筒相互接触的问题，这也是构建摩擦式提升机多体动力学模型的难点所在。在提升以及接触的过程中，提升钢丝绳属于大变形的柔性体，所以将提升钢丝绳处理为有限元柔性体进行建模；虽然提升机的卷筒变形相对不大，但是为了建立钢丝绳与卷筒的接触，所以卷筒也采用有限元柔性体进行建模。

提升机的主轴及卷筒直接采用有限元分析软件 ANSYS10.0 建模，主轴（sol-id 45）、卷筒（shell 63）划分单元后的有限元模型如图 8-6 和图 8-7 所示。

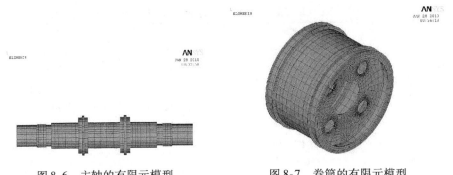

图 8-6　主轴的有限元模型　　　　　图 8-7　卷筒的有限元模型

在构建主轴模态柔性体时，RecurDyn 提供了与有限元分析软件 ANSYS 和 NASTRAN 的专用执行宏文件。本文中利用 ANSYS 10.0，通过执行宏文件可以得到在 RecurDyn 生成模态柔性体需要的模态分析结果文件（.rst）、材料属性文件（.mp）、单元矩阵文件（.emat）等，输入接口如图 8-8 所示。在生成模态柔性体的过程中设定主轴轴承、与电动机连接处位置，以及与卷筒连接位置处的节点为外部界面点。界面点作为对模态柔性体进行运动或者同其他结构件进行运动副连接的位置点。卷筒在划分单元后，只需要输出计算模型的 .cbd 文件，不用再进行其他处理，生成卷筒的有限元柔性体时，在 RecurDyn 中读入（见图 8-9）

卷筒有限元模型的节点和单元信息即可完成卷筒的有限元柔性体建模。

图 8-8　在 RecurDyn 生成模态柔性
体的输入接口

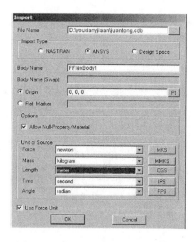

图 8-9　在 RecurDyn 生成有限元
柔性体的接口

在生成卷筒及主轴的柔性体后，在 RecurDyn 中利用固结副把主轴与卷筒连接起来。在主轴的右侧利用一个刚性圆柱体模拟电动机，圆柱体的左侧利用固结副与主轴的电动机界面点连接。对于主轴两侧的支撑轴承可以看作有阻尼的两个弹簧，本文将支撑轴承处理为主轴与机架（在这里为大地）之间的轴套力，来模拟主轴上支撑轴承的作用。

轴套力在柔性连接类中是一个非常重要的方法。轴套力连接两个部件，对这两个部件施加线性力。轴套力是通过力和力矩（F_x，F_y，F_z，T_x，T_y，T_z）的方式来定义的。其力学模型如图 8-10 所示。

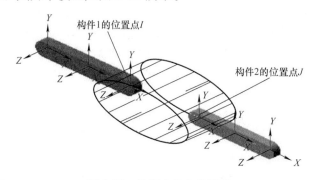

图 8-10　轴套力的力学模型

轴套力的计算公式可以表示为

$$
\begin{pmatrix} F_x \\ F_y \\ F_z \\ T_x \\ T_y \\ T_z \end{pmatrix} = - \begin{pmatrix} k_{11} & 0 & 0 & 0 & 0 & 0 \\ 0 & k_{22} & 0 & 0 & 0 & 0 \\ 0 & 0 & k_{33} & 0 & 0 & 0 \\ 0 & 0 & 0 & k_{44} & 0 & 0 \\ 0 & 0 & 0 & 0 & k_{55} & 0 \\ 0 & 0 & 0 & 0 & 0 & k_{66} \end{pmatrix} \begin{pmatrix} x \\ y \\ z \\ a \\ b \\ c \end{pmatrix} - \begin{pmatrix} c_{11} & 0 & 0 & 0 & 0 & 0 \\ 0 & c_{22} & 0 & 0 & 0 & 0 \\ 0 & 0 & c_{33} & 0 & 0 & 0 \\ 0 & 0 & 0 & c_{44} & 0 & 0 \\ 0 & 0 & 0 & 0 & c_{55} & 0 \\ 0 & 0 & 0 & 0 & 0 & c_{66} \end{pmatrix} \begin{pmatrix} V_x \\ V_y \\ V_z \\ \omega_x \\ \omega_y \\ \omega_z \end{pmatrix} + \begin{pmatrix} F_1 \\ F_2 \\ F_3 \\ T_1 \\ T_2 \\ T_3 \end{pmatrix}
$$

$$(8-5)$$

式中，F，T 分别表示力和力矩；X、Y、Z、a、b、c、V_x、V_y、V_z、ω_x、ω_y、ω_z 分别表示 I，J 标记之间的相对位移、转角、速度、角速度；k、c 分别表示刚度系数和阻尼系数；F_1、F_2、F_3、T_1、T_2、T_3 分别表示力和力矩的初始值。

轴套力的反作用力按下式计算

$$
F_J = - F_I
$$
$$
T_J = - T_I - \delta F_I
$$

$$(8-6)$$

8.3.2 摩擦式提升机钢丝绳的多体动力学建模

钢丝绳采用有限元柔体技术进行建模。首先在 ANSYS 中利用梁单元 beam 4 建立钢丝绳首绳和尾绳的有限元模型，写出 . cdb 文件，依次分别导入到 RecurDyn 中，修改梁单元的方向点，设定材料属性，定义截面属性等，即可以得到钢丝绳的柔性体模型。生成钢丝绳模型后，定义首绳与卷筒的接触属性，完成钢丝绳的建模。

8.3.3 摩擦式提升机提升容器及罐道的多体动力学建模

提升容器和配重在这里简化为规则的刚体，通过定义不同的密度值得到不同工况下不同的提升质量，提升容器与钢丝绳之间采用弹性连接；将罐道简化为规则的刚性长方体，并采用固结副将罐道固结于机架（大地）上；在提升容器上构造与罐道接触的导向轮，导向轮与提升容器采用旋转副进行连接，然后设定导向轮与罐道的面面接触。

8.3.4 摩擦式提升机多体动力学模型的外部载荷输入

在摩擦式提升机的仿真模型约束定义完成后，进行动力学仿真必须给模型施加运动激励。在进行动力学仿真时，RecurDyn 根据施加在模型上的外力和激励，计算出模型中的位移、速度、加速度和内部作用力。RecurDyn 提供了多种输入力的方法：直接输入数值，包括力、力矩、刚度系数和阻尼系数；输入函数，通过位移、速度和加速度函数来建立力和各种运动之间的函数关系；输入自编子程序，描述力和力矩。

8.3.5　摩擦式提升机的动应力响应计算模型

经过以上的步骤，完成摩擦式提升机的动应力响应计算模型的建模，如图 8-11 所示。利用此计算模型可以在计算机上直观、高效地进行摩擦式提升机的设计和优化等工作，为分析提升机的动态特性的研究提供了一个高效可靠的虚拟开发环境。通过设定不同的仿真参数，计算不同工况下摩擦式提升机的动应力响应，为零部件的疲劳寿命的计算提供了条件。

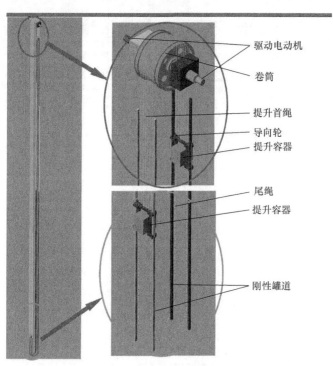

图 8-11　摩擦式提升机的动应力响应计算模型

8.3.6　摩擦式提升机的动应力历程计算结果

以 JKM4.5×6（Ⅳ）井塔式多绳提升机为研究对象。其主要参数如下：摩擦轮的直径为 4.5m；钢丝绳的包围角为 180°；提升钢丝绳共 6 根，提升高度为 616m；衬垫的摩擦系数为 0.25；最大提升速度为 10m/s，计算中取最大提升速度为 8m/s；箕斗质量为 50t。

利用软件提供的 STEP 函数设定电动机的驱动函数。摩擦轮的驱动角速度和角加速度分别如图 8-12 和图 8-13 所示。其他动力学参数如图 8-14 和图 8-15 所示。

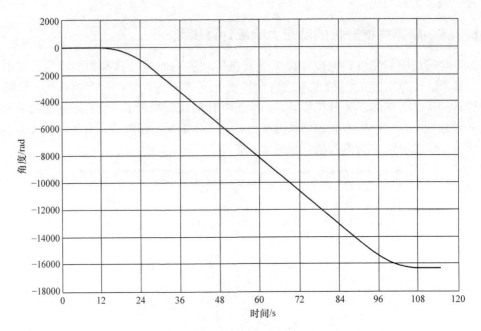

图 8-12 摩擦轮的驱动角位移

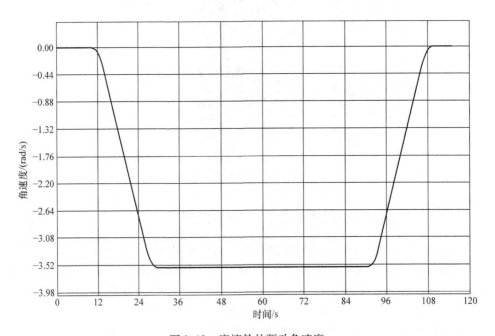

图 8-13 摩擦轮的驱动角速度

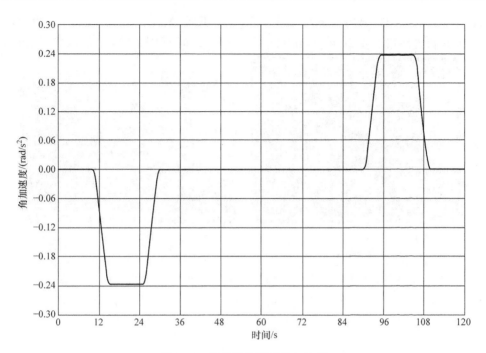

图 8-14　摩擦轮的驱动角加速度

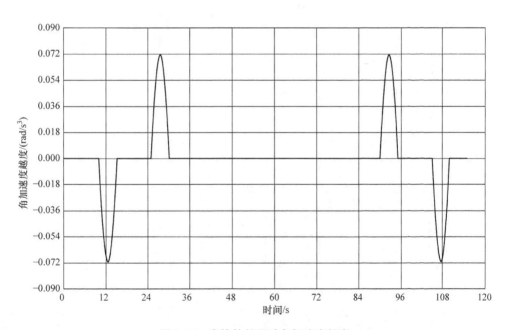

图 8-15　摩擦轮的驱动角加速度越度

　　设定提升侧提升容器的质量为 90000kg，下降侧提升容器的质量为 50000kg。图 8-16 和图 8-17 分别为重物提升状态下，5s 和 15s 时刻主轴及卷筒的等效应力云图。

图 8-16　等效应力云图（5s）

（彩图见书后插页）

图 8-17　等效应力云图（15s）

（彩图见书后插页）

　　节点 495、6423 为主轴上与摩擦轮左右连接处的两个应力最大的节点，在提升过程中节点 495 和节点 6423 的动应力响应分别如图 8-18 和图 8-19 所示。

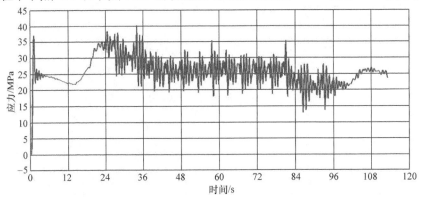

图 8-18　重物提升过程中主轴节点 495 的动应力响应

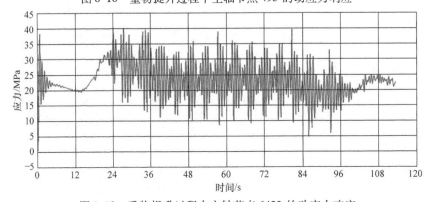

图 8-19　重物提升过程中主轴节点 6423 的动应力响应

节点 11242 位于主轴的中间位置，在提升过程中节点 11242 的动应力响应如图 8-20 所示。节点 18642 为卷筒的中间位置应力值最大的节点，在提升过程中节点 18642 的动应力响应如图 8-21 所示。

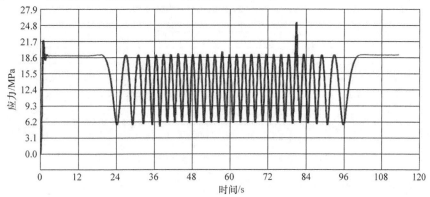

图 8-20　重物提升过程中主轴中间节点 11242 的动应力响应

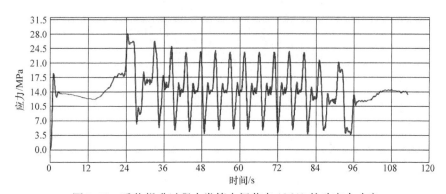

图 8-21　重物提升过程中卷筒中间节点 18642 的动应力响应

节点 495、6423、11242、18642 在满载重物下降过程中的动应力响应如图 8-22 ~ 图 8-25 所示。

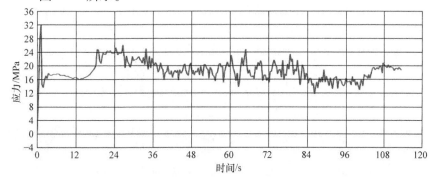

图 8-22　重物下降过程中主轴节点 495 的动应力响应

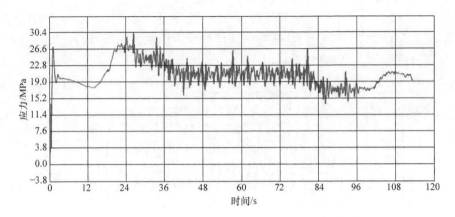

图 8-23　重物下降过程主轴节点 6423 动应力响应

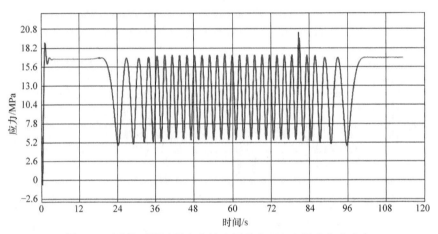

图 8-24　重物下降过程中主轴中间节点 11242 的动应力响应

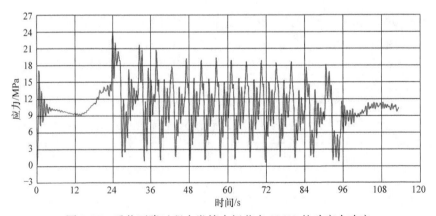

图 8-25　重物下降过程中卷筒中间节点 18642 的动应力响应

8.4　摩擦式提升机部件的疲劳寿命估算

8.4.1　摩擦式提升机部件基于 P – S – N 曲线的疲劳分析

对于结构的随机载荷谱，受时间和费用的限制，一般用于计算的载荷谱值都是整个机械疲劳寿命中很小的一部分载荷历程。为了估算疲劳寿命必须根据现有的时间 – 载荷历程确定极限载荷和应力历程，目前多采用标准累积频次曲线方程外推法解决这个问题，其基本原理如图 8-26 所示。

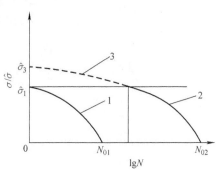

图 8-26　标准累积频次曲线方程
外推法的基本原理

图 8-26 中曲线 1 为已经得到的载荷累积频次曲线，其方程可表示为

$$N_1 = N_{01}^{1 - \left(\frac{\sigma_1}{\sigma}\right)^n} \qquad (8-7)$$

外推法分为两步：第一步把曲线 1 向右平移到曲线 2 的位置，平移的比例系数为 N_{02}/N_{01}；第二步确定曲线 3，使之与曲线 2 成为一条完整的累积频次曲线。可以通过下面的公式确定外推的累积频次曲线的最大值。

$$\hat{\sigma}_3 = \hat{\sigma}_1 \left(\frac{\lg N_{02}}{\lg N_{01}}\right)^{\frac{1}{n}} \qquad (8-8)$$

式中，$\hat{\sigma}_1$ 为原频次曲线的最大载荷值；$\hat{\sigma}_3$ 为外推频次曲线的最大载荷值；N_{01} 为原频次曲线的最大穿越频次数；n 为载荷的块数。

在得到 $\hat{\sigma}_3$ 后，把 $\hat{\sigma}_3$ 和曲线 2 以光滑的曲线连接，即得到外推的载荷频次分布曲线。

以一个完整的提升—下放过程为一个工作循环，随机载荷下结构的疲劳寿命估算中的循环续循环法可推广为时间循环法，通过不断循环该固定周期内的应力幅程序块谱，把这个载荷谱推广到提升机在一个月内的载荷谱。图 8-27 所示为节点 495（在主轴上）在一个工作循环中的动应力历程雨流矩阵图，图 8-28 所示为节点 495 在一个月内（22 天）的动应力历程雨流矩阵图。

由图 8-28 可知，外推后的疲劳载荷频次在增加的同时，幅值也有所增大。

对于大多数的提升机，其卷筒一般采用 Q345B 钢板焊接而成，国产摩擦式提升机的主轴结构材料采用优质中碳钢，最常用的是 Q235 碳素结构钢。由参考文献 [184] 得到 Q345B 钢在不同存活率 p 下的 a_p、b_p 值见表 8-3。

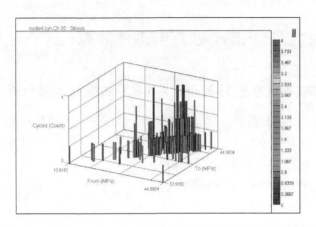

图 8-27　节点 495 在一个工作循环中的动应力历程雨流矩阵图

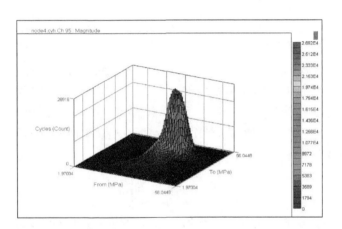

图 8-28　节点 495 在一个月内的动应力历程雨流矩阵图

表 8-3　材料 P – S – N 曲线中的 a_p、b_p 值

材料	R_m/MPa	不同存活率下的 a_p、b_p				
		p（%）	50	90	95	99	99.9
Q345B	586	a_p	38.8963	33.2235	31.9285	29.5020	26.8891
		b_p	– 12.8395	– 11.0021	– 10.5100	– 9.5881	– 8.5536
Q235（A）	455	a_p	41.1882	39.1860	38.6199	38.5599	36.3813
		b_p	– 14.6845	– 13.8996	– 13.6893	– 13.2668	– 12.8046

参考文献［184］给出了 P – S – N 曲线的通用表达式，为

$$\lg N_p = a + b\lg\sigma \tag{8-9}$$

对于提升机的设计，材料的存活率取 99.9%，则对于材料 Q345B（主轴材

料）和 Q235（卷筒材料）分别得到式（8-10）和式（8-11）

$$\lg N_{\mathrm{p}} = 26.7791 - 8.5536 \lg \sigma \tag{8-10}$$

$$\lg N_{\mathrm{p}} = 36.3713 - 12.8046 \lg \sigma \tag{8-11}$$

转折点处的横坐标取 $N = 10^8$，得到 Q345B 和 Q235 的 S – N 曲线分别如图 8-29 和图 8-30 所示。

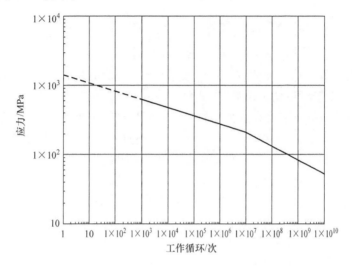

图 8-29　存活率为 99.9% 的 Q345B 的 S – N 曲线

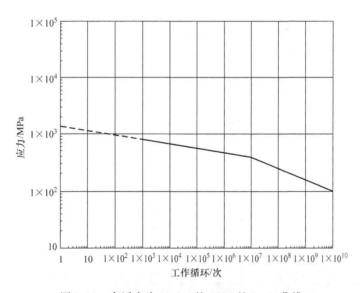

图 8-30　存活率为 99.9% 的 Q235 的 S – N 曲线

在实际测量应力时，获得的平均应力并不为零。相关研究表明应力幅值、均值及循环次数是对结构疲劳损伤影响最大的因素，特别是平均应力对累积损伤有较大的影响。因此需要按照等损伤原则将非零平均应力的应力循环转换为零平均应力的应力循环。

在这里按照古德曼经验公式对非平均载荷进行转换。古德曼方法写成公式的形式为

$$S_i = \frac{R_m S_{ai}}{R_m - |S_{mi}|} \tag{8-12}$$

式中，S_i 表示等效的零均值应力；S_{ai} 表示第 i 个应力的幅值；S_{mi} 表示第 i 个应力的均值；R_m 表示材料的抗拉强度。

得到 Q235 钢和 Q345B 的古德曼公式，可分别表示为

$$S_i = \frac{455 S_{ai}}{455 - |S_i|} = \frac{455 E \varepsilon_{ai}}{455 - E|\varepsilon_{mi}|} \tag{8-13}$$

$$S_i = \frac{586 S_{ai}}{586 - |S_i|} = \frac{586 E \varepsilon_{ai}}{586 - E|\varepsilon_{mi}|} \tag{8-14}$$

将载荷谱统计后得到的应力均值和应力幅值分别代入式（8-13）和式（8-14），即可以得到零均值应力的等效应力 S_i 的值。

采用疲劳分析软件 nSoft，以仿真分析的结果作为载荷谱，对提升机主轴以及卷筒最危险部位的 5 个节点分别进行了疲劳寿命估算，计算结果列于表 8-4 中。

表 8-4　疲劳计算结果

构件	节点号	所属单元	损伤	安全因子	疲劳寿命/次
主轴	495	583	0.1259×10^{-9}	9.9355	8.9433×10^8
	2235	862	1.1835×10^{-9}	10.3900	8.5211×10^8
	3235	1256	1.1816×10^{-9}	10.4210	8.5342×10^8
	8569	2336	1.1816×10^{-9}	10.4210	8.5342×10^8
	18245	4313	1.1626×10^{-9}	10.5344	8.6012×10^8
卷筒	98	56	9.4818×10^{-10}	18.9342	1.0546×10^9
	153	89	9.4848×10^{-10}	18.9453	1.0554×10^9
	223	144	8.6481×10^{-10}	19.0112	1.1563×10^9
	456	428	8.2290×10^{-10}	19.2111	1.2152×10^9
	896	535	8.1246×10^{-10}	19.2114	1.2308×10^9

由计算结果可知，提升机在正常工作情况下，主轴结构的最小疲劳寿命为 8.5211×10^8 个月，而卷筒的最小疲劳寿命为 1.0546×10^9 个月，因此提升机主

轴结构在正常工作条件下，属于无限寿命。相对来说容易发生疲劳的位置在主轴上与卷筒相连接处。由疲劳寿命值可以知道，相对提升机主轴来说，卷筒的疲劳寿命更大，也就是说，在正常工作情况下，首先发生疲劳的是提升机的主轴。

取相同的计算模型，把提升最大加速度提高两倍，并把获得的计算结果用于结构的疲劳寿命分析，得到主轴结构的最小寿命为 2.4322×10^8 个月，而卷筒的疲劳最小寿命为 4.23454×10^8 个月，虽然疲劳寿命的计算结果在无限寿命范围之内，但是其值明显减小。这是因为在提高了提升的加速度后，载荷对结构的冲击明显加强，由于冲击的影响，产生的冲击载荷对结构的疲劳寿命产生了显著的影响，因此提升机的疲劳设计应该对冲击载荷进行足够的考虑。

8.4.2　摩擦式提升机部件的剩余疲劳寿命估算

对现有使用设备的剩余疲劳寿命的估算，是摩擦式提升机疲劳设计的另一个重要内容，它对于了解结构的安全状况、确定维修期限具有重要的参考价值。对结构的剩余疲劳寿命的计算是以断裂力学理论为基础进行的。

进行剩余疲劳寿命的估算，需要从典型的结构应力时间历程中提取按照顺序排列的工作循环序列，这个过程可以利用 nSoft 的程序直接完成。完成工作循环序列的提取后，不但应力的序列被保存，而且根据应力峰值的雨流循环记数也被重新统计。节点 495 根据峰值重新排序的载荷谱如图 8-31 所示。主轴和卷筒圆筒筒壳的开裂样本分别如图 8-32 和图 8-33 所示。

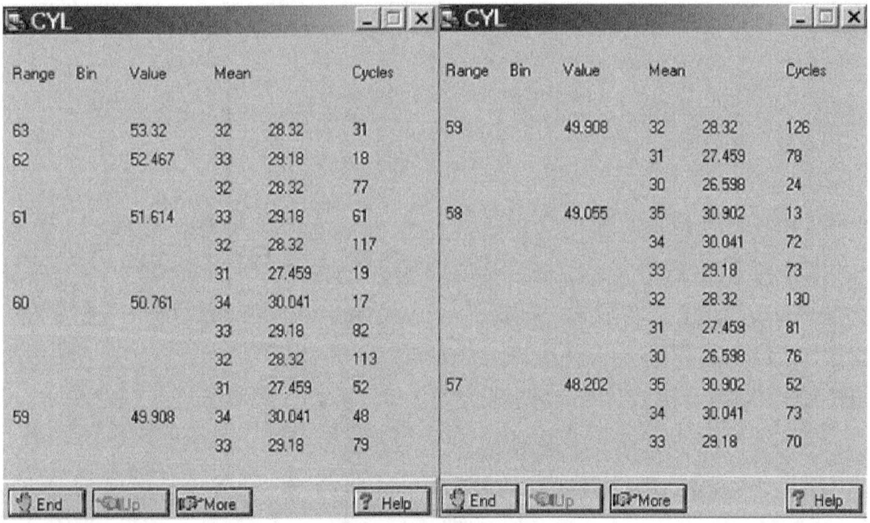

Range	Bin	Value	Mean		Cycles
63		53.32	32	28.32	31
62		52.467	33	29.18	18
			32	28.32	77
61		51.614	33	29.18	61
			32	28.32	117
			31	27.459	19
60		50.761	34	30.041	17
			33	29.18	82
			32	28.32	113
			31	27.459	52
59		49.908	34	30.041	48
			33	29.18	79

Range	Bin	Value	Mean		Cycles
59		49.908	32	28.32	126
			31	27.459	79
			30	26.598	24
58		49.055	35	30.902	13
			34	30.041	72
			33	29.18	73
			32	28.32	130
			31	27.459	81
			30	26.598	76
57		48.202	35	30.902	52
			34	30.041	73
			33	29.18	70

图 8-31　节点 495 根据峰值重新排序的载荷谱

依照强度极限（Q345B 为 586MPa，Q235 为 455MPa）和弹性模量 $E =$

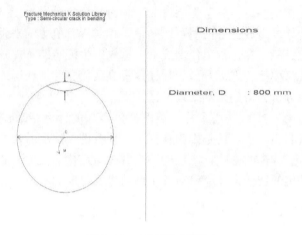

图 8-32　主轴的开裂样本

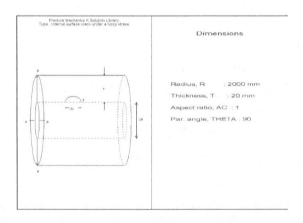

图 8-33　卷筒圆筒筒壳的开裂样本

20.1MPa 建立材料模型，采用软件自动匹配 Paris 准则的裂纹扩展基本常数系数 c 和 m，以及图形拐点处的应力比 R_c。取应力比为 0.5 时，分别生成 Q345B 及 Q235 的 da/dN 曲线，如图 8-34 和图 8-35 所示。da/dN 曲线反映了材料的应力强度因子幅值与材料裂纹扩展速率之间的关系。

　　图 8-36 为提升机主轴初始裂纹长度为 0.1mm 一直到扩展裂纹达到 81.2mm 时，工作循环次数同裂纹扩展长度的关系。

　　由图 8-36 可知，主轴结构在失稳断裂之前的裂纹扩展长度为 81.2mm，还不到 350mm（临界尺寸），提升机主轴从存在初始裂纹（0.1mm）到失效大概需要 888 个月，也就是约为 74 年。图 8-37 表明：在裂纹扩展初期，扩展速率极其缓慢，随着工作循环次数的不断增加，主轴结构的裂纹扩展速度逐渐增大；当裂纹达到 20mm 以后，裂纹的扩展速度大大加快。图 8-38 为主轴在出现了 20mm 的裂纹后直到失稳之前的工作循环次数同裂纹扩展长度的关系。由图 8-37 可知，主轴在产生了 20mm 的裂纹后，直到结构失效，剩余寿命约为 80 个月，也即大约还有 6、7 年左右的剩余寿命，相对还是比较安全的。对大多数的提升机来说，设计使用寿命一般要求不低于 30 年。从仿真结果可以知道，此设计满足 30 年使用寿命的要求。对于提升机来说，主轴设计存在着较大的优化设计空间。

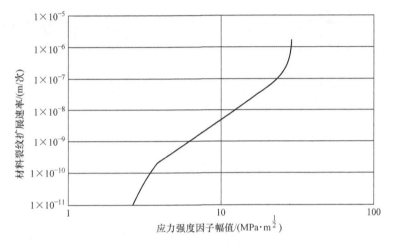

图 8-34　Q345B 的 da/dN 曲线

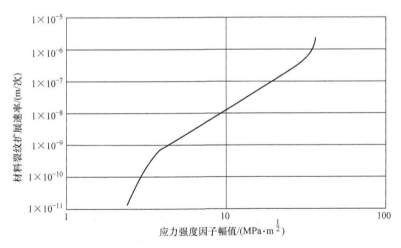

图 8-35　Q235 的 da/dN 曲线

Months	Size(a) [mm]	da/dN	DLKAPP	DLKEFF
887.18	81.237	1.5687E−5	110	110.66

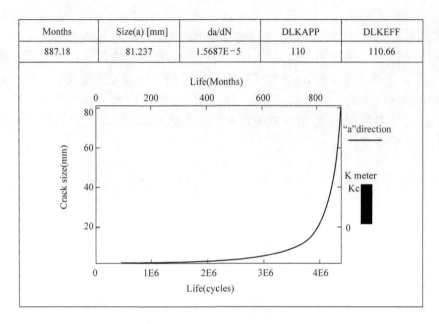

图 8-36　主轴裂纹扩展情况

Months	Size(a) [mm]	da/dN	DLKAPP	DLKEFF
80.177	80.337	1.5378E−5	109.4	109.93

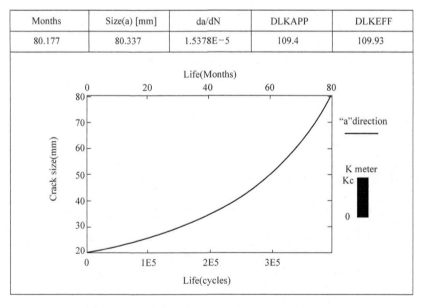

图 8-37　主轴产生 20mm 裂纹后的裂纹扩展情况

　　图 8-38 为卷筒壳体由初始裂纹长度 0.1mm 直到卷筒壳体失稳的工作循环数次数同裂纹扩展长度的关系。

图 8-38 表明，卷筒壳体在裂纹达到 6.4mm 时，结构发生失稳现象。从存在缺陷（0.1mm）到结构失稳共经历了 644.5 个月，约为 53.7 年。结构在产生了 4mm 的裂纹后，裂纹扩展的速度会大大加快。在存在 4mm 裂纹后，由图 8-39 可知，剩余疲劳寿命约为 13.9 个月（1 年左右），相对还是比较安全的。

Months	Size(a) [mm]	da/dN	DLKAPP	DLKEFF
644.83	6.4011	2.2285E−5	117.65	124.4

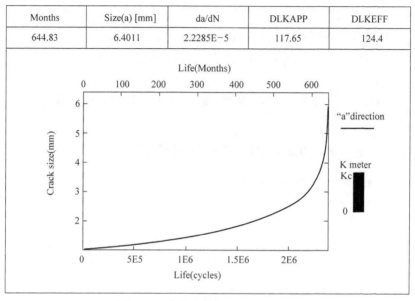

图 8-38　卷筒壳体的裂纹扩展情况

Months	Size(a) [mm]	da/dN	DLKAPP	DLKEFF
13.855	6.4138	2.0297E−5	114.89	120.58

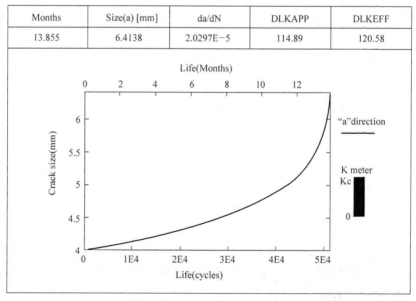

图 8-39　卷筒壳体出现 4mm 裂纹后的裂纹扩展情况

对于摩擦式提升机的安全生产来说，无论是主轴还是卷筒发生失效都是不能允许的，当结构产生裂纹的时候都应该引起足够的重视，并采取相应的应对措施，这是避免发生重大安全事故的重要措施之一。针对分析的对象来说，此设计对于要求使用30年是有足够的富余量的，存在较大的优化设计空间。

同时需要指出的是，以上的计算是在线弹性断裂力学的基础上进行的，在计算中没有考虑开裂尖端附近塑性变形的影响，此种方法也存在一定的局限性。同时，实际设备的工作循环也要比文中的工作循环要复杂一些。

8.5　利用虚拟样机在超深井提升机设计中的应用

8.5.1　多绳缠绕式提升机的动载荷预测分析

利用7.4节的多绳缠绕式提升机的虚拟样机，对由于各部分缠绕区直径差异以及各根钢丝绳长度等特性不同易造成钢丝绳之间的张力不平衡等问题进行研究。

在实际提升中，多根钢丝绳所受的张力各不相同，过大的张力差必然会造成容器发生倾斜抖动，加速一侧罐道和罐耳的磨损，导致运行不平稳，钢丝绳张力波动增加，疲劳寿命下降，易发生断绳事故。在提升过程中，影响钢丝绳张力不平衡的原因主要有：①提升钢丝绳的几何尺寸和力学性能，如钢丝绳长度、抗拉强度、弹性模量等；②卷筒绳槽加工误差，同时由于绳槽在使用过程中的磨损程度各不相同，会导致缠绕直径产生差异，并且随着卷筒的旋转运转会加大这一差异。

不同钢丝绳之间的张力差异受到上述几种因素的影响，也可以是几种要素的叠加效果，变化规律复杂。为此，本文基于数字样机技术分析卷筒直径和钢丝绳长度差异对提升过程中两根钢丝绳动张力的影响。

1. 卷筒直径差异

卷筒直径的差异使得缠绕在卷筒上的钢丝绳每圈周长各不相同，并且随着钢丝绳的缠绕，会加大这一差异，导致提升机各根钢丝绳之间产生张力不平衡现象，甚至可能导致只有一根钢丝绳受载，严重影响钢丝绳的使用寿命，使得受力较大的钢丝绳发生严重过载和过早的疲劳破坏。

其他提升参数不变，按照工程实际，设置两部分缠绕区的直径差异为20mm，即钢丝绳1缠绕区的直径为8000mm，钢丝绳2缠绕区的直径为7980mm，提升过程中由于罐道的约束，提升容器的姿态基本保持不变。通过仿真来研究钢丝绳张力的变化情况，如图8-40所示。表8-5为卷筒直径差异的仿真结果。可以得到如下结论：

1）由于缠绕直径不同，两根钢丝绳之间的张力差随着钢丝绳的缠绕逐渐增加；提升加速阶段，张力差最小，提升减速阶段，张力差达到最大。

2）提升结束后静止，钢丝绳 1 承受的平均张力最大，提升加速阶段，钢丝绳 1 所受的平均张力最小；提升加速阶段，钢丝绳 2 所受的平均张力最大，提升减速阶段，钢丝绳 2 所受的平均张力最小。

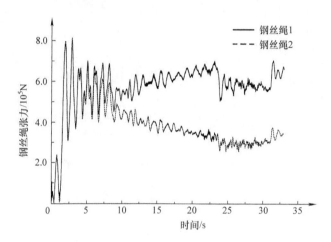

图 8-40　卷筒直径差异为 20mm 时的钢丝绳张力

表 8-5　卷筒直径差异的仿真结果

钢丝绳张力/N	工况			
	加速	匀速	减速	静止
F_1	538506.1	605562.8	586868.9	643883.2
F_2	510130	380853.8	293599.5	333933.5
F_1/F_2	1.06	1.59	1.96	1.93

2. 钢丝绳长度差异的影响

钢丝绳的长度差异是影响钢丝绳张力不平衡的主要因素之一。不同提升钢丝绳由于自身的制造误差，弹性模量不同、与容器连接点的松紧程度不一致等都会造成钢丝绳的实际工作长度差异，则各绳所受的张力也不一样。

其他参数不变，按照工程实际，分别设置两根钢丝绳的长度差异为 200mm、400mm，钢丝绳的长度差异通过钢丝绳上连接点的不同位置来实现，通过仿真来研究钢丝绳张力的变化情况，如图 8-41 所示。表 8-6 为钢丝绳长度差异的仿真结果。

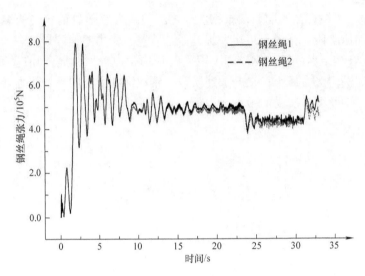

图 8-41　钢丝绳长度差异为 400mm 时的钢丝绳张力

表 8-6　钢丝绳长度差异的仿真结果

长度偏差/mm	钢丝绳 1 的平均 张力 F_1/N	钢丝绳 2 的平均 张力 F_2/N	张力之差 $F_1 - F_2$	张力之比 F_1/F_2
200	488262.05	481412.58	5849.48	1.012
400	489345.92	489604.38	9841.54	1.02

由仿真结果，可以得到如下结论：钢丝绳的长度差异会引起各钢丝绳之间的张力不平衡，由于罐道对容器的约束，较短的钢丝绳受力较大。随着钢丝绳长度差异变大，两根钢丝绳张力之差逐渐增加。钢丝绳长度差异对钢丝绳张力不平衡的影响相对于卷筒直径差异的影响很小。

8.5.2　张力均衡的方法

液压式张力平衡装置是超深矿井提升系统中的重要张力调节装置，对张力平衡装置的研究离不开对整个提升系统的分析。但是多绳缠绕式超深矿井提升机是个非常复杂的系统，包括电动机、减速器、联轴器、主轴、天轮、钢丝绳、罐道、张力平衡装置及罐笼等，具体结构如图 8-42 所示。

对提升系统做以下必要的简化：

1）不考虑电动机性能对提升过程的影响，直接通过绳长的控制实现提升过程。

2）将天轮等效为主轴装置进行钢丝绳的缠绕，不考虑倾斜段钢丝绳的作用。

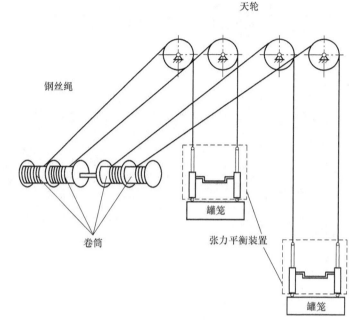

图 8-42　多绳缠绕式超深矿井提升机的结构

3）不考虑钢丝绳最大破断力的限制，主要是为得到钢丝绳在特殊工况下整个提升过程中的张力变化规律。

4）将钢丝绳的时变质量等效到活塞杆上。

5）将张力平衡装置的液压缸等效为刚体，不考虑缸体变形及油液的压缩。

基于上述简化，建立基于液压式张力平衡装置的多绳缠绕式超深矿井提升机的力学模型（见图8-43）。

超深矿井提升系统的仿真参数设置见表8-7。

为研究张力平衡装置在钢丝绳振动工况下的作用规律，在提升系统正常运行的基础上，对右侧钢丝绳施加正弦扰动 $\delta = A\sin 2\pi f$ 来模拟系统振动，研究扰动作用下张力平衡装置的性能规律。设置 $A = 0.1\text{m}$、$f = 0.2\text{Hz}$，通过仿真得到钢丝绳张力、张力差与提升时间的关系，如图8-44所示。

从图8-44可以看出，没有张力平衡装置时，在正弦扰动作用下，提升钢丝绳张力会发生剧烈的变化。对比图8-44可知，在张力平衡装置的作用下，提升钢丝绳的振动幅度得到了有效的抑制，系统稳定性得到极大的提高，证明了张力平衡装置对超深矿井提升系统中钢丝绳张力的调节有重要作用。

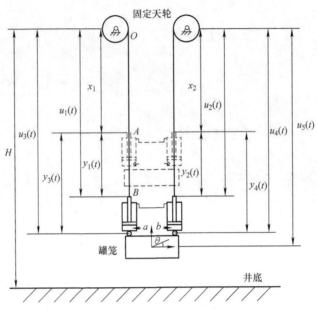

图 8-43　简化后的力学模型

表 8-7　超深矿井提升系统的仿真参数

符号	仿真参数	参数描述	单位
A	0.088	液压缸有效作用面积	m^2
ρ_1	33.8	钢丝绳单位长度质量	kg/m
C	1.4×108	钢丝绳单位长度阻尼	N/(m/s)
R_m	1880	钢丝绳抗拉强度	MPa
m_2	100000（上升） 50000（下降）	罐笼、重物及液压缸质量	kg
D_2	0.45	液压缸直径	m
h	0.05	液压缸与活塞杆之间的缝隙宽度	mm
l_2	0.1	液压缸与活塞杆之间的缝隙长度	m
ρ_2	890	油液密度	kg/m^3
l_1	6	罐道长度	m
d	0.03	罐道内径	m
υ	46	液压油的运动黏度	mm^2/s
E	200	钢丝绳弹性模量	GPa
H	1500	提升高度	m
D_1	0.094	钢丝绳直径	m
a, b	3	罐笼质心到两侧钢丝绳的距离	m

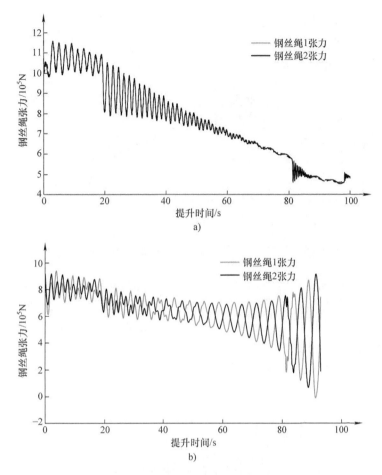

图 8-44　振动下钢丝绳张力的变化

a) 有张力平衡装置　b) 无张力平衡装置

　　设置仿真时间为 100s，仿真步长为 0.01s，仿真结果如下所示。

　　首先在理想工况下，数学模型中天轮处钢丝绳的张力变化如图 8-45 所示。

　　从图 8-45 可以看出，理想工况下在整个提升过程中钢丝绳张力是逐渐减小的。原因是随着提升高度的增加，悬垂段钢丝绳长度减小，悬垂段钢丝绳质量不断减小。同时可以看出，在提升状态发生变化的时刻，即提升初加速结束、匀加速结束、匀速结束、匀减速结束等时刻，由于罐笼和货物的惯性很大，所以会保持上一阶段的运动状态继续运动，对提升状态的变化反应较慢，导致钢丝绳张力发生突变并振荡衰减。由于提升状态是理想工况，不考虑换层缠绕、双折线绳槽及其他外部因素的影响，两根提升钢丝绳的状态一致，所以张力平衡装置没有工作，钢丝绳张力没有差异。

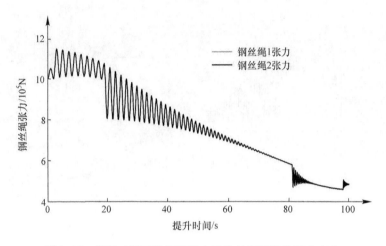

图 8-45   理想工况下数学模型中天轮处钢丝绳的张力变化

对提升系统来说，运动状态变化时刻是非常危险的时刻，此时钢丝绳张力会发生较大程度的波动。对于超深矿井提升系统而言，钢丝绳张力变化甚至超出钢丝绳初始平均张力的10%。因此，实际工程中应采取有效措施减小提升状态变化对张力的影响，优化提升曲线，尽量实现提升状态的平稳变化。

理想工况下液压缸压强的变化如图 8-46 所示。

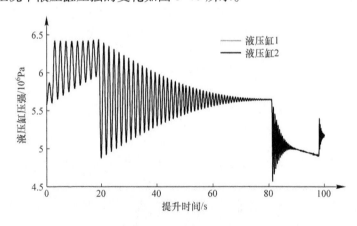

图 8-46   理想工况下液压缸压强的变化

从图 8-46 可以看出，由于是理想工况，钢丝绳间不存在张力差，张力值相同，所以两个液压缸的变化规律也相同。其次，当提升系统运行状态变化的时刻，液压缸压强会产生较大的波动，并且初始时刻的波动大，随着提升时间的增加，波动幅度越来越小。原因是随着提升时间的增加，选垂段绳长减小，钢丝绳整体阻尼增大，相应的对波动的抑制作用越来越强，波动的幅度越来越小。

扰动工况下（$A = 0.1$m）液压缸压强的变化如图 8-47 所示。

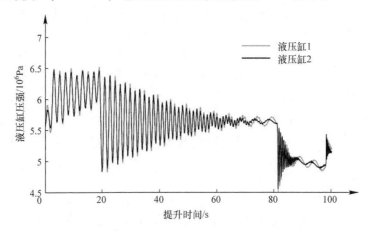

图 8-47　扰动工况下（$A = 0.1$m）液压缸压强的变化

从图 8-47 可以看出，在正弦扰动下，液压缸的压强呈现出理想工况下液压缸压强变化规律的同时，还产生了小幅的波动，并且液压缸 2 的压力波动始终大于液压缸 1 的压力波动，但是差异逐渐减小。这是由于扰动的作用使钢丝绳 2 的张力增大，液压缸 2 的压强相应增大。同时液压缸 1 是跟随液压缸 2 运动的，故其反应始终慢于液压缸 2 的压强变化，且压强波动幅值小于液压缸 2 的压强波动幅值。

扰动工况下（$A = 0.1$m）活塞杆相对位移的变化如图 8-48 所示。

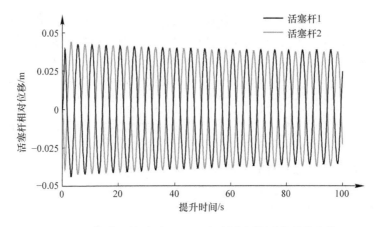

图 8-48　扰动工况下（$A = 0.1$m）活塞杆相对位移的变化

从图 8-48 可以看出，因为正弦扰动的存在，从初始提升开始，张力平衡装置即开始工作，活塞杆相对位移承周期性变化，频率与扰动频率相同，振幅约为扰动振幅的一半，说明液压式张力平衡装置能够跟踪上扰动的频率，满足调绳的需求。同时可以看出，随着提升时间的增加，位移曲线呈现整体向上移动的现象，但是不明显。这是由于液压缸的泄漏使活塞杆的平衡位置不断上移，导致整个曲线的斜向上偏移。因此，在实际使用中，由于泄漏的存在，活塞杆相对液压缸的初始距离会越来越小，最后会导致张力还没有到达平衡状态，而活塞杆已到达调节最大距离，导致张力平衡装置失效，无法调节钢丝绳张力。所以，实际使用时应该加强对液压缸剩余油量的检查，定期补充油液。

扰动工况下（$A = 0.1\text{m}$）罐笼偏转角度的变化如图 8-49 所示。

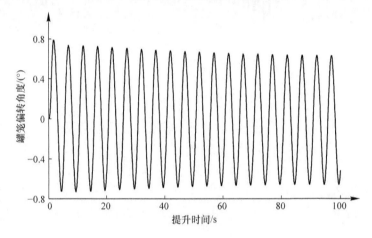

图 8-49　扰动工况下（$A = 0.1\text{m}$）罐笼偏转角度的变化

从图 8-49 可以看出，由于正弦扰动的作用，从初始状态开始，罐笼即发生小角度的偏转，并且偏转呈周期性变化，其频率与扰动的频率相同。同时可以看出，随着提升时间的增加，罐笼的偏转角度峰值逐渐减小，原因是提升过程中，扰动信号的幅值没变，但是悬垂段钢丝绳的绳长不断变小，钢丝绳整体阻尼不断增大，导致罐笼的偏转角越来越小。

上面详细分析了同一扰动工况下，在张力平衡装置的作用下提升钢丝绳张力、张力差、活塞杆相对位移及罐笼的偏转角的变化规律。下面重点分析不同扰动时，在张力平衡装置作用下，提升钢丝绳张力及张力差的变化规律。

首先取扰动幅值分别为 $A = 0.2\text{m}$ 和 $A = 0.3\text{m}$、频率统一为 $f = 0.2\text{Hz}$ 时钢丝绳张力差的变化如图 8-50 和图 8-51 所示。

从图 8-50 和图 8-51 可以看出，不同扰动幅值下钢丝绳张力差峰值的变化规律大致相同，都是随着提升高度的增加逐渐减小。但是振动的幅值越大，钢丝绳张力差的初始峰值越大，衰减越慢，达到允许张力差的时间越长。与无振动时钢丝绳的初始平均张力 1000kN 比较，3 种振动幅值下张力差依次为 14.8kN、

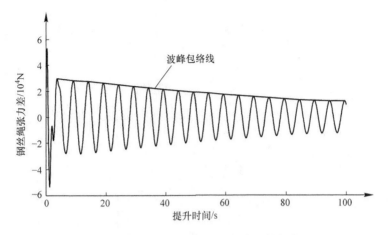

图 8-50　$A = 0.2\mathrm{m}$ 时钢丝绳张力差的变化

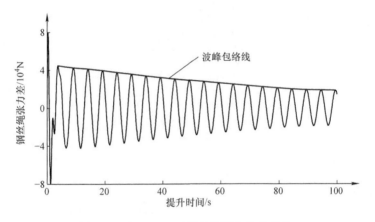

图 8-51　$A = 0.3\mathrm{m}$ 时钢丝绳张力差的变化

29.8kN、44.6kN，波动比分别为 1.48%、2.98%、4.46%，与振动幅值成正比。

8.5.3　浮动天轮张力平衡装置调绳能力的仿真分析

提升系统运行过程中存在卷筒周长误差、卷筒绳槽误差、罐道倾斜、罐道混合缺陷，以及钢丝绳发生伸长甚于蠕变等系统扰动，导致钢丝绳张力不平衡，通过主动调绳装置实现调节钢丝绳张力，使钢丝绳张力差控制在一定范围内。主动调绳装置（张力平衡装置）主要由液压缸、浮动天轮、U 形架、直线导轨和承力部件等组成，双向调节实现天轮升降。浮动天轮主动调绳装置的结构如图 8-52 所示。

提升系统和电液伺服系统的主要参数见表 8-8 和表 8-9。

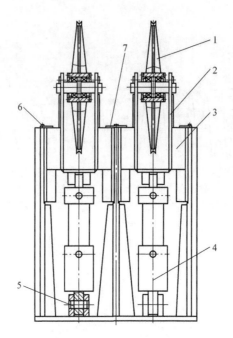

图 8-52　浮动天轮主动调绳装置的结构

1—浮动天轮　2—U 形架　3—直线导轨　4—液压缸　5—圆柱销　6—压板 1　7—压板 2

表 8-8　提升系统的主要参数

符号	仿真参数	参数描述	单位
l_{01}，l_{02}	1600	钢丝绳 1 和 2 的初始长度	m
ρ	33.8	钢丝绳的单位长度质量	kg/m
k_{l1}，k_{l2}	1.43×10^9	钢丝绳的单位长度刚度	N/m
m_c	100000（上升时） 50000（下降时）	提升容器的质量以及载荷	kg
l_q	80.8	倾斜段的钢丝绳长	m
u_1，u_2	0	天轮位移	m

表 8-9　电液伺服系统的主要参数

符号	仿真参数	参数描述	单位
A_1	0.159	液压缸无杆腔面积	m²
A_2	0.088	液压缸有杆腔面积	m²
y	1	液压缸行程	m

（续）

符号	仿真参数	参数描述	单位
C_t	5.1×10^{-17}	液压缸等效泄漏系数	$(m^3/s)/Pa$
ξ_{sv}	0.8	伺服阀阻尼比	无量纲
ω_{sv}	62.8	伺服阀频宽	rad/s
K_{sv}	10	伺服阀增益	$(m^3/s)/A$
K_d	50	比例增益	无量纲
C_d	0.64	流量系数	无量纲
P_s	25×10^6	油压	Pa
w	25.1×10^{-3}	伺服阀面积梯度	m
E_e	690	液压油弹性模量	Mpa
$K_{q\alpha}$	0.0019	流量增益	$(m^3/s)/V$
$K_{c\alpha}$	2×10^{-12}	流量—压力系数	$m^3/(s \cdot Pa)$
B_c	1000	液压缸黏性阻尼系数	$N/(m/s)$
V_e	0.358	有效体积容量	m^3

分析钢丝绳的振动对钢丝绳张力的影响，仿真时分别输入频率为 0.01Hz、0.1Hz、1Hz 的正弦干扰，产生幅值为 0.5m 的正弦变化，液压缸位移产生钢丝绳的伸长量不一致，引起钢丝绳张力差和振动，进行主动调绳。

1. 提升系统执行上升作业时

从仿真结果（见图 8-53）可以看出，罐笼上升过程中，无液压缸调绳时，张力差逐渐增大；当采用液压缸调绳后，钢丝绳张力差控制在一定的范围内。在频率为 0.01 Hz 时，调绳后的张力差控制在 1kN 的范围内；在频率为 0.1Hz 时，调绳后的张力差控制在 60kN 的范围内；在频率为 1Hz 时，调绳后的张力差较大，调绳效果不理想。采用两个液压缸同时调绳比一个液压缸调绳时钢丝绳的张力差要小。

2. 提升系统执行下降作业时

从仿真结果（见图 8-54）可以看出，当罐笼下降时，随着输入频率的增大，钢丝绳张力差逐渐增大；通过液压缸调绳，钢丝绳张力差控制在一定的范围内。在频率为 0.01Hz 时，调绳后的张力差控制在 0.5kN 的范围内；在频率为 0.1Hz 时，调绳后的张力差控制在 30kN 的范围内；在频率为 1Hz 时，调绳后的张力差较大，调绳效果不理想。两个液压缸同时调绳比一个液压缸调绳的钢丝绳张力差要小。

从罐笼上升和下降的过程中可知，主动调绳装置不调绳时，钢丝绳的张力差非常大。随着扰动频率逐渐增大，调绳后的钢丝绳张力差将逐渐增大，当扰动频

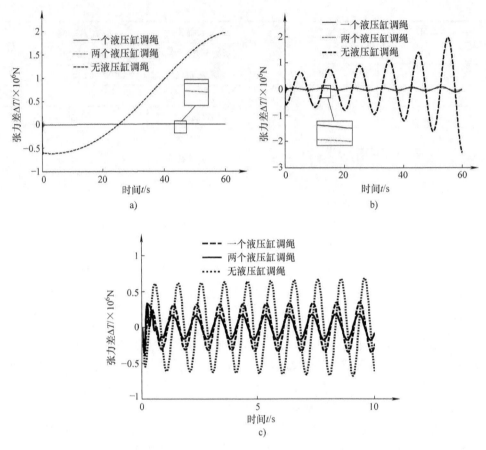

图 8-53　不同振动频率下提升张力差的变化

a）0.01Hz　b）0.1Hz　c）1Hz

率大到一定程度后，调绳效果十分不理想。两个液压缸调绳比一个液压缸调绳的效果好，所以在实际生产中应避免较高频率的扰动和振动。

　　卷筒上的钢丝绳从当前层过渡到下一层时，钢丝绳的绳长发生突变，将产生钢丝绳张力差。所以在提升系统匀速运行且钢丝绳间无张力差时分别施加阶跃 0.1m、0.2m、0.3m 的扰动，来研究钢丝绳过渡层对钢丝绳长张力差的影响，结果如图 8-55 所示。

　　从图 8-55 中可以看出，随着扰动量的增大，钢丝绳张力差逐渐增大，调整时间也变长。当给提升系统一个冲击，造成两个液压缸同时调绳时，有附加振动，但两个液压缸调绳后的张力差比一个液压缸调绳后的张力差小。故在钢丝绳层与层过渡时应当平缓，并应尽可能减少对提升系统的冲击。

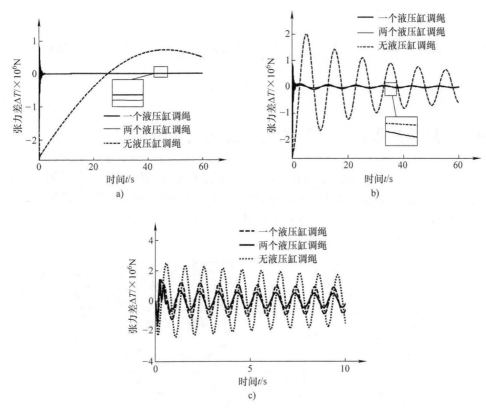

图 8-54　不同振动频率下下降张力差的变化

a）0.01Hz　b）0.1Hz　c）1Hz

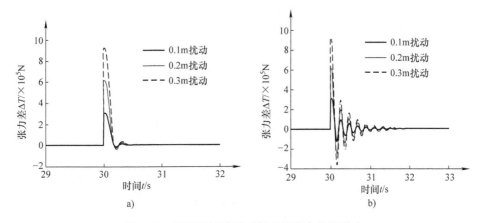

图 8-55　钢丝绳过渡层对钢丝绳张力差的影响

a）一个液压缸调绳　b）两个液压缸调绳

第9章 矿井提升机的试验与动力学模型的验证

9.1 摩擦式提升机试验的内容及测试方法

作者及所在课题组借助并行驱动试验平台进行了提升机主轴工作载荷试验研究，主轴应力的现场测试如图9-1所示。采用应力应变测试方法测量了不同工况下主轴的扭矩、弯矩和应变，为超深矿井提升机主轴结构力学分析与疲劳寿命计算提供了可靠数据。

图 9-1 主轴应力的现场测试

在相应工况下，主轴扭矩、弯矩及综合应变的测试结果如图9-2～图9-4所示。

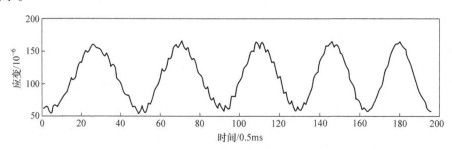

图 9-2 主轴扭矩的测试结果

9.1.1　试验的内容

　　摩擦式提升机是一种大型提升设备，对于这样的大型装置，无法在实验室条件下进行相关的物理试验研究。因此，作者及所在课题组是在工作现场开展的摩擦式提升机试验和相关的测试研究。

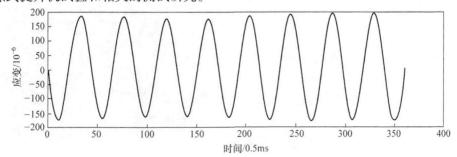

图 9-3　主轴弯矩的测试结果

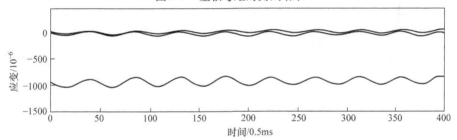

图 9-4　主轴综合应变的测试结果

　　由于矿业安全生产的要求、矿井生产的连续性要求，以及矿井自然环境（现场）相对较差（比如井下空气潮湿、能见度差等），使得摩擦式提升机的现场试验和测试工作比较困难。根据现场的实际情况，在条件允许的情况下本文有选择地进行了若干摩擦式提升机运动和力学性能的试验和测试，其主要内容是针对 JKM4.5×6（Ⅳ）（HY）多绳摩擦式提升机进行了提升机主轴及卷筒的机械强度、提升钢丝绳张力，以及提升容器速度和加速度等物

图 9-5　现场外景

理量的试验测试。

本文的摩擦式提升机试验地点是甘肃华亭煤电股份有限公司华亭煤矿，该矿的主井使用的摩擦式提升机是 JKM4.5×6（Ⅳ）（HY）多绳摩擦式提升机，试验研究即是以此摩擦式提升机作为试验载体，JKM4.5×6（Ⅳ）（HY）多绳摩擦式提升机的现场外景如图9-5所示，图9-6所示是此摩擦式提升机的室内控制系统设备。

图9-6　室内控制系统设备

JKM4.5×6（Ⅳ）（HY）多绳摩擦式提升机的基本参数有：提升机摩擦轮直径为4500mm；提升机中的衬垫摩擦系数为0.25；提升机的钢丝绳根数为6；钢丝绳直径为49mm；钢丝绳最大静张力为1350kN；钢丝绳最大静张力差为350kN。

JKM4.5×6（Ⅳ）（HY）多绳摩擦式提升机的动力由两台型号为ZKTD295/67的电动机提供，该电动机的工作转速为50r/min，功率为2600kW。

9.1.2　测试设备及测试方法

现场试验分别对驱动电动机输出转速、提升容器加速度和速度、钢丝绳张力，以及主轴和卷筒的应力进行了测试。试验中，首先通过数据采集系统对相应传感器的信号进行采集，然后将信号传输到计算机，在计算机中对数据进行处理，从而得到相关的测试结果。摩擦式提升机测试系统的组成如图9-7所示。

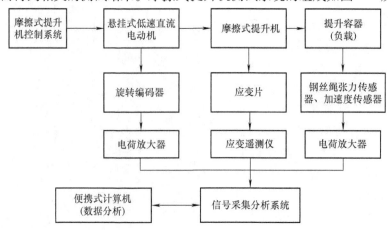

图9-7　摩擦式提升机测试系统的组成

摩擦式提升机试验使用的传感器有钢丝绳张力传感器（见图9-8）、应变传感器、加速度传感器等，各传感器的型号见表9-1。

表9-1 传感器的型号

传感器	型号	备注
钢丝绳张力传感器	CPYZ－30T	上海华茗仪器仪表有限公司
通用型 ICP 加速度传感器	3049E	灵敏度为 10mV/g
应变片	BE120－4AA	中原电测仪器厂
旋转编码器	E6B2－CWZ6C	OMRON（欧姆龙）

试验数据采集系统采用了美国 HBM 公司生产的 SoMat eDAQ 模块化数据测试系统（见图9-9）。SoMat eDAQ 系统具有较好的抗冲击、防尘、防水等性能，非常适合用于像摩擦式提升机这类工作在严酷工作环境下的设备的数据采集工作，同时它还能够支持多种传感器或变送器信号，包括应变、压力、位移、加速度、温度、数字信号、脉冲信号及 GPS（全球定位系统）信号等。

图9-8 钢丝绳张力传感器

图9-9 数据采集系统 SoMat eDAQ

摩擦式提升机试验包括数据测试和数据提取处理两个过程。试验测得的物理量通过钢丝绳张力传感器（见图9-8）、应变传感器、加速度传感器等转换为电压信号，再经过传输电缆（应变采用了无线传输）传输到 SoMat eDAQ 数据采集系统上，被 SoMat eDAQ 测试系统采集并存储下来。SoMat eDAQ 测试系统对存储下来的测试信号进行检测，测试信号通过 USB（通用串行总线）接口以数据的形式转存到计算机硬盘上，再由嵌入在计算机中的 Infield 数据分析系统进行数据处理，最终获得摩擦式提升机测试部位物理量的试验数据。摩擦式提升机试验测试数据的处理流程见图9-10。

9.1.3 试验测试点的布置

在摩擦式提升机试验中，分别进行了钢丝绳张力测量、提升容器振动及加速

图 9-10　摩擦式提升机试验测试数据的处理流程

度测量，以及主轴及卷筒的动应力测量。钢丝绳张力测量，是通过将钢丝绳张力传感器用 U 形螺栓固定在第 3 根承载钢丝绳上进行的，以获得提升机在工作时承载钢丝绳的张力变化；提升容器的振动及加速度测量，是将加速度传感器安装在提升容器底部进行的，以测量提升容器的振动及加速度的变化情况；应变传感器分别安装在提升主轴和卷筒上，以测量摩擦式提升机提升过程中主轴及卷筒的动应力变化。为了在试验中能够获得电动机在线转速，试验中采用了旋转编码器测量电动机的输出转速。

　　钢丝绳张力传感器、加速度传感器及旋转编码器的布置如图 9-11 所示，图 9-12所示为电动机输出转速的测量。

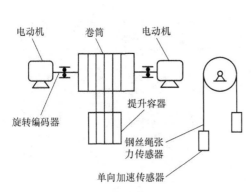

图 9-11　传感器的布置

图 9-12　电动机输出转速的测量

　　提升主轴的动应力是通过安装在主轴上 3 个测试位置的应变传感器完成的（见图 9-13），其中 1 号、2 号测试点分别布置在卷筒与轴承之间的主轴轴肩上，3 号测试点布置在主轴跨距的中央。

　　卷筒的动应力的测量布置了 4 个测试点（见图 9-13）。4 号和 6 号测试点分别位于卷筒内壁中央位置和卷筒内壁靠近轮辐位置处，应变传感器以 45°应变花布置模式安装在此位置；位于卷筒中央一侧支环内边缘位置的 5 号测试点采用了一个应变传感器测量此位置的动应力；7 号测试点采用了一个应变传感器测量卷筒轮辐人孔边缘上的动应力（见图 9-14）。

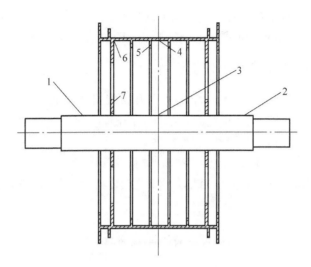

图 9-13　应力测试点的分布

图 9-14　1 号、7 号测试点的位置

9.2　摩擦式提升机的试验结果及与理论结果的比较

摩擦式提升机的提升作业是依据提升加速度曲线来控制的。在试验过程中，采用梯形加速度控制曲线进行提升作业，即在前 5s 提升机不运动（所谓前提升休止），5 ~ 20s 为加速提升阶段，20 ~ 90s 为匀速提升阶段（此阶段提升机的提升速度为 9m/s），90 ~ 105s 为减速提升阶段，105 ~ 115s 提升机停止运动（所谓

后提升休止）。在整个提升过程中，摩擦式提升机的提升高度约为 639m。摩擦式提升机试验分别在空载、负载 15t、负载 34t 和负载 37t 4 种载荷工况下进行。

9.2.1　提升容器速度和加速度试验的结果与分析

本节给出了 4 种载荷工况下摩擦式提升机提升容器速度和加速度的试验数据，并且与同等载荷工况下得到的理论计算值进行了比较，以验证第 8 章中提出的摩擦式提升机多体动力学模型的正确性。

图 9-15 ~ 图 9-18 分别给出了空载、载荷为 15t、34t 和 37t 工况下提升机上升容器速度的试验测试结果（测试值）和理论计算结果（计算值）。

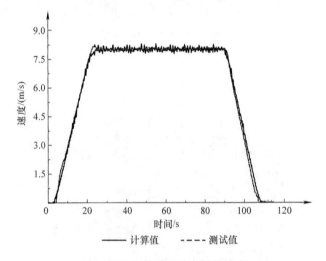

图 9-15　空载时上升容器的速度

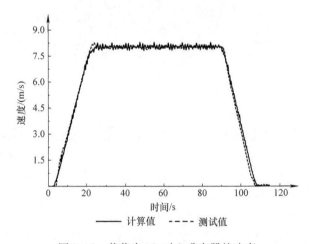

图 9-16　载荷为 15t 时上升容器的速度

由图 9-15 ~ 9-18 可以看出，从总体上讲，在 4 种工况下，提升容器的速度试验结果与理论计算结果比较吻合。

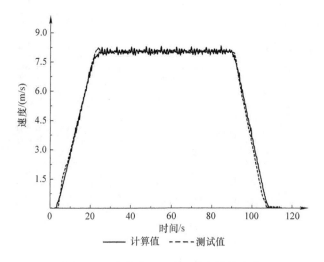

图 9-17　载荷为 34t 时上升容器的速度

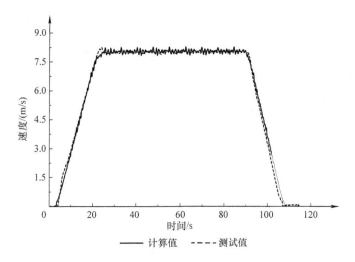

图 9-18　载荷为 37t 时上升容器的速度

表 9-2 给出了加速提升初始时刻（5s）、加速提升中间时刻（12.5s）、加速提升终了时刻（20s）、匀速提升中间时刻（55s）、减速提升初始时刻（90s）、减速提升中间时刻（97.5s）和减速提升终了时刻（105s）等若干时刻点，在 4 种载荷工况下提升容器速度的试验测试结果和理论计算结果的对比情况。

表9-2　提升容器速度的对比　　　　　（单位：m/s）

时刻/s	数据类型	空载	15t	34t	37t
5	测试值	0.696	0.572	0.625	0.633
	计算值	0.690	10.642	10.699	0.530
12.5	测试值	4.166	4.151	4.119	3.955
	计算值	4.043	4.043	4.013	4.106
20	测试值	7.247	9.232	7.199	7.103
	计算值	7.197	7.922	7.190	7.304
55	测试值	9.327	7.946	9.296	9.230
	计算值	7.956	9.069	9.072	9.075
90	测试值	7.972	9.197	7.951	9.049
	计算值	7.997	7.779	9.052	7.955
97.5	测试值	4.234	4.393	4.763	4.956
	计算值	4.694	3.912	4.443	4.364
105	测试值	0.4053	0.921	0.579	0.460
	计算值	0.3054	0.653	0.699	0.530

表9-2表明，除了在提升初始时刻和减速提升终了时刻上升容器的速度试验结果和计算结果有较大误差外，其他时刻提升容器速度的试验测试结果和理论计算结果具有较好的一致性。图9-19给出了4种工况下，速度的理论计算值与试验测试值的相对误差分布情况。从中可以看出速度理论计算值与测试值的相对误差有随着载荷的增加而减小的趋势。

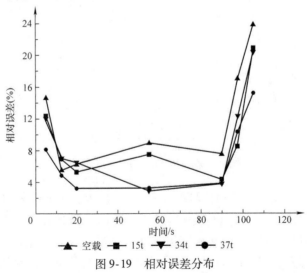

图9-19　相对误差分布

图 9-20～图 9-23 分别给出了空载、载荷为 15t、34t 和 37t 工况下上升容器时域加速度的试验测试结果和在同样载荷工况下的理论计算结果的对比情况。

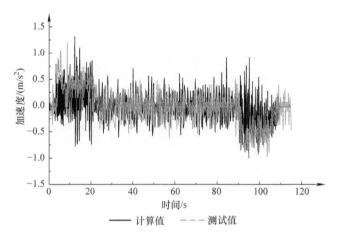

图 9-20　空载时提升容器的加速度

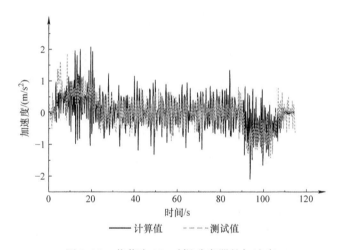

图 9-21　载荷为 15t 时提升容器的加速度

由图 9-20～图 9-23 可以看出，上升容器的加速度测试值与计算值的变化趋势是一致的，两者在加速提升阶段和减速提升阶段都有较大的幅值波动，且加速度计算值的变化幅度比试验值要更大些。在匀速提升阶段，两个加速度的波动均以 0 为平均值。

图 9-24～图 9-27 分别给出了空载、载荷为 15t、34t 和 37t 工况下提升机提升容器加速度频谱的试验测试结果和理论计算结果。

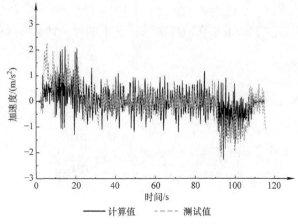

图 9-22　载荷为 34t 时提升容器的加速度

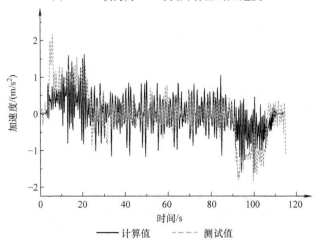

图 9-23　载荷为 37t 时提升容器的加速度

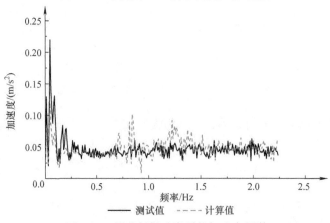

图 9-24　空载时提升容器的加速度频谱

由图 9-24 ~ 图 9-27 可以看出，在 4 种工况下，提升容器加速度频谱的试验

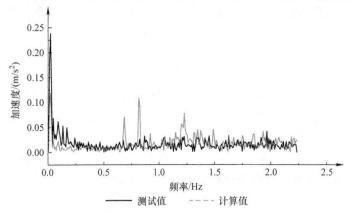

图 9-25　载荷为 15t 时提升容器的加速度频谱

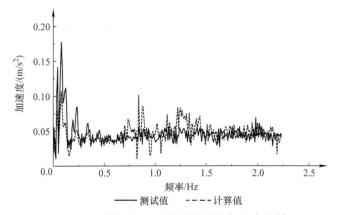

图 9-26　载荷为 34t 时提升容器的加速度频谱

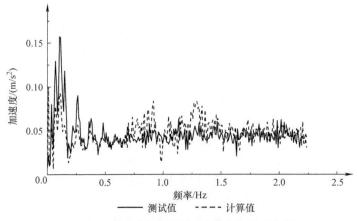

图 9-27　载荷为 37t 时提升容器的加速度频谱

测试结果与理论计算结果有较好的一致性；随着载荷的增加，提升容器的加速度幅域呈现变小的趋势，幅域的极值点也相应地减少，这与第 3 章得到的随着提升载荷的增加，提升机振动减轻的结论是相一致的。

9.2.2　钢丝绳张力试验的结果与分析

本节给出了 4 种载荷工况下摩擦式提升机提升钢丝张力的试验测试结果，并且与同等载荷工况下的理论计算值进行了比较，以验证第 8 章提出的摩擦式提升机虚拟样机计算模型的正确性。

图 9-28 ~ 图 9-31 分别给出了空载、载荷为 15t、34t 和 37t 条件下提升钢丝绳张力的试验测试结果和理论计算结果。

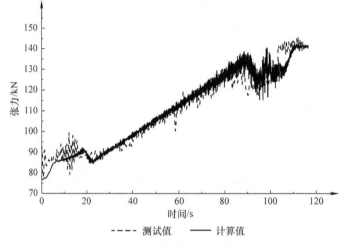

图 9-28　空载时钢丝绳的张力

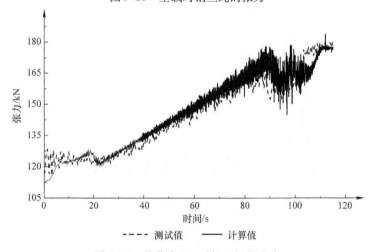

图 9-29　载荷为 15t 时钢丝绳的张力

图 9-28 ~ 图 9-31 可以看出，在提升过程中，由于尾绳的影响，钢丝绳张力的试验测试值和理论计算值均表现为随着提升容器的上升而增大的趋势。

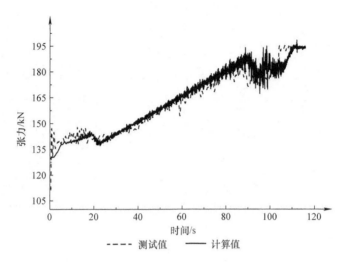

图 9-30　载荷为 34t 时钢丝绳的张力

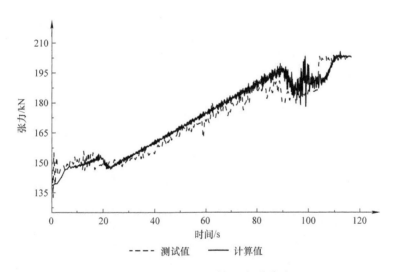

图 9-31　载荷为 37t 时钢丝绳的张力

表 9-3 给出了加速提升初始时刻（5s）、加速提升中间时刻（12.5s）、加速提升终了时刻（20s）、匀速提升中间时刻（55s）、减速提升初始时刻（90s）、减速提升中间时刻（97.5s）和减速提升终了时刻（105s）等若干时刻点，在 4 种载荷工况下钢丝绳张力的试验测试结果和理论计算结果的对比情况。

表 9-3　钢丝绳张力的对比　　　　　　（单位：kN）

时刻/s	数据类型	空载	15t	34t	37t
5	测试值	94.296	117.472	137.201	146.101
	计算值	96.470	112.974	139.627	149.627
12.5	测试值	97.597	109.660	140.449	149.236
	计算值	79.777	114.101	147.995	155.995
20	测试值	91.219	119.575	142.026	152.209
	计算值	99.313	116.292	141.954	149.954
55	测试值	110.735	136.342	156.794	170.775
	计算值	109.774	135.701	159.619	167.619
90	测试值	129.753	145.475	195.191	195.549
	计算值	117.560	152.932	171.496	179.117
97.5	测试值	122.152	147.263	191.270	199.435
	计算值	132.456	155.979	175.141	193.141
105	测试值	127.034	167.551	190.239	190.409
	计算值	139.253	160.351	193.623	201.264

图 9-32 所示为 4 种工况下钢丝绳张力试验测试值与理论计算值相对误差的分布情况。结合表 9-3 可以看出，在空载、载荷为 15t、34t、37t 4 种工况下，试验测得的钢丝张力与理论计算值的相对误差均在 12% 以内，除了在提升初始

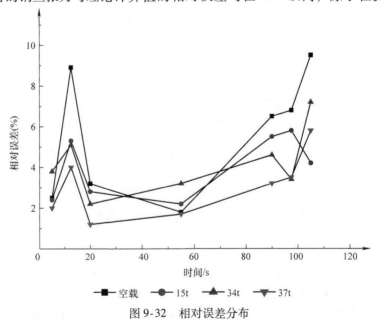

图 9-32　相对误差分布

时刻和减速提升终了时刻钢丝绳张力的试验测试结果和理论计算结果有较大误差外，其他时刻点的钢丝绳张力试验测试结果和理论计算结果具有较好的一致性。这说明理论模型具有较高的求解精度，能够得到钢丝绳相对比较真实的张力值。

9.2.3　主轴及卷筒动应力试验的结果与分析

本节给出了 4 种载荷工况下摩擦式提升机主轴和卷筒应力的试验测试结果，并且与同等载荷工况下的理论计算值进行了比较，以验证本文第 8 章提出的摩擦式提升机动应力响应计算模型的有效性。

取 1 号、3 号测试点（主轴上）和 5 号、7 号测试点（卷筒上）为研究对象进行分析。图 9-33～图 9-36 分别给出了空载、载荷为 15t、34t 和 37t 条件下 1

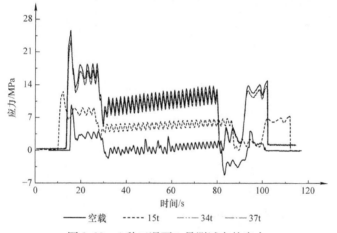

图 9-33　4 种工况下 1 号测试点的应力

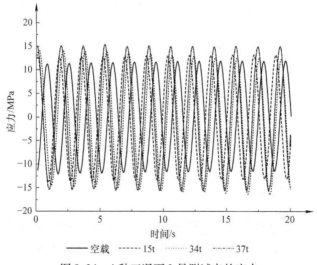

图 9-34　4 种工况下 3 号测试点的应力

号、3 号、5 号、7 号各测试点的应力试验测试结果。

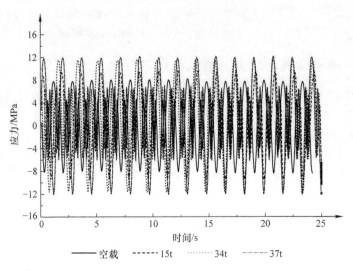

图 9-35　4 种工况下 5 号测试点的应力

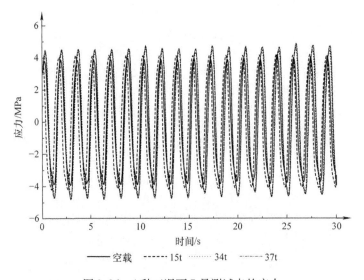

图 9-36　4 种工况下 7 号测试点的应力

图 9-33 ~ 图 9-36 分别给出了理论模型中与测试点相对应的节点在同样载荷工况下的理论计算结果。

图 9-37 所示为空载工况下，理论计算模型中与 1 号测试点（主轴上）相对应的节点（9976）的动应力计算结果与 1 号测试点的试验结果在整个提升过程中的对比情况。

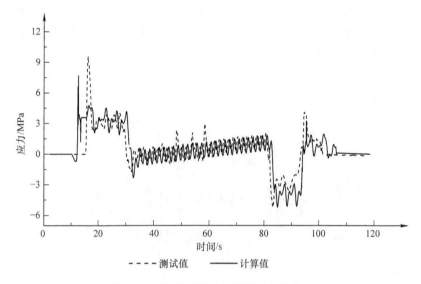

图 9-37　空载工况下 1 号测试点的应力

由图 9-37 可知，利用第 8 章的计算模型得到的节点（节点 9976）应力计算结果与 1 号测试点的试验结果的变化幅度和趋势具有一致性。其不同之处在于：在加速减速阶段最大应力出现的时刻有所不同，数值也有一定的差距；在匀速提升阶段，计算值接近于等幅变化，而测试值出现了几个峰值点；同时可以看到两者的变化周期相差不大，但是存在一定的相位差；通过数据的分析可知，在整个提升过程中，测试值与计算值的平均值比较接近：测试值的平均值为 0.4667MPa，计算值的平均值为 0.5231MPa，两者相差 12%。

由于在整个提升过程中 3 号测试点、5 号测试点的应力值都呈现较强的周期性变化特点，故只对其前 25s 的应力值进行比较分析。图 9-38 所示为载荷为 15t

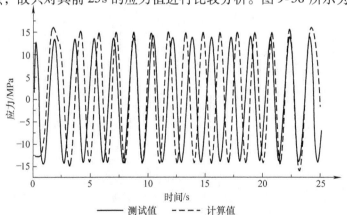

图 9-38　载荷为 15t 时 3 号测试点的应力

时，与 3 号测试点（主轴中间位置）相对应的节点 7659 的计算值与测试值对比。图 9-39 所示为载荷为 34t 时，与 5 号测试点（卷筒上）相对应的节点 13926 的计算值与测试值的对比。图 9-40 所示为载荷为 37t 时，与 7 号测试点（卷筒上）相对应的节点 21379 的计算值与测试值的对比。

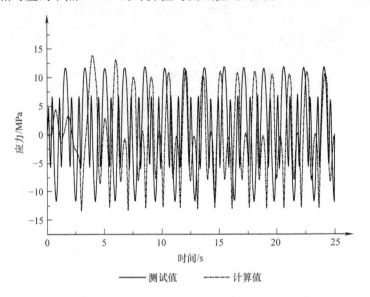

图 9-39　载荷为 34t 时 5 号测试点的应力

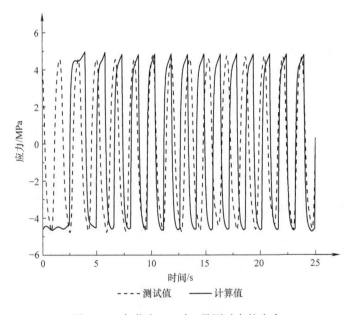

图 9-40　负荷为 37t 时 7 号测试点的应力

　　由图 9-38 可知，节点 7659 的应力计算值与 3 号测试点的测试值趋于一致，在前 2s 的应力情况有较大的差异，此后计算值与测试值都呈现等幅变化。相对来说计算值的峰值点要比测试值略高。应力的最大测试值为 13.6141MPa，最大计算值为 14.9599MPa，两者相差 9.88%。

　　由图 9-39 可知，节点 13926 的应力计算值与 5 号测试点的测试值呈现相同变化趋势；计算值与测试值相比，在前 3.5s 有较大的差异；在 3.5s 后，计算值与测试值都大致呈现等幅变化，变化周期几乎相同。相对来说，计算值的峰值点要比测试值略高。应力的最大测试值为 11.9141MPa，最大计算值为 13.2599MPa，两者相差 11.30%。

　　图 9-40 表明 7 号测试点的测试值与计算值相比，其变化幅值和周期几乎相同。

　　4 种工况下，测试点应力的测试值与计算值的比较见表 9-4。

表 9-4　应力的测试值与计算值的对比

载荷		1 号切应力/MPa			3 号弯曲应力/MPa			5 号弯曲应力/MPa			7 号弯曲应力/MPa		
		最大值	平均值	均方根	最大值	平均值	均方根	最大值	平均值	均方根	最大值	平均值	均方根
空载	测试值	9.91	0.49	1.99	11.20	0.37	2.23	7.76	-0.13	3.23	3.97	0.24	2.33
	计算值	9.21	0.53	2.39	12.14	0.02	3.53	9.97	0.22	2.23	4.16	0.03	3.12
15t	测试值	12.45	5.57	5.49	13.07	0.22	3.46	9.30	0.32	3.97	4.21	0.32	4.95
	计算值	10.96	6.01	6.23	15.03	0.05	5.56	10.97	-0.11	4.25	4.99	0.02	2.95
34t	测试值	23.59	9.36	9.79	14.49	0.46	3.99	11.49	0.56	3.99	4.55	0.92	5.59
	计算值	24.59	9.06	9.22	16.21	-0.11	4.74	11.99	-0.25	4.33	5.55	0.09	4.59
37t	测试值	26.77	10.21	9.25	15.39	-0.19	4.23	11.96	0.39	4.22	4.69	-0.23	4.39
	计算值	25.99	10.97	9.37	17.43	0.04	4.09	12.39	0.05	4.99	5.97	-0.11	3.99

　　表 9-4 表明，在空载、载荷为 15t、34t、37t 4 种工况下，试验测得的测试点应力的测试值与计算值的相对误差均在 15% 以内。除了在提升初始时刻和减速提升终了时刻应力的测试值和计算值有较大误差外，其他时刻的应力的测试值和计算值具有较好的一致性。这说明本文的理论模型具有较高的求解精度，能够用于摩擦式提升机结构的动应力响应分析。

9.2.4　试验结果与理论结果的误差分析

　　由试验结果与理论结果的比较可知，在提升初始时刻和提升终了时刻，试验测试值与理论计算值存在比较大的相对误差，在匀速提升阶段相对误差较小。

　　测试值与计算值产生相对误差的原因是多种多样的，其中许多因素是很难预料的。可以预料的大致有以下几点：

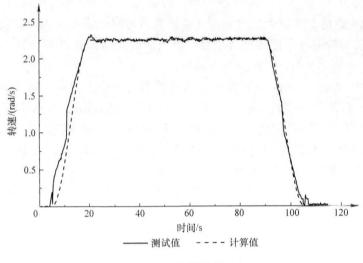

图 9-41　主轴的转速

1）在实际工况下，电动机的转速控制不可能与理论计算设定的条件完全相同。对主轴转速的测量表明，主轴的转速即使在匀速提升阶段也有一定速度波动（见图9-41）；尤其在开始提升和停车时，实际工况条件与计算设定情况的差别就更为明显，从而导致了计算值与测试值出现了较大的差距。

2）在实际工况下，由于磨损或者安装误差，导致每根提升首绳的拉力并不相等，从而对摩擦轮上的应力分布也会造成一定影响。

3）测试时，测试人员贴片也具有一定的随机性，以及不可避免的外界的干扰因素都会对测试的结果产生一定的影响。

4）对应力计算值进行比较时，比较点与实际测试点的位置有一定的误差。

5）计算模型中某些阻尼、弹性的处理与实际情况有一定的出入，利用现在的计算手段也会导致误差的产生。

6）主轴采用了模态柔性体，模态的截取对计算结果的精确性有一定的影响。

9.3　缠绕式提升机的试验结果及与理论结果的比较

9.3.1　测试试验台的虚拟样机模型

依照第8章的方法，依据中信重工现有试验台进行仿真与试验数据的对比。根据合作单位对试验台的要求，设计的试验台循环提升方案中，两个卷筒一个缠绳，另一个放绳。试验台速度变为 13.16m/s。更换正常试验系统中的减速器，保证两者安装基础相同，减速比更改为 6.3，试验台卷筒最大宽度约为 610mm；缠满三层时的最大容绳量约为 410m。

试验台（见图 9-42 ~ 图 9-45）主要参数如下：

1）提升机直径为 900mm，宽度为 130mm。

2）提升高度为 30m。

3）$D/d = 90$。

4）钢丝绳直径为 10mm，抗拉强度为 1770MPa。

5）有效载荷为 1t，容器自重 1t。

6）钢丝绳系统最大静张力为 25kN，系统最大静张力差为 16kN。

7）电动机转速为 590r/min。

8）提升速度为 1.9m/s。

9）初始电动机功率为 75×2kW。

10）缠绕层数为 3。

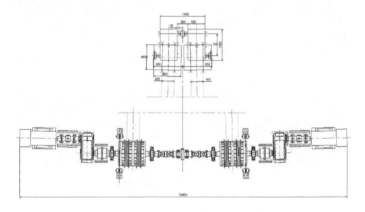

图 9-42　试验台整体布置方案

图 9-43　试验台主机系统三维模型

图 9-44　试验台主机系统

图 9-45　试验台操控系统

只取其中的一侧的提升系统进行建模分析，虚拟样机建模方法与 7.5 节相同。卷筒每一周有两段折线段区域和两段直线段区域。折线段区域的圆周角为 45°，直线段区域的圆周角为 135°，直线和斜线相间布置，卷筒每绕进一周，钢丝绳通过折线段沿轴向绕进一个节距，即每一个折线绳槽沿轴向倾斜半个节距。

钢丝绳通过 ANSYS 中的 Beam 4 单元建立，设置参数为：$EX = 4 \times 10^{10}$ Pa，$PRXY = 0.3$，$DENS = 7950 kg/m^3$，$AREA = 6936.26$，$I_{xx} = 7664994.99$，$I_{yy} = 3932492.49$，$I_{zz} = 3932492.49$。

首先建立 3 圈缠绕的钢丝绳，仿真参数设置如下：提升容器质量为 1000kg；钢丝绳和提升卷筒、天轮之间的接触刚度为 10000，阻尼为 0.1，动摩擦系数为 0.2，静摩擦系数为 0.25；罐道和提升容器之间的接触刚度为 10000，阻尼为 1，动摩擦系数为 0.1，静摩擦系数为 0.15；卷筒和主轴之间通过套筒连接，各向刚度为 1×10^{15}。

输出结果如下：坐标原点在提升容器靠近起始钢丝绳侧，仿真过程中设置两根钢丝绳的 2 号、1643 号、1291 号、292 号节点作为输出节点。其中 2 号节点的坐标为（1120，－540，50000），位于提升容器和提升钢丝绳的连接点处；292 号节点的坐标为（294，－10165.6，5330），位于靠近卷筒附近的钢丝绳上；1291 号 节 点 的 坐 标 为（1142，－46190，40771），位于靠近天轮处的钢丝绳上，卷筒和天轮之间；1643 号节点的坐标为（1196.9，

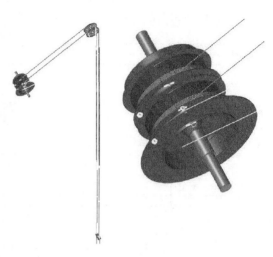

图 9-46　提升机的虚拟样机模型

－41265，49940），位于靠近天轮处的钢丝绳上，天轮和容器之间。

9.3.2　仿真模型的调试与试算

设置提升机主轴的旋转角速度如图 9-47 所示。

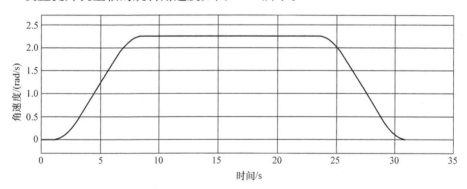

图 9-47　主轴的旋转角速度

得到卷筒的提升特性，其旋转角加速度如图 9-48 所示。

提升容器的提升特性如图 9-49 ~ 图 9-51 所示。

9.3.3　测试值与计算值的比较

完成模型的调整后，分别创建提升重物和下放重物两个仿真模型，按照试验条件进行输入。分别使用提升模型和下放模型进行计算，并将计算得到的钢丝绳

的张力依据提升容器的加速度进行比对，以验证建模方法的有效性。

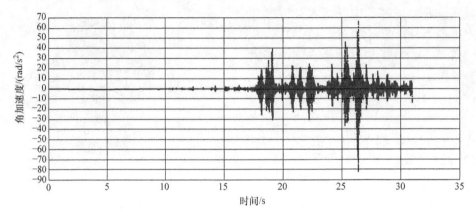

图 9-48　卷筒的旋转角加速度

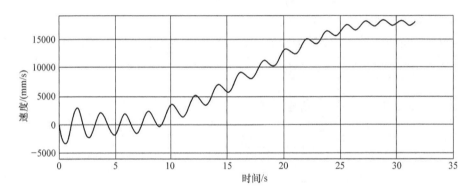

图 9-49　提升容器的提升速度

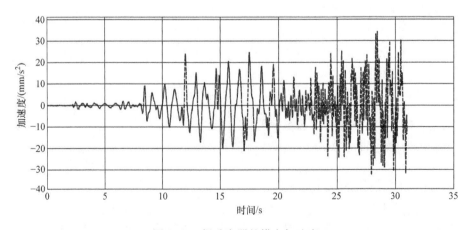

图 9-50　提升容器的横向加速度

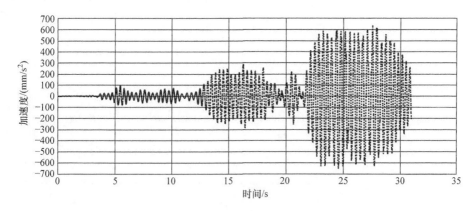

图 9-51　提升容器的纵向加速度

采用梯形速度曲线进行提升，第 1 种工况的整个提升时间为 49s。

提升时，与提升容器连接处钢丝绳的张力对比情况如图 9-52 所示。

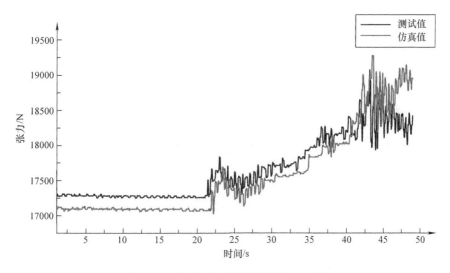

图 9-52　提升时提升钢丝绳的张力对比

下降时，与提升容器连接处钢丝绳的张力对比情况如图 9-53 所示。

提升时，提升容器横（X）向和纵（Y）向加速度的对比情况如图 9-54 和图 9-55 所示。

试验中分别采集了整个提升时间为 45s、49s、54s、56s 的提升过程中的钢丝绳张力及提升容器的加速度变化情况，表 9-5 中为钢丝绳张力的数据对比，表 9-6 中为提升容器纵向加速度的数据对比。

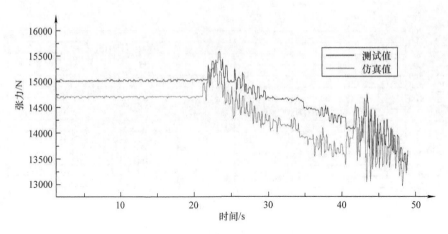

图 9-53　下降时提升钢丝绳的张力对比

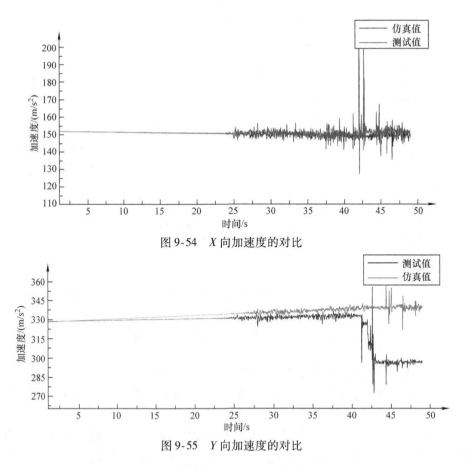

图 9-54　X 向加速度的对比

图 9-55　Y 向加速度的对比

由表 9-5 和表 9-6 的测试值和计算值的比较可知：

表 9-5　钢丝绳（提升过程）张力的数据对比　　（单位：kN）

时刻/s	数据类型	45s	49s	54s	56s
5	测试值	17.596	17.472	17.221	17.105
	计算值	17.370	17.227	16.697	16.627
15	测试值	17.997	17.396	17.449	17.139
	计算值	17.102	17.101	17.195	16.975
20	测试值	17.995	17.395	17.202	17.223
	计算值	16.995	17.162	17.154	16.954
25	测试值	17.973	17.763	17.679	17.073
	计算值	16.977	17.370	16.961	16.649
30	测试值	19.103	17.547	19.519	19.531
	计算值	17.560	17.293	17.146	16.935
35	测试值	19.215	17.726	19.127	19.094
	计算值	17.456	17.359	17.141	19.014
45	测试值	19.234	19.951	19.025	19.342
	计算值	19.253	17.751	16.936	17.564

表 9-6　提升容器（提升过程）纵向加速度的数据对比（单位：m/s²）

时刻/s	数据类型	45s	49s	54s	56s
5	测试值	3.574	3.272	3.125	3.433
	计算值	3.695	2.995	3.019	2.965
15	测试值	3.245	3.225	3.102	3.422
	计算值	4.563	3.342	3.513	3.996
25	测试值	3.956	3.232	3.199	4.103
	计算值	3.235	3.322	4.690	3.304
30	测试值	3.327	3.216	3.296	3.230
	计算值	3.956	3.672	4.072	4.562
35	测试值	3.472	3.295	3.151	3.049
	计算值	4.027	3.352	4.652	4.124
45	测试值	4.247	2.793	3.763	3.956
	计算值	5.694	3.552	4.275	5.012

1）钢丝绳张力的变化趋势基本一致，但是在整个过程中的换层和最后阶段有明显的差异，相对差异基本可以控制在20%以内。

2）提升容器加速度在整个提升过程中，尤其是在平稳运行阶段的变化趋势一致，在换层和停车阶段差异明显，最大差异有35%，可以进行提升机的动力性分析以及优化。

3）以上结果说明，利用此种方法建立的计算模型可以用于研究缠绕式提升机的动力学计算问题，但是由于模拟换层设置方法与实际情况具有一定的差异，故两者具有明显的差异。

9.4　双绳缠绕式提升系统的纵振、横振试验

9.4.1　提升系统的纵振试验

为开展双绳缠绕式提升系统的纵振试验，在双绳缠绕式超深井提升装备模拟试验平台上开展了相关的验证试验。设计了钢丝绳张力测试装置与提升容器振动测量装置，通过测量钢丝绳的张力、振动变化情况并与仿真结果对比来验证模型。

钢丝绳纵向振动测量：在罐笼上沿纵向安装加速度传感器，测量不同工况下罐笼的振动加速度，共计布置了 6 个振动加速度传感器，布置位置如图 9-56 所示。在 A、B、C 3 个位置上各安装一个六面体，在六面体上安装加速度传感器。A 点可作为测量的坐标原点，测量 3 个方向的振动；B 点测量两个方向；C 点测量 1 个方向。

钢丝绳张力的测量：在钢丝绳和罐笼之间安装拉压力传感器，通过测量提升机运行过程中拉压力传感器的输出值来反映提升过程中钢丝绳张力的变化情况。罐笼由两根钢丝绳提吊，分别测量两根钢丝绳的张力。张力测量点的位置如图 9-57 所示。

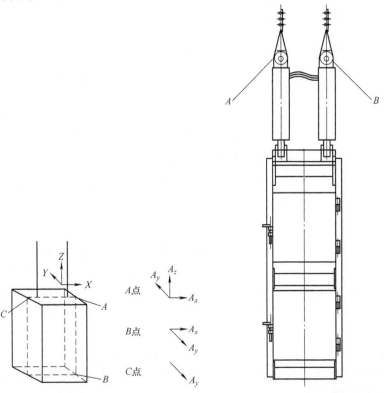

图 9-56　纵向振动加速度传感器的位置　　图 9-57　钢丝绳张力测量点的位置

钢丝绳纵向振动测量装置主要由 9 个 LC0104 内置 IC（压电）加速度传感器、9 个 LC0207 恒流源变送器、PCI – 9221 采集卡、PPC – 4151W 一体机、无线通信模块、两块 12V80AH 锂电池组成（见表 9-7），可在不同提升工况下测量提升容器的纵向振动。加速度传感器都安装在提升容器的不同位置，其他电器装置都安装在加固型的机箱中，而该机箱通过减震装置安装在提升容器上（见图 9-58）。该测量装置随着提升容器上下移动，采用蓄电池提供电源，数据采集的控制可通过无线通信模块实现远程控制，采集数据也可通过无线通信模块实现传输。该装置包括 9 个测量通道，测量频率为 10kHz、加速度量程为 1000m/s^2，连续测量时间为 4h，抗冲击能力为 5g，防护等级为 IP67、精度为 3% 。

表 9-7　钢丝绳纵向振动测量装置的组成

序号	项目名称	数量
1	LC0104 内置 IC 加速度传感器	9
2	LC0207 恒流源变送器	9
3	PCI – 9221 采集卡	1
4	PPC – 4151W 一体机	1
5	无线通信模块	1
6	12V80AH 锂电池	2
7	加固型机箱及减振装置	1

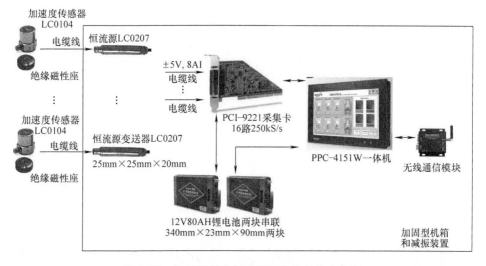

图 9-58　钢丝绳纵向振动测量装置的技术方案

　　钢丝绳张力测量装置，主要由 4 个 NOS – L105 拉压力传感器、4 个 KG – 3016 应变变送器、PCI – 9221 采集卡、PPC – 4151W 一体机、无线通信模块、两块 12V80AH 锂电池组成（见表 9-8），可在不同提升工况下测量提升容器 4 根钢丝绳的张力。4 个拉压力传感器安装在提升容器和钢丝绳之间，其他电器装置都安装在加固型的机箱中，而该机箱通过减震装置安装在提升容器上。该测量装置随着提升容器上下移动，采用蓄电池提供电源，数据采集的控制可通过无线通信模块实现远程控制，采集数据也可通过无线通信模块实现传输（见图 9-59）。该装置包括 4 个测量通道、测量频率为 10kHz、张力量程为 200t，连续测量时间为 4h，抗冲击能力为 5g，防护等级为 IP67、精度为 0.1%。

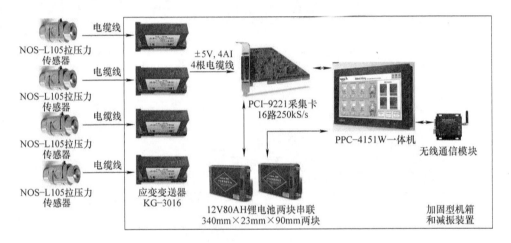

图 9-59　钢丝绳张力测量装置的技术方案

表 9-8　钢丝绳张力测量装置的组成

序号	项目名称	数量
1	NOS – L105 拉压力传感器	4
2	KG – 3016 应变变送器	4
3	PCI – 9221 采集卡	1
4	PPC – 4151W 一体机	1
5	无线通信模块	1
6	12V80AH 锂电池	2
7	加固型机箱及减振装置	1

　　钢丝绳张力测量装置安装在罐笼内部，张力测量装置与传感器的安装布置如图 9-61 所示。

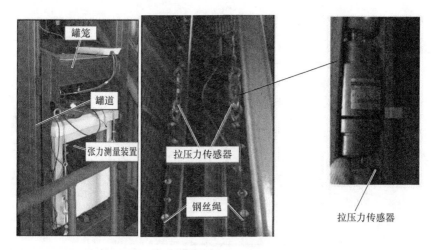

图 9-60　张力测量装置与传感器的安装布局

根据建立的提升系统模型，设置提升速度为 1.9m/s，此时提升钢丝绳与提升容器间的张力的计算值和测试值的对比，如图 9-62 所示。

图 9-61 表明试验值和计算值具有相同的变化趋势，这说明采用等效附加质量的方法能够有效地计算得到提升系统的动力学响应特性。

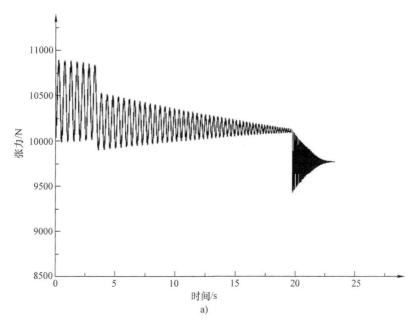

图 9-61　张力的计算值和测试值的对比

a）计算值

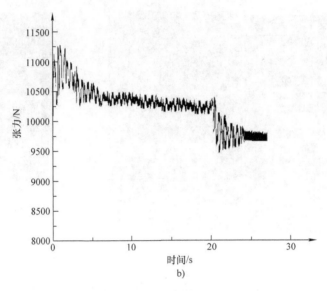

图 9-61　张力的计算值和测试值的对比（续）

b）测试值

9.4.2　基于数字样机的提升系统的横振试验

在卷筒出绳处测量两个方向的横向振动；在井口处测量钢丝绳两个方向的横向振动，测量点的位置如图 9-62 所示。在卷筒和天轮之间选择 3 个位置进行测量，即在 A、B、C 3 个位置上进行测量，其中 A 点距离卷筒出绳位置 2500mm，AB 和 BC 之间等间距布置测量点，D 点为井口处。

钢丝绳横向振动测量装置的技术方案如图 9-63 所示。该装置主要由高速照相机、图像采集卡、工业计算机、图像处理软件组成（见表 9-9），可对两根钢丝绳进行横向振动的测量。高速摄像机安装在调整支架上，对摄像机前的钢丝绳进行高速摄像，图像通过图像采集卡采集后传送到工业计算机中，计算机中的图像处理软件对采

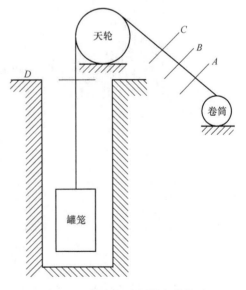

图 9-62　横向振动测量点的位置

集到的图像进行处理，识别出每张图像中钢丝绳的形心，再根据每张图像中钢丝绳形心位置的变化计算出钢丝绳的横向振动值。将高速摄像机绕钢丝绳旋转90°，重新进行高速摄像和图像处理并计算其横向振动值，从而可以获得钢丝绳的二维横向振动位移。

技术指标：可分别测量 4 根钢丝绳的二维横向振动，频率为 2000Hz、振幅为 500mm、分辨率为 0.5mm。

图 9-63　钢丝绳横向振动测量装置的技术方案

表 9-9　钢丝绳横向振动测量装置的组成

序号	项目名称	数量
1	i – SPEED 220 高速摄像机	1 套
2	IPPC – 6172A 工业计算机	1 台
3	控制箱及电缆	1 套
4	摄像机调整支架	1 套

为验证数字样机并研究钢丝绳悬绳的横振特性，采用图像采集系统记录钢丝绳工况下的工作历程，然后通过图像处理算法提取出每一帧图像中钢丝绳的位置信息，通过比例因子将钢丝绳的位置信息映射到钢丝绳的实际振动位移，结合高速摄像机的拍照频率和每帧图像的序列号，从而绘制出钢丝绳的横向振动时域波形。图像采集原理及试验过程如图 9-64 所示。

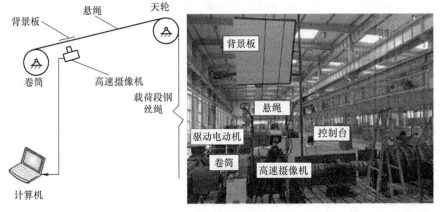

图 9-64　图像采集原理及试验过程

　　悬绳段钢丝绳横向振动响应如图 9-65 所示。对钢丝绳 W 向横向振动产生激励的是圈间过渡区域，一共有 13 圈绳槽，每圈绳槽有两个圈间过渡区，在钢丝绳横向振动位移波形图中第 1 层钢丝绳振动位移区域有 26 对振动波峰和波谷；经测量第 1 圈绳槽的中心线与第 13 圈绳槽的中心线之间的距离为 132mm。第 1 层钢丝绳排绳结束时，钢丝绳横向振动的平衡位置在 130mm 附近（即第 1 层钢丝绳的横向排绳位移）。第 2 层钢丝绳的振动位移呈减小趋势是因为钢丝绳在结束第 1 层的排绳区后，会由第 2 层层间过渡装置进入到与第 1 层排绳方向相反的第 2 层排绳区。

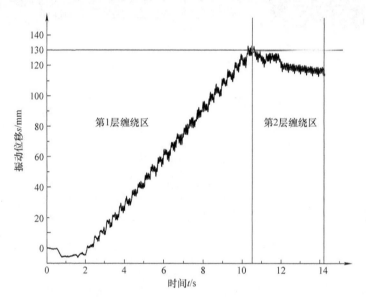

图 9-65　悬绳段钢丝绳横向振动响应

　　对上述试验结果经分段的 EMD（经验模态分解）去除由排绳位移产生的周期性激励后，得到图 9-66 中的钢丝绳横向振动时域波形。从波形中可以发现，在提升过程的开始阶段，钢丝绳横向振动的响应曲线比较稀疏，即钢丝绳横向振动的频率比较低，这是由于在初始阶段提升系统的提升速度从零开始增加，提升速度并未达到 1.9m/s，对称折线绳槽的激励频率也随转速不断增加而增加且小于匀速运行时的频率。随后，钢丝绳的横向振动位移显著增大，并且进入相对稳定阶段。这是因为在加速提升阶段结束后，提升系统的加速度发生突变，且折线绳槽的激励呈现周期性变化，从而引起钢丝绳横向振动加剧。将去除排绳位移后的钢丝绳横向振动波形采用傅里叶变换得到提升系统提升过程中悬绳段钢丝绳横向振动的频谱，如图 9-67 所示。从图中可以发现，钢丝绳横向振动最大幅值的响应频率为 3.0888Hz。

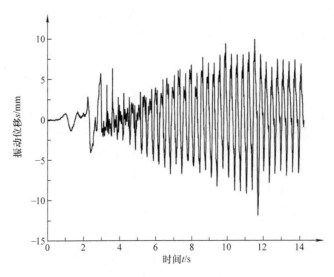

图 9-66　钢丝绳横向振动时域波形

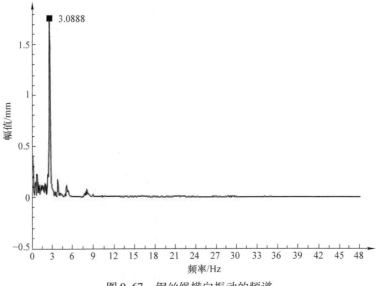

图 9-67　钢丝绳横向振动的频谱

　　对比钢丝绳横向振动位移的仿真与试验结果，如图 9-68 所示。仿真得到的钢丝绳横向振动位移的最大值为 6.76mm，而试验得到的钢丝绳横向振动位移的最大值为 11.9mm，出现在 11.69s 时，即为第 2 层缠绕区；试验得到的在对称折线绳槽的第 1 层缠绕阶段（即前 9.5s）的钢丝绳横向振动最大位移为 7.54mm，相对误差为 10.34%；从钢丝绳横向振动响应频率的角度进行对比，仿真得到的钢丝绳横向振动最大幅值响应频率为 2.9484Hz，试验得到的钢丝横向振动最大幅值响应频率为 3.0888Hz，相对误差为 3.36%。由此可知，仿真结果可以准确反映钢丝绳的运动规律。

　　由仿真得到的钢丝绳的横向振动响应的最大振动位移的频率为 2.9484Hz，由试验得到的钢丝绳的横向振动响应的最大振动位移的频率为 3.0888Hz，由对称绳槽结构在提升速度为 1.9m/s 时计算得到的折线区激励频率为 2.949Hz（见表 9-10）。经过对比三种途径得到的数值结果后，不难发现对称折线绳槽的折线区的激励频率约等于由试验得到的钢丝绳横向振动的一阶响应频率，结果表明悬绳钢丝绳横向振动属于受迫振动。通过仿真与试验对比，说明双绳提升系统的数

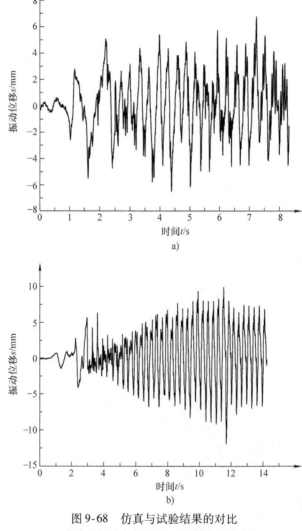

图 9-68　仿真与试验结果的对比
a）仿真所得时域波形　b）试验所得时域波形

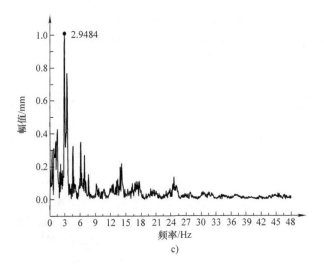

c)

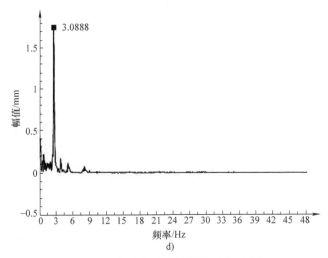

d)

图 9-68　仿真与试验结果的对比（续）

c）仿真波形的频域分析　d）试验波形的频域分析

字样机是有效的，可以通过仿真计算得到悬绳的横振频率。

表 9-10　三种频率的对比

参数名称	数值
仿真得到的响应频率 $f_{仿}$/Hz	2.9484
对称折线绳槽激励频率 $f_{激}$/Hz	2.949
试验得到的响应频率 $f_{试}$/Hz	3.0888

9.4.3　基于数字样机的提升系统的张力验证

依照中信重工的双绳缠绕式提升系统试验台的参数，调整数字样机模型参数，分别创建提升重物仿真模型和下放重物仿真模型，按照试验条件进行输入，分别使用提升模型和下放模型进行计算，并将计算得到的钢丝绳的张力与提升系统试验数据比对，以验证建模方法的有效性。

采用梯形速度曲线进行提升，整个提升时间为 49s。提升钢丝绳张力与下降钢丝绳张力的对比如图 9-69 所示。

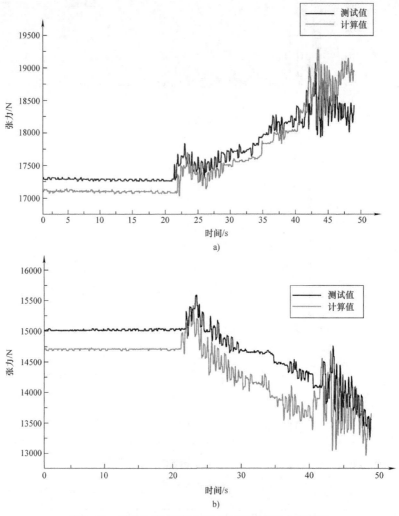

图 9-69　提升钢丝绳张力与下降钢丝绳张力的对比
a）提升　b）下降

试验中分别采集了整个提升时间为 45s、49s、54s、56s 的提升过程中的钢丝绳张力以及提升容器竖直方向加速度的变化情况，表 9-11 和表 9-12 为计算值与测试值的对比。

表 9-11　提升过程中钢丝绳张力测试值与计算值的对比（单位：kN）

时刻/s	数据类型	45s 提升	49s 提升	54s 提升	56s 提升
5	测试值	17.596	17.472	17.221	17.105
	计算值	17.370	17.227	16.697	16.627
15	测试值	17.997	17.396	17.449	17.139
	计算值	17.102	17.101	17.195	16.975
20	测试值	17.995	17.395	17.202	17.223
	计算值	16.995	17.162	17.154	16.954
25	测试值	17.973	17.763	17.679	17.073
	计算值	16.977	17.370	16.961	16.649
30	测试值	19.103	17.547	19.519	19.531
	计算值	17.560	17.293	17.146	16.935
35	测试值	19.215	17.726	19.127	19.094
	计算值	17.456	17.359	17.141	19.014
45	测试值	19.234	19.951	19.025	19.342
	计算值	19.253	17.751	16.936	17.564

表 9-12　提升过程中提升容器竖直方向加速度测试值与计算值的对比

（单位：m/s^2）

时刻/s	数据类型	45s 提升	49s 提升	54s 提升	56s 提升
5	测试值	3.574	3.272	3.125	3.433
	计算值	3.695	2.995	3.019	2.965
15	测试值	3.245	3.225	3.102	3.422
	计算值	4.563	3.342	3.513	3.996
25	测试值	3.956	3.232	3.199	4.103
	计算值	3.235	3.322	4.690	3.304
30	测试值	3.327	3.216	3.296	3.230
	计算值	3.956	3.672	4.072	4.562
35	测试值	3.472	3.295	3.151	3.049
	计算值	4.027	3.352	4.652	4.124
45	测试值	4.247	2.793	3.763	3.956
	计算值	5.694	3.552	4.275	5.012

由表 9-11 和表 9-12 可知：

1）钢丝绳张力变化趋势基本一致，但是在整个过程中的换层和最后阶段有明显的差异，相对值基本可以控制在 20% 以内。

2）利用此种方法建立的计算模型可以用于研究缠绕式提升机的动力学计算问题，但是由于模拟换层设置方法与实际情况有一定的差异，故两者具有明显的差异。

参 考 文 献

[1] 矿井提升机故障处理和技术改造编委会. 矿井提升机故障处理和技术改造 [M]. 北京：机械工业出版社, 2005.

[2] 毋虎城, 裴文喜. 矿井运输与提升设备 [M]. 北京：煤炭工业出版社, 2004.

[3] 郑志莲, 易幼平, 李仪钰. 多绳摩擦提升机摩擦系数的实验研究 [J]. 矿业研究与开发, 1999 (1)：34 - 36.

[4] 刘胜利. 矿山机械 [M]. 北京：煤炭工业出版社, 2005.

[5] 康海霞, 李卫兵, 刘津生. 提升机摩擦传动的理论和实验研究 [J]. 起重运输机械, 2009 (11)：52 - 54.

[6] 孙鸥平, 陈军, 万理想, 等. 摩擦提升机衬垫硬度与比压关系的试验研究 [J]. 煤矿机械, 2009 (8)：42 - 44.

[7] 吴娟. 多绳摩擦提升机快速换绳系统的研究 [D]. 太原：太原理工大学, 2004.

[8] 弃全英. 多绳摩擦式矿井提升机动力卸载箕斗卸空检测与控制系统研究开发 [D]. 太原：太原理工大学, 2007.

[9] 刘泽民. 多绳摩擦提升机动态设计 [D]. 焦作：焦作工学院, 2003.

[10] 石瑞敏, 杨兆建. 多绳摩擦提升机运行状态下的防滑问题分析 [J]. 煤矿机械, 2009 (7)：61 - 64.

[11] 姜义善, 王广丰. 多绳摩擦提升机钢丝绳张力平衡方法 [J]. 煤矿机械, 2009 (1)：192 - 193.

[12] 贾福音, 李志佳, 王一宾, 等. 摩擦提升机滑绳安全可靠制动分析 [J]. 煤矿机械, 2008 (5)：99 - 100.

[13] 赵强, 崔成宝, 匡杰. 摩擦式提升机摩擦传动分析与防滑技术研究 [J]. 煤矿机械, 2007 (8)：31 - 33.

[14] 于学谦, 方佳雨. 矿井运输设备 [M]. 徐州：中国矿业大学出版社, 1989.

[15] 夏荣海, 郝玉琛. 矿井提升设备 [M]. 徐州：中国矿业大学出版社, 1987.

[16] 慧典市场研究报告网. 2009 - 2014 年中国提升机产品市场调查及行业发展（投资）预测分析报告 [R]. 北京：慧典市场研究报告网, 2009.

[17] 李玉瑾, 竖井提升的冲击限制设计法 [J]. 煤矿设计, 1994 (6)：16 - 19.

[18] ZHANG D K, Ge S R, QIANG Y H. Research on the fatigue and fracture behavior due to the fretting wear of steel wire in hoisting rope [J]. Wear, 2003, 255 (7 - 12)：1233 - 1237.

[19] KACZMARCAYK S, OSTACHOWICZ W. Transient vibration phenomena in deep mine hoisting cables. Part 1：Mathematical model [J]. Sound and Vibration, 2003, 262 (2)：219 - 244.

[20] KACZMARCZYK S, OSTACHOWICZ W Transient vibration phenomena in deep mine hoisting cables. Part 2：Numerical simulation of the dynamic response [J]. Sound and Vibration, 2003, 262 (2)：245 - 289.

[21] KHAN M M, KRIGE G J. Evaluation of the structural integrity of aging mine shafts [J]. Me-

chanics and Computation, 2002, 24 (7): 901 – 907.

[22] 苏晓辉, 李玉瑾. 多绳摩擦轮提升系统的动态滑动特性分析 [J]. 煤矿机械, 2007, 28 (9): 64 – 67.

[23] 姜义善, 王广丰. 多绳摩擦提升机钢丝绳张力平衡方法 [J]. 煤矿机械, 2009, 30 (1): 192 – 193.

[24] 李占芳, 肖兴明, 刘正全, 等. 矿井提升钢丝绳的动力学研究 [J]. 煤矿安全, 2007 (10): 11 – 14.

[25] 李玉瑾. 多绳摩擦提升系统动力学研究与工程设计 [M]. 北京: 煤炭工业出版社, 2009.

[26] 葛世荣. 矿井提升机可靠性技术 [M]. 徐州: 中国矿业大学出版社, 1994.

[27] 李连祝, 葛世荣. 矿井提升机可靠性技术 [M]. 北京: 煤炭工业出版社, 1994.

[28] 龚宪生, 曹静, 陈器, 等. 提升机主轴装置结构应力应变场数值模拟及优化分析方法 [J]. 中国机械工程, 2009, 20 (21 – 11): 2575 – 2580.

[29] 机械工业部矿山机械行业科技情报网, 国内外矿山机械发展概况: 第四集 [M]. 北京: 机械工业出版社, 1990.

[30] 倪振华. 振动力学 [M]. 西安: 西安交通大学出版社, 1988.

[31] ROBERTS R. Control of high – rise/high – speed elevators [C]. Philadelphia: Proceeding of the American Control Conference, 1998: 3440 – 3444.

[32] 朱真才, 戴兴国, 古德生. 缠绕式提升罐笼弹性承接冲击动力学 [J]. 中南工业大学学报, 2003, 34 (01): 21 – 23.

[33] 秦强. 基于动力学的煤矿立井摩擦提升系统安全性研究 [D]. 合肥: 合肥工业大学, 2007.

[34] 王春华. 绳罐道多绳摩擦提升系统横向振动特性的数值分析 [J]. 阜新矿业学院学报, 1997, 16 (2): 204 – 208.

[35] WICKERT J A, MOTE C D. Current research on the vibration and stability of axially – moving materials [J]. Shock&Vibration Digest, 1988, 20 (5): 3 – 13.

[36] LEE S Y, LEE M A. New wave technique for free vibration of a string with time – varying length [J]. Journal of Applied Mechanics, 2002, 69 (1): 83 – 87.

[37] VAN HORSSEN W T, PONOMAREVA S V. On the construction of the solution of an equation describing an axially moving string [J]. Journal of Sound and Vibration, 2005, 287 (2): 359 – 366.

[38] KAWAMURA S, YOSHIDA T, MINAMOTO H, et al. Simulation of the nonlinear vibration of a string using the Cellular Automata based on the reflection rule [J]. Applied Acoustics, 2006, 67: 93 – 105.

[39] IGOR V A, JAN A. Dynamics of a string moving with time – varying speed [J]. Journal of Sound and Vibration, 2006, 292 (5): 935 – 940.

[40] CHUNG J, HAN C S. Vibration of an axially moving string with geometric non – linearity and translating acceleration [J]. Journal of Sound and Vibration, 2001, 240 (4): 733 – 746.

［41］弗洛林斯基. 矿井提升钢丝绳动力学 ［M］. 北京：煤炭工业出版社，1957.

［42］Ludger M, Szklarski. Problem of limitation of oscillation of winder ropes ［J］. IFAC Proceedings Series, 1986.

［43］Wilde D. H, Mech E. Effects of emereney braking on muti – rope tower – mounted frietion winders ［J］. Colliery Guardian 1964 （20）：683 – 690.

［44］KACZMARCZYK S. The passage through resonance in a catenary – vertical cable hoisting system with slowly varying length ［J］. Journal of Sound and Vibration, 1997, 208 （2）：243 – 269.

［45］ZHU W D, NI J. Energetics and stability of translating media with an arbitrarity varying length ［J］. Journal of Vibration and Acoustics, 2000, 122 （7）：295 – 304.

［46］ZHU W D, NI J, Huang J. Active control of translating media with an arbitrarity varying length ［J］. Journal of Vibration and Acoustics, 2001, 123 （7）：347 – 358.

［47］ZHANG Y H, POTA H R, Agrawal S K. Modification of residual vibrations in elevators with time – varying cable lengths ［C］. Anchorage：Proceedings of the American Control Conference, 2002：4962 – 4966.

［48］ZHU W D, XU G Y. Vibration of elevator cables with small bending stiffness ［J］. Journal of Sound and Vibration, 2003, 263：679 – 699.

［49］ZHANG C Y, ZHU C M, Lin Z Q, et al. Theoretical and experimental study on the parametrically excited vibration of mass – loaded string due to coupling between vertical and lateral directions ［J］. Nonlinear Dynamics, 2004, 37 （1）：1 – 18.

［50］潘英. 摩擦提升机在紧急制动时钢丝绳中的动张力和静平衡系统摩擦提升机的防滑计算 ［D］. 徐州：中国矿业大学，1981.

［51］潘英，夏荣海. 竖井提升机在紧急制动过程中钢绳的动张力 ［J］. 中国矿业大学学报，1982，（03）：52 – 70.

［52］李玉瑾. 摩擦式提升机钢丝绳弹性振动理论研究 ［J］. 矿山机械，2000 （12）：41 – 42.

［53］李玉瑾. 多绳摩擦轮提升系统的动力学研究与设计 ［J］. 煤炭工程，2003 （9）：6 – 9.

［54］严世榕，闻邦椿. 竖井提升容器在提升过程中的动力学分析及计算机仿真 ［J］. 矿山机械，1998 （9）：65 – 67.

［55］严世榕，闻邦椿. 矿井提升系统的动力学研究 ［J］. 金属矿山，1998 （5）：48 – 50.

［56］任国君，任乃光. 多绳摩擦提升机安全制动时钢丝绳的动张力计算 ［J］. 矿山机械，1987，（10）：26 – 31.

［57］李吉. 多绳摩擦提升机动载荷计算 ［J］. 矿山机械，1993 （7）：11 – 15.

［58］苏晓辉. 提升机安全制动特性及可靠性研究 ［D］. 徐州：中国矿业大学，1993.

［59］苏晓辉，李玉瑾. 多绳摩擦轮提升系统的动态滑动特性分析 ［J］. 煤矿机械，2007，28 （9）：64 – 67.

［60］李玉瑾. 提升机钢丝绳弹性振动理论与动力学特性分析 ［J］. 起重运输机械，2003 （04）：32 – 36.

［61］张鹏. 高速电梯悬挂系统动态性能的理论与实验研究 ［D］. 上海：上海交通大学，2008.

［62］ KIMURA H, ITO H, FUJITA Y, et al. Forced vibration analysis of an elevator rope with both ends moving ［J］. Journal of Vibration and Acoustics, 2007, 129（4）: 471 – 477.

［63］ KIMURA H, IIJIMA T, MATSUO S, et al. Vibration analysis of elevator rope（comparison between experimental results and calculated results）［J］. Transactions of the Japan Society of Mechanical Engineers Part C, 2008, 74（1）: 31 – 36.

［64］ DE JALÓN J G BAYO E. Kinematic and dynamic simulation of multibody systems ［M］. New York: Springer – Verlag, 1994.

［65］ 张策. 机械动力学 ［M］. 北京: 高等教育出版社, 2008.

［66］ 洪嘉振. 计算多体系统动力学 ［M］. 北京: 高等教育出版社. 1999.

［67］ 齐朝晖. 多体系统动力学 ［M］. 北京: 科学出版社, 2008.

［68］ YAN H S, SONG R C. Kinematic and dynamic design of four – bar linkages by links counterweighing with variable input speed ［J］. Mechanism and Machine Theory 2001, 36（9）: 1051 – 1071.

［69］ VIKAS, A, SINGH, S P, KUNDRA T K. On the use of damped updated FE model for dynamic design ［J］. Mechanical Systems and Signal Processing, 2009, 23（3）: 580 – 587.

［70］ BILÒ D, GUALÀ L, Guido Proietti. Dynamic mechanism design ［J］. Theoretical Computer Science, 2009, 410（17）: 1564 – 1572.

［71］ SOMOLINOS J A, FELIU V, SÁNCHEZ L. Design, dynamic modelling and experimental validation of a new three – degree – of – freedom flexible arm ［J］. Mechatronics, 2002, 12（7）: 919 – 948.

［72］ SHABANA A A. Dynamics of Multibody Systems ［M］. 3rd ed. Cambridge: Cambridge University Press, 2005.

［73］ 金启华. 基于虚拟样机的岸边集装箱起重机若干动力学研究 ［D］. 上海: 华东理工大学, 2003.

［74］ 傅武军, 朱昌明. 单绕式电梯动力学建模及仿真分析 ［J］. 系统仿真学报, 2005（5）: 635 – 638.

［75］ 傅武军. 超高速电梯轿厢横向振动控制研究 ［D］. 上海: 上海交通大学, 2007.

［76］ 洛阳矿山机械工程设计研究院提升机研究所. 矿井提升机: 机械部分 ［M］. 洛阳: 洛阳矿山机械工程设计研究院提升机研究所, 2002.

［77］ 赵强, 崔成宝, 匡杰. 摩擦式提升机摩擦传动分析与防滑技术研究 ［M］. 煤矿机械, 2007 28（8）: 31 – 33.

［78］ 康海霞, 李卫兵, 刘津生, 等. 提升机摩擦传动的理论和实验研究 ［J］. 起重运输机械, 2009（11）: 52 – 54.

［79］ KIM H, MARSHEK K M. The effect of belt velocity on flat belt drive behavior ［J］. Mechanism and Machine Theory, 1987（22）: 523 – 527.

［80］ KONG L, PARKER R G. Equilibrium and belt – pulley vibration coupling in serpentine belt drives ［J］. Journal of Applied Mechanics, 2003（70）: 739 – 750.

［81］ WASFY T M. A torsional spring – like beam element for the dynamic analysis of flexible multibody systems [J]. International Journal for Numerical Methods in Engineering, 1996 (39): 1079 - 1096.

[82] WASFY T M, LEAMY M J. effect of bending stiffness on the dynamic and steady - state responses of belt - drives [C]. Montreal: ASME 2002 Design Engineering Technical Conferences, 2002.

[83] CHEN W H, SHIEL C J. On angular speed loss of flat belt transmission system by finite element method [J]. International Journal of Computational Engineering Science, 2003 (4): 1 - 18.

[84] SHIEH C J, CHEN W H. Three - dimensional finite element analysis of frictional contact for belt transmission systems [J]. The Chinese Journal of Mechanics, 2001 (17): 189 - 199.

[85] 姚廷强, 迟毅林, 黄亚宇. 带传动系统的多体动力学建模与接触振动研究 [J]. 系统仿真学报, 2009 (8): 4945 - 4950.

[86] 郑大宇, 孟庆鑫, 王立权, 等. 带传动动力学分析及惯性力影响的研究 [J]. 哈尔滨工程大学学报, 2008 (9): 973 - 976.

[87] 尚欣, 纪莲清. 基于虚拟样机的带传动动态特性分析 [J]. 机械设计与制造, 2007 (2): 137 - 139.

[88] 何竞飞, 高志雄, 聂荣光, 等. 挠性带传动对速度波动影响的计算机仿真 [J]. 工程设计学报, 2007 (8): 308 - 314.

[89] 钮磊, 国华, 张爱军, 等. 多绳摩擦式提升机摩擦轮的有限元分析 [J]. 2009 (6): 69 - 71.

[90] 游俊红. 基于 ANSYS 的矿井提升机摩擦轮强度研究 [D]. 西安: 西安科技大学, 2006.

[91] 刘义, 陈国定, 李济顺, 等. 有限元法在提升机主轴装置设计中的应用 [J]. 机械科学与技术, 2009 (8): 1077 - 1082.

[92] 徐尚龙. 基于数值模拟的矿井提升机主轴疲劳与断裂性能研究 [D]. 西安: 西安科技大学, 2003.

[93] A. Göksenli, I. B. Eryürek. Failure analysis of an elevator drive shaft [J]. Engineering Failure Analysis, 2008 (5): 1 - 9.

[94] 杨清文, 廖振方, 刘本立, 等. 提升机主轴疲劳强度可靠性设计 [J]. 矿山机械, 1996 (3): 5 - 7.

[95] 封士彩, 孙如海. 提升机主轴损伤断裂原因、预防及裂纹处理 [J]. 煤矿机械, 1998, (9): 33 - 34.

[96] 薛河, 徐尚龙. 提升机主轴疲劳仿真研究 [J]. 起重运输机械, 2003 (1): 35 - 38.

[97] 张英爽, 谢勇. 矿井提升机卷筒开裂的改造 [J]. 矿山机械, 1999 (9): 78 - 79.

[98] 周满山, 于岩, 吴思波, 等. 老式缠绕式提升机滚筒改造设计 [J]. 煤矿机械, 2001 (6): 39 - 41.

[99] 付本庆. 提升机卷筒开裂的止裂处理技术 [J]. 煤矿机械, 2009, 30 (6): 183 - 184.

[100] TOPAC M M, GÜNAL H, KURALAY N S. Fatigue failure prediction of a rear axle housing prototype by using finite element analysis [J]. Engineering Failure Analysis, 2009, 16 (5):

1474 – 1482.

[101] BONNEN J J F, TOPPER T H The effect of bending overloads on torsional fatigue in normal-ized 1045 steel [J]. Fatigue, 1999, 21 (1): 23 – 33.

[102] ZHANG D K, GE S R, QIANG Y H. Research on the fatigue and fracture behavior due to the fretting wear of steel wire in hoisting rope [J]. Wear, 2003, 255 (7 – 12): 1233 – 1237.

[103] KOPNOV V A Fatigue life prediction of the metalwork of a travelling gantry crane [J]. Engi-neering Failure Analysis, 1999, 6 (3): 131 – 141.

[104] YIM H J, HAUG E J, KIM S S. An efficient computational method for dynamic stress analysis of flexible multibody systems [J]. Computers & Structures, 1992, 42 (6): 969 – 977.

[105] KHOUKHI A, GHOUL A. On the maximum dynamic stress search problem for robot manipula-tors [J]. Robotica, 2004, 22 (5): 513 – 522.

[106] MASATAKA T, MASAYUKI N, KAZUHIKO A, et al. Computation of dynamic stress inten-sity factors using the boundary element method based on Laplace transform and regularized boundary integral equations [J]. JSME International Journal, Series A: Mechanics and Mate-rial Engineering, 1993, 36 (3): 252 – 258.

[107] DOMINGUEZ J, GALLEGO R. Time domain boundary element method for dynamic stress in-tensity factor computations [J]. International Journal for Numerical Methods in Engineering, 1992, 33 (3): 635 – 647.

[108] MARTIN T, ESPANOL P, RUBIO M. A. Mechanisms for dynamic crack branching in brittle elastic solids: strain field kinematics and reflected surface waves [J]. Physical Review E – Statistical, Nonlinear, and Soft Matter Physics, 2005, 71 (3): 1 – 17.

[109] 彭兆行. 矿山提升机械设计 [M]. 北京: 机械工业出版社, 1989.

[110] 陆佑方. 柔性多体系统动力学 [M]. 北京: 高等教育出版社, 1996.

[111] 党玉倩, 和兴锁, 邓峰岩. 作大范围平动柔性梁的耦合动力学建模及分析 [J]. 机械科学与技术, 2009 (1): 51 – 53.

[112] 蒋丽忠, 洪嘉振. 作大范围运动弹性梁的动力刚化分析 [J]. 计算力学学报, 1998, 15 (4): 407 – 413.

[113] 蒋丽忠, 赵跃宇. 作大范围运动柔性结构的耦合动力学 [M]. 北京: 科学出版社. 2007.

[114] 覃正. 多体系统动力学压缩建模 [M]. 北京: 科学出版社, 2000.

[115] SHABANA A A. Flexible multibody dynamics: review of past and recent developments [J]. Multibody System Dynamics, 1997 (1): 189 – 222.

[116] SHABANA A A. Dynamics of Multibody Systems [M]. 3rd ed. Combridge: Cambridge Uni-versity Press, 2005.

[117] Werner Schiehlen. Computational dynamics: theory and applications of multibody systems [J]. Mechanics – A/Solids, 2006, 25 (4): 566 – 594.

[118] HAUG E J, WU S C, KIM S S. Dynamics of flexible machines: a variational approach [J]. IUTAM Symposium, 1986: 55 – 68.

［119］ WASFY, T M, NOOR A K. Computational strategies for flexible multibody systems ［J］. Applied Mechanics, 2003, 56 (11): 553 – 613.

［120］ RYU J, KIM H S, WANG S Y. A method for improving dynamic solutions in flexible multibody dynamics ［J］. Computers & Structures, 1998, 66 (6): 765 – 776.

［121］ BERND S. On Lagrange multipliers in flexible multibody dynamics ［J］. Computer Methods in Applied Mechanics and Engineering, 2006, 195 (50 – 51): 6993 – 7005.

［122］ 张策. 机械动力学 ［M］. 北京：高等教育出版社, 2008.

［123］ 凌道盛. 非线性有限元及程序 ［M］. 杭州：浙江大学出版社, 2006.

［124］ SHABANA A A. An absolute nodal coordinates formulation for the large rotation and deformation analysis of flexible bodies ［R］. Chicago: University of Illinois, 1996.

［125］ 夏拥军, 陆念力. 梁杆结构稳定性分析的高精度 Euler – Bernoulli 梁单元 ［J］. 沈阳建筑大学学报（自然科学版）, 2006, 22 (3): 362 – 366.

［126］ KIM M Y, KIM N, KIM S B. Spatial stability of shear deformable curved beams with non – symmetric thin – walled sections. Ⅰ: Stability formulation and closed – form solutions ［J］. Computers and Structures, 2005 (83): 2525 – 2541.

［127］ OMAR M A, SHABANA A A. A two – dimensional shear deformable beam for large rotation and deformation problems ［J］. Journal of Sound and Vibration, 2001, 243 (3): 565 – 576.

［128］ SUGIYAMA H, GERSTMAYRB J, SHABANA A A. Deformation modes in the finite element absolute nodal coordinate formulation ［J］. Journal of Sound and Vibration, 298 (2006): 1129 – 1149.

［129］ SHABANA A A, YAKOUB R Y, Three dimensional absolute nodal coordinate formulation for beam elements ［J］. ASME Journal of Mechanical Design, 123 (2001): 606 – 621.

［130］ YOO W S, LEE J H, PARK S J, et al. Large oscillations of a thin cantilever beam: physical experiments and simulation using the absolute nodal coordinate formulation ［J］. Nonlinear Dynamics 34 (2003): 3 – 29.

［131］ SUGIYAMA H, ESCALONA J L, SHABANA A A. Formulation of three – dimensional joint constraints using the absolute nodal coordinates ［J］. Nonlinear Dynamics, 2003 (31): 167 – 195.

［132］ GERSTMAYR J. Nonlinear constraints in the absolute coordinate formulation ［J］. Acta Mechanica, 2007 (192): 191 – 211.

［133］ 蒋伟. 机械动力学分析 ［M］. 北京：中国传媒大学出版社, 2005.

［134］ 刘延柱. 高等动力学 ［M］. 北京：高等教育出版社, 2007.

［135］ 梅凤祥. 高等分析力学 ［M］. 北京：北京理工大学出版社, 1991.

［136］ 王勖成, 邵敏. 有限单元法基本原理和数值方法 ［M］. 2 版. 北京：清华大学出版社, 2003: 7 – 15.

［137］ 刘延柱, 陈文良, 陈立群. 振动力学 ［M］. 北京：高等教育出版社, 1998.

［138］ 钱融. 谈卷筒传动中欧拉公式的应用 ［J］. 建设机械技术与管理, 2004

(10)：82-83.

[139] 郑志莲，李仪钰. 多绳摩擦提升摩擦传动方程的理论探讨 [J]. 矿业研究与开发，1998 (6)：18-19.

[140] 葛世荣. 摩擦提升欧拉公式的修正 [J]. 矿山机械，1989 (11)，18-22.

[141] 郑志莲. 多绳摩擦提升机摩擦机理的研究 [D]. 长沙：中南工业大学，1991.

[142] DUFVA K E, SOPANEN J T, MIKKOLA A M. A two - dimensional shear deformable beam element based on the absolute nodal coordinate formulation [J]. Journal of Sound and Vibration 2005 (280)：719-738.

[143] GARCIA V D, MIKKOLA A M, ESCALONA J L. A new locking - free shear deformable finite element based on absolute nodal coordinates [J]. Nonlinear Dynamics, 2007, 50：249-264.

[144] KERKKÄNEN K S, GARCIA V D, MIKKOLA A M. Modeling of belt - drives using a large deformation finite element formulation [J]. Nonlinear Dynamics, 2006 (43)：239-256.

[145] LEAMY M J, WASFY T M Transient and steady - state dynamic finite element modeling of belt - drives [J]. Journal of Dynamic System, Measurement and Control, 2002, 124 (4)：575-581.

[146] FAWCETT J N. Chain and belt drives [J]. The Shock and Vibration Digest, 1981 (13)：5-12.

[147] BECHTEL S E, VOHRA S, JACOB K I, et al, The stretching and slipping of belts and fibers on pulleys [J]. Journal of Applied Mechanics, 2000 (67)：197-206.

[148] 缪炳荣，张卫华，肖守讷，等. 基于多体动力学和有限元法的车体结构疲劳寿命仿真 [J]. 铁道学报，2007, 29 (4)：38-42.

[149] 吕文阁，谢庆华，袁清珂，等. 随机载荷下轴结构疲劳寿命分析 [J]. 机床与液压，2009, 37 (5)：196-197.

[150] 王明珠，姚卫星，孙伟. 结构随机振动疲劳寿命估算的样本法 [J]. 中国机械工程，2008, 19 (8)：972-975.

[151] 孟宏. 虚拟样机技术在机车车辆转向架设计中的应用 [J]. 内燃机车，2009 (8)：21-24.

[152] 程迪，董黎生. 基于虚拟样机技术的机车车辆结构疲劳寿命仿真 [J]. 铁道科学与工程学报，2008, 5 (4)：92-96.

[153] 王勇，杨洋. 基于有限元分析和动力学仿真的曲轴疲劳寿命计算 [J]. 船电技术，2009, 29 (6)：28-31.

[154] WASFY T M, NOOR A K. Computational strategies for flexible multibody systems [J]. Applied Mechanics, 2003, 56 (11)：553-613.

[155] RYU J KIM H S, WANG S Y. A method for improving dynamic solutions in flexible multibody dynamics [J]. Computers & Structures, 1998, 66 (6)：765-776.

[156] BERND S. On Lagrange multipliers in flexible multibody dynamics [J]. Computer Methods in Applied Mechanics and Engineering, 2006, 195 (50-51)：6993-7005.

[157] 王永岩. 动态子结构方法理论及应用 [M]. 北京：科学出版社，1999.

[158] 张永德，汪洋涛，王沫楠，等. 基于 ANSYS 与 ADAMS 的柔性体联合仿真[J]. 系统仿真学报，2008，20（17）：4501 - 4504.

[159] 李民，舒歌群，卫海桥. 多体动力学建模方法对发动机主轴承载荷计算影响[J]. 农业工程学报，2008，24（12）：57 - 61.

[160] TURNER J W G, KALAFATIS A, ATKINS C. The design of the NOMAD advanced concepts research engine [J]. SAE Technical Papers, 2006.

[161] PRASHANT R, LIN Y C, JUNICHI Y, et al. Durability of power components under operating conditions [J]. SAE Technical Papers, 2006.

[162] YUJI A, TOMOYOSHI O, YOSHIHIKO S. Prediction of engine mount vibration using multibody simulation with finite element model Dynamic [J]. SAE Technical Papers, 2005.

[163] 林建生，工姗，张宝欢，等. 内燃机多连杆机构的多体动力学分析[J]. 天津大学学报，2007，40（6）：640 - 643.

[164] ALBERT T, FRANK F. Simulation of dynamic stresses including flexible contacts using MFBD [J]. Society of Automotive Engineers Technology, 2006（1）：32 - 36.

[165] BAE D S, HAN J M, YOO H H. A generalized recursive formulation for constrained mechanical system dynamics [J]. Mechanics of Structures and Machines, 1999, 27（3）：1 - 19.

[166] AGATHOKLIS P, XU H A generalized algorithm for the recursive implementation of polynomial filters [J]. Franklin Institute, 1990, 327（5）：805 - 818.

[167] JAIN A, RODRIGUEZ G. Recursive flexible multibody system dynamics using spatial operators [J]. Guidance Control and Dynamics, 1992, 15（6）：1453 - 1466.

[168] JAIN A, VAIDEHI N, RODRIGUEI G. A fast recursive algorithm for molecular dynamics simulation [J]. Computational Physics, 1993, 106（2）：258 - 268.

[169] HWANG Y L. Recursive Newton - Euler formulation for flexible dynamic manufacturing analysis of open - loop robotic systems [J]. Advanced Manufacturing Technology, 2006, 29（5 - 6）：598 - 604.

[170] 李舜酩. 机械疲劳与可靠性设计 [M]. 北京：科学出版社，2006.

[171] 周传用. MSC. Fatigue 疲劳分析应用与实例 [M]. 北京：科学出版社，2006.

[172] 王国军. nSoft 疲劳分析理论与应用实例指导教程 [M]. 北京：机械工业出版社，2007.

[173] 缪炳荣. 基于多体动力学和有限元法的机车车体结构疲劳仿真研究 [D]. 成都：西南交通大学，2005.

[174] 赵少汴，王忠保. 抗疲劳设计：方法与数据 [M]. 北京：机械工业出版社，1997.

[175] 邓建中，刘之行. 计算方法 [M]. 2 版. 西安：西安交通大学出版社，2001.

[176] R. L. Burden, J. D. Faires. Numerical analysis [M]. 7th ed. Boston：PWS Publishing Co., 2001.

[177] 易当祥，刘春和，赵韶平，等. 随机载荷作用下自行火炮扭力轴疲劳可靠性分析与仿真[J]. 兵工学报，2007，28（12）：1420 - 1423.

[178] 郭小鹏，沙云东，张军. 基于雨流计数法的随机声疲劳寿命估算方法研究[J]. 沈阳航

空工业学院学报, 2009, 26（3）: 10-13.

[179] 王德俊, 何雪浤. 现代机械强度理论及应用［M］. 北京: 科学出版社, 2003.

[180] XIA J, CAO G, WANG Y, et al. Study on multicharacteristic of antirotation wire rope based on linear stiffness coefficient [J]. Advances in Mechanical Engineering, 2014: 1-10.

[181] WANG J, CAO G, ZHU Z, et al. Lateral and torsional vibrations of cable - guided hoisting system with eccentric load [J]. Journal of Vibroengineering, 2016, 18（6）: 3524-3538.

[182] CAO G, CAI X, WANG N, et al. Dynamic response of parallel hoisting system under drive deviation between ropes with time - varying length [J]. Shock and Vibration, 2017（8）: 1-10.

[183] YAN L, CAO G H, WANG N G Lateral stiffness and deflection characteristics of guide cable with multi - boundary constraints [J]. Advances in Mechanical Engineering, 2017, 9（7）.

[184] 蔡翔, 曹国华, 韦磊, 等. 基于线扫描图像技术的立井多绳摩擦提升钢丝绳承载特性研究[J]. 振动与冲击, 2018, 37（5）: 36-41.

[185] CAO G H, WANG J J, ZHU Z C. Coupled vibrations of rope - guided hoisting system with tension difference between two guiding ropes [J]. Proceeding of the Institution of Mechanical Engineers Part C: Journal of Mechanical Engineering Science, 2018, 232（2）: 231-244.

[186] 李菁, 李济顺, 刘义, 等. 虚拟样机技术在摩擦式提升机动力学分析中应用[J]. 机械设计与制造, 2014（9）: 238-241.

[187] 牛岩军, 王进杰, 曹国华, 等. 基于高阶贝塞尔曲线的提升机钢丝绳层间过渡平稳性研究[J]. 矿山机械, 2015（12）: 53-58.

[188] 程克强, 李济顺, 邹声勇, 等. 超深井摩擦式提升机极限提升能力计算及影响因素分析[J]. 矿山机械, 2015（11）: 62-66.

[189] 杜宏宇, 李济顺, 杨芳, 等. 机械结构件疲劳监测方法及试验装置设计[J]. 矿山机械, 2015（10）: 116-121.

[190] 王乃格, 曹国华, 刘志, 等. 深立井绳罐道导向提升容器偏载下位姿特性研究[J]. 矿山机械, 2015（6）: 51-54.

[191] 刘义, 杨芳, 夏长高, 等. 摩擦提升机的横向振动特性[J]. 江苏大学学报（自然科学版）, 2016, 37（5）: 518-524.

[192] 刘义, 杨芳, 李济顺, 等. 摩擦提升机摩擦传动特性建模[J]. 机械设计与研究, 2016（4）: 68-73.

[193] 冯浩亮, 马伟, 李济顺, 等. 超深矿井钢丝绳张力平衡装置动态响应分析[J]. 河南科技大学学报（自然科学版）, 2016, 37（01）: 4-5, 9-14.

[194] 杨芳, 马喜强, 薛玉君, 等. 多绳缠绕提升系统的虚拟样机建模方法研究[J]. 矿山机械, 2016（7）: 31-35.

[195] 简强, 薛玉君, 李济顺, 等. 矿井提升机罐道钢丝绳横向刚度的计算分析[J]. 煤炭工程, 2016, 48（10）: 18-21.

[196] 马喜强, 杨芳, 简强, 等. 矿井罐道钢丝绳振动特性仿真分析[J]. 矿山机械, 2016（10）: 26-30.

［197］刘义，陈国定，李济顺．主轴弹性对摩擦提升系统纵向振动特性影响的研究［J］．机械科学与技术，2017，36（4）：547-552．

［198］刘义，高作斌，周雪刚，等．单向皮带滑轮组接触强度及承载特性的研究［J］．机械设计与制造，2017（6）：82-85．

［199］殷觊恺，李济顺，邹声勇，等．D/d与绳端张力对钢丝绳弯曲应力和寿命的影响［J］．煤矿安全，2017，48（1）：59-62．

［200］王建伟，马伟，李济顺．多绳缠绕式超深井提升机提升段钢丝绳动态张力检测方案研究［J］．煤炭技术，2018，37（06）：258-260．

［201］殷觊恺，李济顺，邹声勇，等．钢丝绳股内钢丝弯曲张力有限元分析［J］．机械设计与制造，2018（02）：157-159，163．

［202］李伦，赵德阳，李济顺，等．弯曲钢丝绳股内钢丝张力变化仿真与实验［J］．中国机械工程，2018，29（19）：2269-2276

［203］REN J, LI J, YANG F, et al. Mechanical simulation of multi-rope hoisting system based on recurdyn［C］// International Conference on Social Network, Communication and Education, 2017.

［204］FENG K, XUE Y, YANG F, et al. Analysis on calculation of transverse swing amount of mine hoisting container under flexible constrains［C］// International Conference on Education, Management, Computer and Society, 2017.

［205］CAO G H, YAN L, WANG L, et al. Longitudinal coupled vibration of parallel hoisting system with tension balance devices［J］. 8th Symposium on Lift & Escalator Technologies, 2018, 9: 1-7.

［206］WANG N G, CAO G H, YAN L. The study of hoisting system for vertical shaft construction without the protection of guided-cable［J］. 8th Symposium on Lift & Escalator Technologies, 2018, 16: 1-7.

［207］YAN L, CAO G H, WANG K. Coupled vibration of rope-guided hoisting system under multiple constraint conditions［J］. 8th Symposium on Lift & Escalator Technologies, 2018, 1: 1-6.

［208］MA W, XU G Y, LI J S, et al. Calculation method on wire rope tension of ultra-deep mine hoister based on measurement of hoisting sheave carrying capacity［C］. Hong Kong: International Conference on Frontiers of Manufacturing and Design Science (ICFMD), 2015.

［209］MA W, FENG H L, LI J S. Analysis on Applicability of hydraulic tension balancing device For ultra-deep mine［C］// International Conference on Material Engineering and Mechanical Engineering, 2016: 1017-1024.

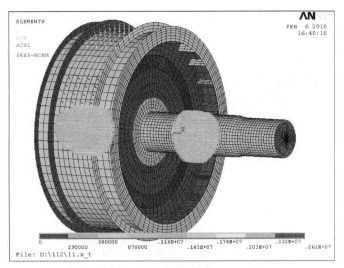

图 6-2　划分单元后的有限元实体模型

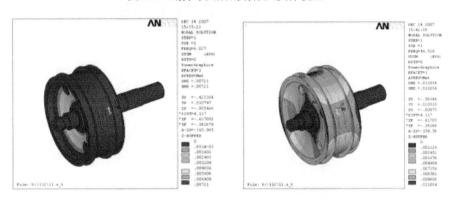

图 6-4　主轴装置的一阶、三阶振型的相对变形情况

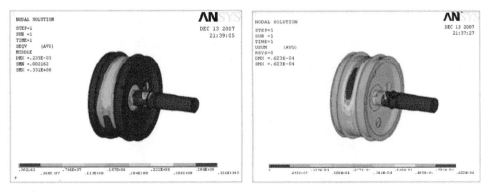

图 6-7　工况 1 结构的综合应力和变形云图

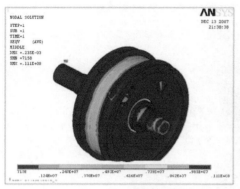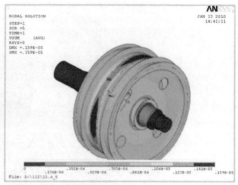

图 6-8　工况 2 结构的综合应力和变形云图

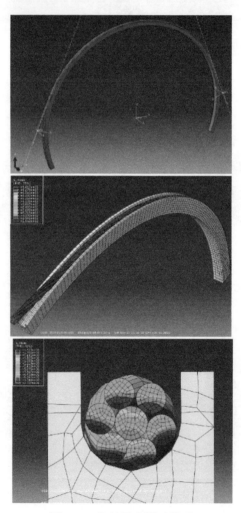

图 6-14　钢丝绳有限元模型

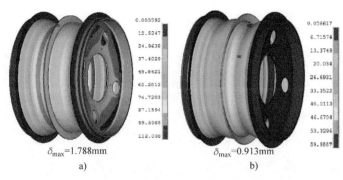

$\delta_{max}=1.788mm$

a)

$\delta_{max}=0.913mm$

b)

图 6-49 两种情况下的最大等效应力图

a）满载提升 b）空载下放

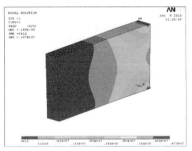 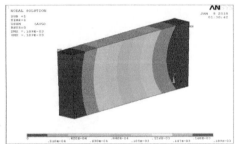

图 7-4 利用有限元法的计算结果

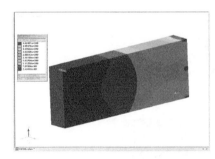 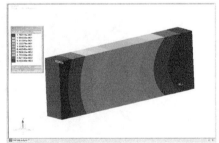

图 7-5 利用有限元多柔性体技术的计算结果

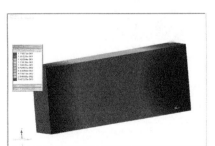 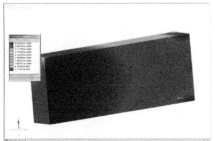

图 7-6 利用模态柔性体技术的计算结果

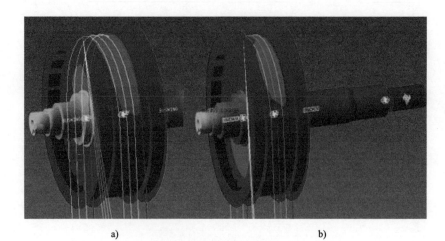

a)   b)

图 7-23   主轴装置在提升过程中的应力变化云图

a) 0.5s 时   b) 1.5s 时

图 8-16   等效应力云图（5s）

图 8-17   等效应力云图（15s）